无人机系统特征技术系列

总主编 孙 聪

反辐射无人机系统设计

Design for Anti-radiation Unmanned Aerial Vehicle

祝小平 周 洲 耿 峰 等 著

内容提要

本书是“无人机系统特征技术系列”图书之一。本书结合世界反辐射技术和装备的最新发展，重点阐述反辐射无人机系统设计理论和方法，内容涵盖反辐射无人机的定义、系统总体设计、总体气动结构设计、导航制导与控制系统设计、反辐射导引头设计、贮运箱式发射系统设计以及系统未来发展等内容，旨在助力我国无人机系统和电子对抗领域科研人员及工程技术人员以国际先进水平为起点，开展我国反辐射无人机技术和装备的自主研究、工程设计和原始创新。

本书既有较高的学术研究价值，又有工程设计实用意义，可供无人机系统和电子对抗领域的科研人员和工程技术人员学习和参考，还可以作为大学本科生与研究生的飞行器设计和电子对抗等学科专业的参考资料。

图书在版编目(CIP)数据

反辐射无人机系统设计/祝小平等著. —上海:
上海交通大学出版社,2024.3
(无人机系统特征技术系列)
ISBN 978-7-313-30529-9

Ⅰ.①反… Ⅱ.①祝… Ⅲ.①无人驾驶飞机—飞机系
统 Ⅳ.①V279

中国国家版本馆 CIP 数据核字(2024)第 067527 号

反辐射无人机系统设计
FANFUSHE WURENJI XITONG SHEJI

著　　者: 祝小平　周　洲　耿　峰　等
出版发行: 上海交通大学出版社　　地　　址: 上海市番禺路 951 号
邮政编码: 200030　　电　　话: 021-64071208
印　　制: 上海文浩包装科技有限公司　　经　　销: 全国新华书店
开　　本: 710mm×1000mm　1/16　　印　　张: 19
字　　数: 326 千字
版　　次: 2024 年 3 月第 1 版　　印　　次: 2024 年 3 月第 1 次印刷
书　　号: ISBN 978-7-313-30529-9
定　　价: 138.00 元

无人机系统特征技术系列编委会

总　序

无人机作为信息时代多学科、高技术驱动的创新性成果之一，已成为世界各国加强国防建设和加快信息化建设的重要标志。众多发达国家和新兴工业国家，均十分重视无人机的研究、发展和应用。《"十三五"国家战略性新兴产业发展规划》及我国航空工业发展规划中都明确提出要促进专业级无人机研制应用，推动无人机产业化。

无人机是我国具有自主知识产权的制造名片之一。我国从20世纪50年代起就开始自主开展无人机研究工作，迄今积累了厚实的技术和经验，为无人机产业的后续发展奠定了良好的基础。近年来，我国无人机产业规模更是呈现爆发式增长，我国无人机产品种类齐全、功能多样，具备了自主研发和设计低、中、高端无人机的能力，基本形成了配套齐全的研发、制造、销售和服务体系，部分技术已达到国际先进水平，成为我国科技和经济发展的新亮点，而且也必将成为我国航空工业发展的重要突破口。

虽然我国无人机产业快速崛起，部分技术赶超国际，部分产品出口海外，但我国整体上仍未进入无人机强国之列，在精准化、制空技术、协作协同、微型化、智能化等特征/关键技术方面尚需努力，为了迎接无人机大发展时代，迫切需要及时总结我国无人机领域的研究成果，迫切需要培养无人机研发高端人才。因此，助力我国成为无人机研发、生产和应用强国是"无人机系统特征技术系列"丛书策划的初衷。

"无人机系统特征技术系列"丛书的撰写目的是建立我国无人机技术的知识体系，助力无人机领域人才培养，推动无人机产业发展；丛书定位为科学研究和工程技术参考，不纳入科普和教材；丛书内容聚焦在表征无人机系统特征的、重要的、密切的相关技术；丛书覆盖无人机系统特征技术的基础研究、应用基础研究、应用研究、工程实现。丛书注重创新性、先进性、实用性、系统性、技术前瞻性；丛书突出智能化、信息化、体系化。

无人机系统特征技术的内涵如下：明显区别于有人机，体现出无人机高能化、智能化、体系化的特征技术；无人机特有的人机关系、机械特性、试飞验证等特征技术；既包括现有的特征技术的总结，也包括未来特征技术的演绎；包括与有人机比较的，无人机与有人机的共性、差异和拓宽的特征技术。

本丛书邀请中国工程院院士、舰载机歼-15型号总设计师孙聪担任总主编，由国内无人机学界和工业界的顶级专家担任编委及作者，既包括国家无人机重大型号的总设计师，如翼龙无人机总设计师李屹东、云影无人机总设计师何敏、反辐射无人机总设计师祝小平、中国飞行试验研究院无人机试飞总师赵永杰等，也包括高校从事无人机基础研究的资深专家，如飞行器控制一体化技术国防科技重点实验室名誉主任陈宗基、北京航空航天大学无人系统研究院院长王英勋、清华大学控制理论与技术研究所所长钟宜生、国防科技大学智能科学学院院长沈林成、西北工业大学自动化学院院长潘泉等。

本丛书的出版有以下几点意义：一是紧紧围绕具有我国自主研发特色的无人机成果展开，积极为我国无人机产业的发展提供方向性支持和技术性思考；二是整套图书全部采用原创的形式，记录了我国无人机系统特征技术的自主研究取得的丰硕成果，助力我国科研人员和青年学者以国际先进水平为起点，开展我国无人机系统特征技术的自主研究、开发和原始创新；三是汇集了有价值的研究资源，将从事无人机研发的技术专家、教授、学者等广博的学识见解和丰富的实践经验以及科研成果进一步理论化、科学化，形成具有我国特色的无人机系统理论与实践相结合的知识体系，有利于高层次无人机科技人才的培养，提升我国无人机研制能力；四是部分图书已经确定将版权输出至爱思唯尔、施普林格等国外知名出版集团，这将大大提高我国在无人机研发领域的国际话语权。

上海交通大学出版社以其成熟的学术出版保障制度和同行评审制度，调动了丛书编委会和丛书作者的积极性和创作热情，本系列丛书先后组织召开了4轮同行评议，针对丛书顶层设计、图书框架搭建以及内容撰写进行了广泛而充分的讨论，以保证丛书的品质。在大家的不懈努力下，本丛书终于完整地呈现在读者的面前。

我们衷心感谢参与本丛书编撰工作的所有编著者，以及所有直接或间接参与本丛书审校工作的专家、学者的辛勤工作。

真切地希望这套书的出版能促进无人机自主控制技术、自主导航技术、协同交互技术、管控技术、试验技术和应用技术的创新，积极促进无人机领域产学研用结合，加快无人机领域内法规和标准制定，切实解决目前无人机产业发展迫切需要解决的问题，真正助力我国无人机领域人才培养，推动我国无人机产业发展！

无人机系统特征技术系列编委会

2020 年 3 月

前　言

雷达是战场上的“千里眼”，在预警探测、对空/对海监视、目标指示、导弹制导、火炮控制等方面具有十分重要的作用。反辐射无人机就是对雷达实施长时间压制和反辐射摧毁的武器系统，是战场上“首战用我”，开辟空中走廊、夺取制空和制信息权，进而取得战争决定性胜利的“杀手锏”式武器装备。反辐射无人机在现代信息作战中具有重要作用，世界各军事强国均将反辐射无人机列入21世纪重点发展的技术和武器装备之一。

反辐射无人机集飞机和导弹的功能于一身，既具有长时间巡航和待机、远距离飞行的能力，又具有自寻的和精确打击雷达等目标的能力，还能够以集群作战的方式对敌方雷达等目标进行饱和式杀伤和攻击。反辐射无人机具有用途广、压制时间长、杀伤概率高、生存力强、价格低廉、集群作战、饱和攻击等突出优点。它不仅可攻击雷达目标，而且可攻击通信目标，甚至可攻击空中电子战飞机、预警机以及其他辐射源目标，其应用可大大提高电子对抗能力，是现代电子战中不可或缺的“硬杀伤”武器装备。

本书结合世界反辐射技术和装备的最新发展，重点阐述反辐射无人机系统设计理论和方法。本书的特点是突出反辐射无人机系统设计方法和核心关键技术，特别是工程设计技术，旨在助力我国无人机系统和电子对抗领域科研人员及工程技术人员开展反辐射无人机技术和装备的自主研究、工程设计和原始创新。全书共分为7章。第1章为绪论，介绍反辐射无人机的定义、特点与类型和发展历程；第2章介绍反辐射无人机系统总体设计，包括反辐射无人机的作战对象和作战方式、系统组成与功能、系统战术技术指标和设计要求、系统工作过程和作战使用方式，以及贮存和维修保障特点；第3章介绍反辐射无人机总体气动结构设计；第4章介绍反辐射无人机导航制导与控制系统设计；第5章介绍反辐射导引头设计；第6章介绍反辐射无人机箱式发射系统设计；第7章介绍反辐射无人机系统的未来发展，包括对抗条件下雷达的发展趋势和反辐射无人机的未来发展。

本书针对攻击型无人机技术和电子对抗技术的内容特色鲜明，既有较高的学术研究价值，又有工程设计实用价值，可供无人机系统和电子对抗领域的科研人员及工程技术人员学习和参考，还可以作为大学本科生与研究生的飞行器设计和电子对抗等学科专业的参考资料。

本书由西北工业大学的祝小平、周洲、耿峰等撰写，其中第1章由祝小平、耿峰撰写，第2章由祝小平撰写，第3章由周洲撰写，第4章由祝小平、耿峰撰写，第5章由祝小平、李智撰写，第6章由祝小平、郝志忠撰写，第7章由耿峰撰写。

感谢本书所引用和参考的资料的作者。他们的见解、成果给本书的编写提供了很多启发和参考，有的在书中也直接进行了引用。

感谢上海交通大学出版社的工作人员为本书的出版付出的辛勤努力和汗水。

由于著者水平和时间限制，书中可能存在错误和不足之处，敬请读者斧正。

著　者
2024年3月于西安

目　录

第1章　绪　　论

1.1　反辐射无人机的定义

什么是无人机？无人机有哪些基本要素？在2019年颁布的国家标准《无人驾驶航空器系统术语》(GB/T 38152—2019)中，对无人机的定义如下："由遥控设备或自备程序控制装置操纵，机上无人驾驶的航空器。"在2002年美国联合出版社出版的《国防部军事及相关术语词典》中，对无人机的解释是"不搭载操作人员的一种动力空中飞行器，采用空气动力提供升力，能够遥控飞行、自动飞行或远程引导飞行；既能一次性使用，也能回收；能够携带致命性和非致命性有效载荷"。基于此，本书给出的无人机定义如下：无人机是一种由动力驱动、机上无人驾驶的航空飞行器。它通常由机体、动力装置、航空电子电气设备等组成，能够被遥控或自动飞行，既能一次性使用，又能回收多次使用，能够装带任务设备完成特定任务。

反辐射无人机究竟是无人机还是导弹？这在反辐射无人机的发展初期一直是一个有争议的问题。但现在已基本得到共识：反辐射无人机是无人机家族中的一员。虽然反辐射无人机具备导弹的所有属性，即依靠自身动力装置推进、由制导控制系统导引和控制飞行航迹(弹道)、将携带的战斗部送至目标并摧毁目标的武器装备，但反辐射无人机也具备无人机的所有属性，并且在使用方式和作战运用方面灵活多样，是一次性使用的无人机系统武器装备。

反辐射无人机的定义如下：在无人机上集成被动导引头和引信战斗部，采用自主智能控制和精确制导技术，实现对雷达等辐射源目标的长时间压制和摧毁。反辐射无人机的攻击目标并不仅仅局限于雷达，还包括可用来攻击的通信目标，雷达和通信干扰机，以及其他辐射源目标。高速反辐射无人机还可用于攻击敌方预警机和专用电子战飞机。因而反辐射无人机的应用可大大提高电子对抗能力，是现代电子战中不可或缺的“硬杀伤”武器装备。

1.2 反辐射无人机特点与类型

1.2.1 反辐射无人机的特点

反辐射无人机集飞机和导弹的功能于一身，能够以集群方式对敌方雷达等辐射源目标进行饱和式杀伤和攻击。相对于反辐射导弹，反辐射无人机具有作战和使用灵活多样，续航时间和留空待机时间长，成本低，作战效能高等突出优点，有利于在复杂环境下开展多样化的对抗作战，如作为有人机的开路先锋，执行开辟空中走廊任务。反辐射无人机可以大量发射升空，按预规划路径自主编队突防、搜索目标，当发现目标后可伺机攻击、压制和摧毁目标。反辐射无人机主要特点如下。

(1) 反辐射无人机既是飞机又是导弹，具有飞机和导弹的双重功能。

反辐射无人机既具有长时间巡航和待机、远距离飞行的能力，又具有自寻的和精确打击辐射源目标的能力，具有飞机和导弹的双重功能。

(2) 可在防区外发射起飞而不需要载机，不存在载机和人员损伤的风险。

反辐射无人机可在防区外发射、不需要载机，这一点在没有制空权的作战情况下非常重要。一般反辐射导弹飞行时间短，需要有人战斗机作为载机，当在没有制空权的情况下飞临敌方上空时，有人战斗机和飞行员会面临被攻击的巨大风险。反辐射无人机不存在这种问题，具有很高的作战效益和很低的作战风险。

(3) 能够攻击的辐射源目标种类多，频率范围广，体制多。

反辐射无人机能够攻击的辐射源目标种类多，例如当集成被动雷达导引头时可攻击雷达目标，当集成被动通信导引头时可攻击通信目标，反辐射无人机甚至可以攻击卫星地球站、预警机和专用电子战飞机，等等。只要是辐射源目标，反辐射无人机均可以攻击。

反辐射无人机一般采用宽频段导引头，因而可攻击目标的频率范围广，包括低频段的P波段雷达，以及处于L、S、C、X和Ku等频段的预警探测、对空/对海监视、导弹制导、火炮控制、目标指示等雷达或各频段的通信目标。

反辐射无人机还可攻击各种体制的雷达和通信目标，包括常规脉冲雷达、频率捷变雷达、频率分集雷达、连续波雷达、脉冲压缩雷达、重频抖动雷达、重频参差雷达等特殊体制的雷达，以及正交相移键控(QPSK)、二进制相移键控

(BPSK)、频移键控(FSK)、调频(FM)等体制的通信目标。

(4) 生存力和突防能力强,可用于远距离精确打击目标。

与其他攻击武器相比,反辐射无人机具有较小的几何尺寸、红外特征和雷达反射面积。反辐射无人机一般采用翼身融合设计和隐身设计技术,雷达反射截面小;同时采用被动导引头、"发射后不管"飞行和自寻的作战模式,不向外发射辐射源信号,对外的电磁辐射信号也小;再者,反辐射无人机飞行时间长。因此反辐射无人机的生存能力和突防能力强,能够远距离精确打击目标。

(5) 续航时间长,可对敌方防空系统进行长时间压制。

反辐射无人机续航时间长、留空时间长,可在目标附近滞空巡航和长时间待机,只要辐射源目标一开机,就立即对目标进行攻击。在攻击过程中,如果雷达等目标关机,反辐射无人机则在安全拉起高度以上拉起恢复,从高速俯冲状态回到爬升状态,重新爬升到二次待机高度,以巡弋状态搜索目标,发现目标后继续攻击。如果雷达等目标一直不开机,则反辐射无人机在达到最大的压制飞行时间后,进入自毁航线飞行并自毁。在攻击过程中,如果雷达等目标关机,而反辐射无人机已在安全拉起高度以下,则反辐射无人机能够按照记忆导引方式对目标继续实施攻击。

(6) 具有"发射后不管"自主飞行、自主搜索、自动捕获目标、选择攻击、精确制导和直接摧毁目标的能力。

反辐射无人机一般安装有卫星定位导航设备或卫星/惯性组合定位导航装置或卫星/航程推算组合导航系统,以及被动雷达/通信导引头,按照预先装订的规划路径,实现"发射后不管"自主飞行,自主搜索目标。

当导引头搜索到目标后,反辐射无人机可以选择优先级别高的目标优先攻击。在末制导攻击阶段,反辐射无人机采用精确末制导控制方法实现精确制导,在接近目标时,近炸引信或碰撞引信引爆战斗部,直接摧毁目标。

(7) 可快速连续发射,集群式作战,大面积覆盖,对多个目标同时压制和攻击。

反辐射无人机一般采用箱式发射方式,可快速、连续发射。大量反辐射无人机发射升空后,可按集群式作战方式,对目标进行大面积覆盖,同时压制和攻击多个目标,也可对高价值、高防御的重要目标进行饱和式集群攻击。

1.2.2 反辐射无人机的类型

反辐射无人机可按照攻击目标的类型、飞行速度、发射海拔进行分类。

反辐射无人机按照攻击目标的类型，可分为雷达型反辐射无人机、通信型反辐射无人机、空中目标型反辐射无人机。雷达型反辐射无人机和通信型反辐射无人机一般攻击地面/海面辐射源目标。雷达型反辐射无人机可攻击地面/海面各种雷达目标；通信型反辐射无人机可攻击地面/海面各种重要通信目标，还可攻击地面/海面卫星地球站、广播电视上行站、卫星蓄意干扰源等。空中目标型反辐射无人机可攻击空中预警机、电子战飞机、带辐射源的传感器飞机等。

反辐射无人机按照飞行速度的高低，可分为低速型反辐射无人机、高速型反辐射无人机、超声速反辐射无人机、高超声速反辐射无人机。低速型反辐射无人机速度一般在马赫数 0.4 以下，高速型反辐射无人机速度一般在马赫数 0.4～1 之间，超声速反辐射无人机速度一般在马赫数 1～5 之间，高超声速反辐射无人机速度大于马赫数 5。

反辐射无人机按照发射海拔，可分为常规型反辐射无人机和高原型反辐射无人机。常规型反辐射无人机发射海拔在 4 500 m 以下，高原型反辐射无人机发射海拔在 4 500 m 以上。

1.3 反辐射无人机与反辐射导弹的区别

反辐射无人机和反辐射导弹的核心功能是一样的，均是对辐射源目标进行攻击和摧毁。目前反辐射导弹已发展到第四代，反辐射无人机也发展到第二代。从反辐射无人机的特点可以看出，反辐射无人机与反辐射导弹在设计理念、作战使用和战术目的等方面有较多的不同之处。

1.3.1 在设计理念和应用技术方面的主要区别

通过对前三代反辐射导弹和第一代反辐射无人机的对比分析，反辐射无人机与反辐射导弹在设计理念和应用技术方面有以下主要区别：

(1) 反辐射无人机的设计采用无人机的设计思想，同时兼顾精确末制导控制要求，即飞行器要有较好的气动性能，长时间飞行的能力，以及较好的纵、横向操纵控制和机动能力。而反辐射导弹只突出较好的纵、横向操纵控制和机动能力，对气动性能要求较低。

(2) 动力方面，反辐射无人机要工作几小时，故低速型反辐射无人机一般采用活塞发动机，高速型反辐射无人机一般采用喷气式发动机。而反辐射导弹只工作数十秒到几分钟，因而一般采用固体火箭发动机。

(3) 在导航和自主飞行、自动搜寻目标方面，反辐射无人机具备“发射后不管”自主飞行能力，可自动搜寻目标，在搜寻并确定目标后才进入精确末制导阶段，完成对目标的精确打击。因此反辐射无人机需要长时间高精度导航设备，如卫星导航、卫星/惯性组合导航等，还需要预先装订任务规划数据，明确飞行路径、目标搜索区域和攻击目标的特性。反辐射导弹在载机(有人机)搜寻并确认目标后才发射，离开载机后直接进入精确末制导阶段，由被动导引头接收目标辐射信号进行引导，采用末制导技术完成对目标的精确打击。因此反辐射导弹不需要长时间高精度导航设备，不需要导航和自主飞行、自动搜寻目标，也不需要装订飞行路径、目标搜索区域等任务规划数据。

(4) 反辐射无人机一般采用宽频段导引头、地面箱式发射方式，能够大批量发射升空，实现对不同区域大面积、多个目标的长时间压制和有效摧毁。反辐射导弹一般采用窄频段导引头，由载机搜寻并确认目标后才发射。

1.3.2 在作战使用和作战能力上的主要区别

反辐射无人机相较于反辐射导弹，在作战使用和作战能力上的主要特点如下[1]。

1) 长时间连续的压制能力

反辐射无人机对辐射源的攻击不仅仅是摧毁，更重要的是长时间压制。反辐射无人机对目标的压制时间可达数小时，特别是“恢复待机”能力使反辐射无人机能抗雷达暂时关机，有效保证对目标雷达长时间连续压制。而反辐射导弹一旦发射，其对目标雷达的威胁时间仅为数十秒到几分钟。

2) “多对多”和面压制能力

反辐射无人机系统的设计思想是多架无人机压制多个辐射源，作战效果是大面积压制，反辐射导弹则无法实现这个目标。

3) 制导精度更高

相对于反辐射导弹，反辐射无人机速度小，舵面控制力矩大，机动能力更强，制导控制更准确，能实现更高的制导精度。

4) 对操纵人员的能力要求低

反辐射无人机系统的操纵人员只需掌握一般的地面操作技术。而反辐射导弹的操纵人员(飞行员)必须经过严格的训练，掌握多种专业知识和多种机载设备的操作方法。

5）操纵人员无危险

反辐射无人机的发射是在后方，且无人机发射后操纵人员可以尽快撤离，无危险可言。而反辐射导弹的操纵人员（飞行员）在执行任务时有相当大的危险，特别是在没有制空权的情况下，载机（包括飞行员）随时有被击落的危险。

6）不需要实时电子对抗情报支援

反辐射导弹的作战需要实时电子对抗情报支援，载机上必须有引导设备，而反辐射无人机是按预先装订的任务规划飞行至目标，进行自主搜索和攻击，不需要实时电子对抗情报支援。

7）不要求高价值载体平台

反辐射无人机是在地面防区外发射，载体平台一般是卡车，价值不高。反辐射导弹则以价值非常高的有人作战飞机作为载机。

1.3.3 在战术目的和战术效果上的主要区别

在战术目的和战术效果上，反辐射无人机和反辐射导弹有着不同的特点[1]。

1）战术目的

反辐射无人机对目标辐射源的长时间压制是反辐射无人机的首要战术目的，若能摧毁目标最好，即使不能摧毁也能达到长时间压制的战术目的。而反辐射导弹的战术目的就是摧毁目标辐射源，具有一定的自卫目的，如未能将目标辐射源摧毁，则其战术目的就未能达到。

2）战术效果

反辐射无人机在燃油耗尽之前，对所有目标辐射源都是威胁。抗目标辐射源暂时关机的措施是重新恢复待机，再次攻击时的攻击精度并不受影响。而反辐射导弹一旦发射，只能威胁一个目标辐射源，抗目标辐射源暂时关机的措施是按照记忆继续攻击，这种情况下的攻击精度与目标辐射源关机时反辐射导弹距目标辐射源的距离有关，会低于正常的攻击精度。

1.4 反辐射无人机的发展历程

反辐射武器主要有反辐射导弹和反辐射无人机两类，此外也出现了反辐射炮弹或其他反辐射装备。为此，首先要讲述反辐射导弹的发展历程，才能更准确地了解反辐射无人机的发展历程。

1.4.1　反辐射导弹的发展历程

20世纪50年代，地面防空武器的飞速发展对作战飞机构成了严重威胁，反辐射导弹应运而生。从20世纪60年代投入越南战争使用至今，反辐射导弹的发展经历了四代，现正在发展第五代反辐射导弹[2-6]。

1）第一代反辐射导弹

20世纪60年代，第一代反辐射导弹的代表有美国的AGM-45A“百舌鸟”(Shrike)、苏联/俄罗斯的AS-5“鲑鱼”等。“百舌鸟”反辐射导弹是世界上第一种用于实战的空地反辐射导弹，它是在AIM-7“麻雀”Ⅲ型空空导弹的基础上发展而来的。“百舌鸟”反辐射导弹最初是针对苏联在古巴设置的防空体系而研制的，主承包商是得克萨斯仪器公司(现属雷锡恩公司)。“百舌鸟”于1963年研制成功，1964年10月开始服役，1965年投入越南战场，直到1981年停产时已经发展成包括20多种改型的大系列，累计生产数量达2.522万枚，平均单价约为2.65万美元，除装备了美国空军和海军外，还出口到了英国、以色列和伊朗等国，并先后在越南战争、中东战争和美军1986年空袭利比亚“黄金峡谷”等实际作战中使用。

“百舌鸟”弹长为3.05 m，弹径为203 mm，翼展为914 mm，尾翼展为460 mm，发射质量为177 kg，发射高度为1 500～10 000 m，最大射程为45 km，有效射程为12～16 km，最大飞行速度为马赫数2；导引头采用被动直检式比幅单脉冲体制，共有18种导引头，总频段为1～20 GHz，但单枚导引头工作频段窄；战斗部为破片杀伤战斗部，质量为66 kg，有效杀伤半径为15 m；引信采用近炸体制；动力装置为MK39或MK53固体火箭发动机，后继型为MK78双推力固体火箭发动机；发射方式分为直接瞄准和间接瞄准，为翼下吊架发射；主要装备F-105G、F-4G等战斗机。

第一代反辐射导弹“百舌鸟”有如下明显缺点：

(1) 单个导引头工作频段窄，作战使用不方便。

“百舌鸟”所有型号都采用通用的、尺寸小于目标雷达波长1/4的等角四臂平面螺旋天线，为了打击不同频段的雷达，早期型号依靠18种导引头才能覆盖1～20 GHz频段雷达，后继型改进不显著，导致型号过多。

(2) 制导方式单一，没有目标记忆能力，抗干扰能力差。

在导弹发射后，如果敌方雷达关机或停止辐射电磁波，则导弹将失去制导信息而无法命中目标；同频段多部雷达同时工作时，导弹命中率很低；不能对付200 MHz以上的跳频目标。

(3) 导引头接收机灵敏度低、精度差。

在发射导弹前,载机必须进入目标雷达的主波束,限制了载机机动。即使敌方没有采取对抗措施,实战中“百舌鸟”的多数落点也距目标超过 20 m。

(4) 有效射程短,威力不足。

“百舌鸟”有效射程短,影响载机安全;威力不足,对无装甲防护的目标破坏半径只有 5~15 m。

2) 第二代反辐射导弹

20 世纪 70 年代,第二代反辐射导弹在技术上克服了第一代的主要缺点,大幅度提高了导引头的接收机带宽和灵敏度,增加了抗雷达关机功能,同时增大了导弹的射程和战斗部威力,并可以攻击多种目标。其代表有美国的 AGM-78“标准”(Standard)和“百舌鸟”改进型,苏联/俄罗斯的 Kh-22HA/KSR-5“王鱼”(Kingfish)、Kh-28“海峡”(Kyle)、Kh-25MP 及英法联合研制的 AS-37“玛特尔”(Martel)等。以苏联的 Kh-22HA/KSR-5“王鱼”和美国的 AGM-78“标准”反辐射导弹为例进行说明。

“王鱼”反辐射导弹是由苏联/俄罗斯“虹”机械制造设计局设计、制造的第二代空地导弹的第 1 个型号,于 1972 年服役后,主要装备图-16H 和图-22M 轰炸机。“王鱼”弹长为 10.7 m,弹径为 0.9 m,翼展为 2.5 m,采用一台整体式冲压发动机,发射质量为 5 000 kg,发射高度为 10 000~12 000 m,具有高空、低空(海平面)两种飞行弹道,低弹道射程为 250 km,飞行速度为马赫数 2.5~3,高弹道射程可达 700~800 km,飞行速度为马赫数 1.5;制导方式为惯性加末段被动制导,战斗部质量达 1 000 kg。“王鱼”导弹的弹长、射程、速度、发射质量、发射高度和战斗部质量六项指标位居当时世界上反辐射导弹首位。

AGM-78(见图 1-1)反辐射导弹是美国海军、空军装备使用的第二代空地反辐射导弹,是针对“百舌鸟”导弹的缺陷,应对新威胁和越南战争的需要而研制的,是在 RIM-66A“标准”中程面空导弹基础上研制的发展型号。美国通用动力公司于 1966 年 7 月开始研制该型导弹,1967 年开始飞行试验,1968 年该型导弹投入批量生产,同年进入美国海军服役,随后进入美国空军服役。基本型直至 1973 年停产,研制费用为 9 990 万美元,采购费用为 2.178 亿美元,总计 3.177 亿美元,批量生产 1331 枚,月生产率为 31 枚,平均单价为 16.4 万美元。AGM-78 在基本型的基础上不断改进发展,到 1978 年最后一个型号停产,形成了包含 AGM-78A/B/C/D 等型号的空地反辐射导弹系列,各型导弹都采用了正常式气动外形,使用同一种舱段式弹体结构,只是使用的导引头有区别。其中,AGM-

78A 使用得克萨斯仪器公司为“百舌鸟”导弹 AGM－45A－3 研制的导引头，AGM－78B/C/D 各型使用麦克逊电子公司研制的宽频带导引头。该导弹曾在 1970 年越南战争和 1982 年以色列攻击贝卡谷地等实际作战行动中使用，目前仍在服役。AGM－78 采用正常式气动布局，4 片小展弦比、矩形边条弹翼从弹体中部延伸至后部，4 片切梢三角形活动尾翼位于弹体尾部，弹体呈圆柱形，头部呈尖锥形，弹体内部采用舱段式结构。AGM－78 弹长为 4.575 m，弹径为 343 mm，翼展为 1 070 mm，装备一台通用公司双推力固体火箭发动机（AGM－78B 采用 MK27Mod4，AGM－78C 采用 MK27Mod5，AGM－78D 采用 MK27Mod6），发射质量为 626 kg，发射高度为 3 000～6 000 m，射程为 25～55 km，最大速度为马赫数 2.5；采用被动雷达寻的制导，加装了目标位置和频率记忆功能，提高了抗雷达关机能力；99 kg 高爆炸药预制破片杀伤战斗部对雷达的有效杀伤半径为 25～30 m；导弹装备于 F－105G、F－4G、A－6B 等战斗机。

图 1－1 美国的 AGM－78 反辐射导弹

相较于第一代反辐射导弹“百舌鸟”，AGM－78 主要的改进如下：大幅度增加了导引头的频段覆盖范围，AGM－78 两型导引头带宽分别为 1.5～5.2 GHz 和 2～8 GHz，涵盖了当时苏联主要防空雷达的频率范围；提高了导引头的灵敏度，能接收雷达信号较弱的旁瓣信号制导；拓宽了导引头的视场，将导引头天线安装在陀螺环架上，使跟踪视场达到 ±25°，扩大了载机搜索和攻击目标的飞行包线，而“百舌鸟”的固定天线视场只有 8°，载机必须朝目标俯冲才能发射导弹；制导方式更加灵活，AGM－78 增加了目标位置和频率记忆功能，在敌方雷达关机时能按照关机前记忆的目标位置攻击，一旦目标雷达再次开机，又可以通过目标频率记忆功能对其进行重捕获和攻击；增加了导弹的射程；增大了战斗部威力，在提高攻击精度的同时，AGM－78 战斗部的杀伤半径提高到了 25～30 m。

AGM－78虽然在射程、性能和威力等方面均有较大提高，但仍存在以下问题：实战表明，其采用的目标位置和频率记忆功能对突然关机的雷达目标的攻击不是很有效；造价昂贵，单价是“百舌鸟”的5倍；质量偏大，是“百舌鸟”的2倍；形体过大，使挂机种类受限，载弹少；作战使用方式仍然不够灵活。

总体来看，前两代反辐射导弹存在频率覆盖范围窄、导弹命中精度低、抗雷达关机能力差等不足。

3）第三代反辐射导弹

针对前两代反辐射导弹的缺点和现代战争的特点，各国均开始研制第三代反辐射导弹，并于20世纪80年代开始装备部队。与前两代相比，第三代反辐射导弹取得了较大进步，是各国现役主要装备使用的反辐射武器。第三代空地反辐射导弹主要有美国的AGM－88“哈姆”（HARM）（见图1－2）、英国的“阿拉姆”（ALARM）（见图1－3）、法国的“阿玛特”（ARMAT）（见图1－4）、苏联/俄罗斯的Kh－58（见图1－5）及其改进型、Kh－31P（见图1－6）及其改进型等。总体而言，美国的“哈姆”、英国的“阿拉姆”、法国的“阿玛特”等，这类反辐射导弹射程为10～150 km，飞行速度为马赫数2～3，主要技术特点是多采用无烟固体火箭发动机，红外特征小；雷达反射截面积（RCS）达0.05 m^2，隐身性好；采用捷联惯导＋宽频被动雷达复合制导，命中精度体现为圆概率误差（CEP）为5～10 m，抗雷达关机、抗全球定位系统（GPS）干扰；多采用预制破片杀伤战斗部，有效杀伤半径为10 m左右；能实现离轴发射、多弹道攻击。苏联/俄罗斯的Kh－58及其改进型、Kh－31P及其改进型等，采用液体或固体火箭发动机，最大射程达

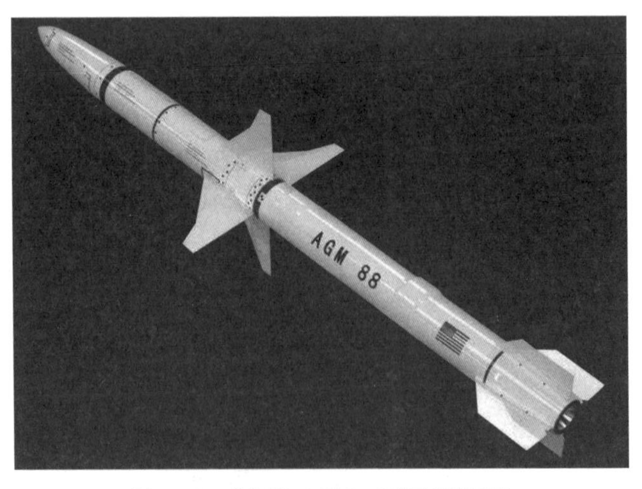

图1－2　美国的AGM－88“哈姆”导弹

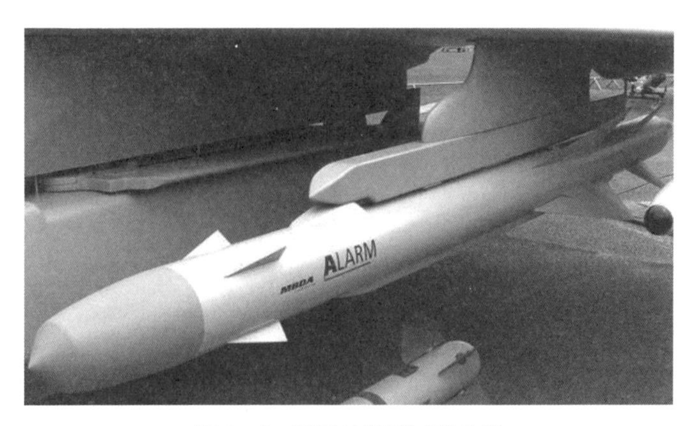

图1-3 英国的“阿拉姆”导弹

图1-4 法国的“阿玛特”导弹

图1-5 苏联/俄罗斯的 **Kh-58** 导弹

图 1-6 苏联/俄罗斯的 Kh-31P 导弹

250 km，飞行速度为马赫数 3～4.5。这类反辐射导弹能携带多种类型战斗部，包括预制破片杀伤战斗部、集束战斗部、核战斗部等，不仅能杀伤雷达天线，还能打击雷达发射车，毁伤效果好；采用惯导＋被动雷达寻的制导，CEP 为 5～8 m；受苏联/俄罗斯自身电子和微电子技术水平制约，其导引头带宽比较窄，需要多个导引头才能达到宽频带覆盖，仅 Kh-31P 最新改进型能实现一个导引头的宽频带覆盖，但导弹体积大、结构笨重，小型化问题仍没有解决。

作为第三代反辐射导弹的典型代表，AGM-88"哈姆"导弹是一型机载中程空地高速反辐射导弹(high-speed anti-radiation missile, HARM)，由美国得克萨斯仪表公司为美国海、空军研制，用以取代 AGM-45"百舌鸟"和 AGM-78"标准"，主要用于压制、摧毁地面和舰上防空导弹系统的雷达和高炮雷达，主要装备于 F-16、A-7、A-6、F/A-18、EA-6B 等战斗机。20 世纪 80 年代以来，其在美利战争、海湾战争、伊拉克战争、科索沃战争等历次局部战争中发挥了重要作用。"哈姆"除装备美军外，还装备英国、德国、意大利、希腊、西班牙和土耳其等多个国家的军队。"哈姆"于 1972 年 4 月开始研制，1975 年 8 月开展飞行试验，1980 年 11 月早期型 AGM-88A 开始小批量生产，1983 年 3 月进入全速生产阶段，1983 年 5 月装备美军。

AGM-88A 采用鸭式气动布局，于弹体中部布置 4 片双三角形切尖鸭翼(X 形)，于尾部布置 4 片前缘后掠梯形尾翼(X 形)。AGM-88A 弹长为 4.17 m，弹径为 254 mm，鸭翼翼展为 1.13 m，动力装置采用无烟、高速、双推力固体火箭发动机(采用高能量密度无铝 HTPB 推进剂)，发射质量为 361 kg，最大速度为马赫数 3，低空发射有效射程为 25 km，在 9 000 m 高空发射时有效射程为 48～

80 km,最大射程为 150 km;采用抗目标雷达关机的捷联惯导+被动雷达寻的复合制导方式,具有目标频率和位置记忆功能,理论上具有真正对抗敌方雷达突然关机的能力;宽频被动雷达导引头工作带宽为 0.8～20 GHz,覆盖了当时苏联97%以上防空雷达的工作频段,包括脉冲与脉冲压缩雷达、频率捷变雷达、连续波雷达等。它由 1 个固定式天线阵列、10 个微波集成电路插件和 1 个射频信号数字处理机构成,导引头灵敏度高,不仅能截获雷达天线主瓣信号,而且能截获其旁瓣和背瓣信号;飞行控制系统包括捷联式惯性导航装置、数字式自动驾驶仪和机电控制舵机;采用 66 kg WDU - 21/B 高爆炸药预制破片杀伤战斗部及 FMU - 111 激光近炸引信,杀伤半径为 30 m;采用隐身技术,具有很好的突防能力。

AGM - 88A 采用发射后锁定(lock on after launch, LOAL)和发射前锁定(lock on before launch, LOBL)两种作战方式。LOAL 作战方式又可分为两种方式:第一种为自卫方式,即载机雷达告警接收机探测到辐射源后,由机载发射指令计算机对辐射源目标进行分类、威胁判断和攻击排序,然后向导弹发出指令,将确定的重点目标的有关参数装入导弹并显示给飞行员,只要目标进入导弹射程即可发射导弹,不管目标是否在导弹导引头视场内,导弹在自动驾驶仪控制下按预定的弹道飞行,确保导弹导引头能截获目标;第二种为预置方式,即向已知辐射源目标的位置发射导弹,导弹导引头按照预定程序搜索、识别探测到的所有辐射源并将其分类,自动锁定预先确定的目标,并对其进行跟踪直至摧毁。LOBL 作战方式即随遇方式,载机在飞行过程中,导弹导引头处于开机工作状态,利用其高灵敏度对辐射源进行探测、定位和识别,并向飞行员显示相关信息,由飞行员瞄准威胁最大的目标并发射导弹。

AGM - 88 自投产起便不断进行改进,基本型 AGM - 88A 涵盖批生产的 Block 1 和 Block 2,其余都是改进型,主要是扩展导引头工作频率,采用复合导引头制导,增加导弹射程和飞行速度等。AGM - 88B(Block 3 批次)于 1982 年在 AGM - 88A Block 2 的基础上研制,1989 年正式服役,1993 年停产。其主要改进是通过更换 A 型的导引头内插件式硬件模块,获得了一个低成本、高性能的新型导引头,AGM - 88B 比 AGM - 88A 便宜约 20%。此外,对制导系统数字处理机内的软件进行了改进,使其不仅能在地面进行预编程或重编程,而且能在载机飞行过程中进行重编程,提高了作战使用灵活性。

AGM - 88C(Block 4 和 Block 5 批次)于 20 世纪 80 年代末在 AGM - 88B 的基础上改进得到,1990 年投产,1998 年停产。其主要改进是采用更新型的导引头，导引头工作频段上限已扩展到35～40 GHz，可攻击采用频率捷变技术的雷达和GPS信号干扰源；采用新型战斗部，对目标的破坏威力比AGM－88B增大了1倍，能摧毁坚固的目标；采用新设计的信号处理机，其信号处理能力提高了数倍。

4）第四和第五代反辐射导弹

自20世纪90年代起，为应对更加复杂的电子战环境，反辐射导弹在不断改进中加速发展。研究人员采用"专项计划"研究模式，在前一代导弹的基础上发展和验证新的关键技术，不断提升反辐射导弹性能，加速反辐射导弹研究和装备进程。到21世纪，军队已经开始装备第四代反辐射导弹，同时开始对第五代反辐射导弹的预先研究工作。

1990年，美国海军开展了先进反辐射导弹（advance anti-radiation guided missile, AARGM）研制计划。1997年该计划的新细节公布，转变成由美国海军武器中心（NWC）领导，科学与应用技术（SAT）公司和大西洋研究公司（ARC）分别研究多模复合式导引头和冲压发动机，以用于"哈姆"导弹的进一步改进和后继反辐射导弹研制的先期概念技术演示（ACTD）项目。AARGM计划具有高度优先的地位，截至2002财年，美国海军在该项目上的投资已超过1.85亿美元。2000年3月，在美国加利福尼亚州"中国湖"海军空战中心靶场进行了该项目的首次发射试验，试验弹称为控制测试飞行器（CTV），主要演示了新型全球定位系统/惯性导航系统（GPS/INS）中段制导装置的性能，并在做出一系列的预定飞行动作之后准确命中了预定的目标，随后在5月重复进行试验。2001年又连续进行了4次制导飞行器（GTV）发射试验，其中GTV－1首次试验了多模复合式导引头。AAGRM计划先期概念技术演示样机由F/A－18战斗机从"中国湖"靶场上空发射，成功捕获、识别并命中了模拟的雷达目标。随着多模导引头的研制基本完成，先进反辐射导弹计划的第二部分，即冲压发动机的研制工作开始展开。2002年初，美国海军正式授权SAT公司提供针对高速反辐射验证弹的前部弹体（带有先进反辐射导弹先进制导系统的"哈姆"前段）的合同。高速反辐射验证弹后部采用当时大西洋研究公司新研制的发动机，具有更高的飞行速度、更大的射程和更好的末段机动性。

1998年，美军开始执行"精确导航更新"计划，由美国海军和德国、意大利联合实施，又称"三国'哈姆'精确导航更新"计划，主要是在AGM－88C上加装GPS/INS制导装置，同时将软件升级到Block 6级别。设计评审于2000年12月开始，2001年初通过，美国将该改进后的导弹称为"HARM Block 6"，编号为

AGM－88D，主要装备于海军的F/A－18战斗机。德国和意大利则分别装备于其空军和海军航空兵、空军的“狂风”ECR战斗机，并称为“AGM－88B Block 3B”。采用GPS/INS制导装置可大幅提高“哈姆”导弹的使用灵活性，在打击固定雷达目标时可以首先装入其坐标信息，即使对方关机或采用其他伪装与欺骗措施，导弹也能依靠GPS/INS制导飞向预定坐标，同时能够精确地设定自己的非攻击区域，以避免误杀伤；此外，这也使“哈姆”导弹具有了对多种目标的打击能力，在战场上具备了更大的灵活性。

2000年，美军又启动了“快弩”计划，目标是为先进反辐射导弹提供一种加密的武器毁伤评估发射机。导弹在命中目标前通过这个发射机将弹着点和对目标跟踪、瞄准的信息发送给美国国家安全局，再由其转发给战场指挥控制中心，从而提供近实时的目标毁伤评估。该计划由美国欧洲司令部主管，美国海军和国防部联合出资。主承包商是阿连特技术系统(ATK)公司(于2018年被诺思罗普·格鲁曼创新系统公司收购)。2002年11月，在“中国湖”海军空战中心进行了该项目的首次导弹试射，装有武器命中评估系统的先进反辐射导弹由一架F/A－18战斗机发射后，成功地识别、跟踪并攻击了模拟防空雷达。2003年又进行了2次验证试射，演示了嵌入式的战术接收机，使导弹能在飞行中接收情报信息。

第四代反辐射导弹具有以下特点：一是导引头工作带宽大大拓宽，攻击范围更广泛。第四代反辐射导弹被动雷达导引头工作频率覆盖范围扩展至0.1～40 GHz，导弹不仅能攻击固定雷达站，还能攻击运动平台中的雷达，并能有效对付相控阵、连续波等新体制雷达；二是采用GPS制导、惯性制导、被动雷达寻的制导以及主动毫米波制导相结合的多模复合制导方式，大大提高了抗干扰、抗诱偏能力；三是采用隐身技术，减小雷达截面积、降低红外特征，使敌方侦察手段难以发现或至少缩短发现距离，提高其生存能力；四是速度更快、射程更远，使敌方雷达没有足够时间采取相应的对抗措施。

美国率先展开研究并装备第四代反辐射导弹“先进反辐射导弹”(AARGM) AGM－88E/F，为美军提供在复杂威胁环境下摧毁敌方防空系统的精确打击能力、近实时战场毁伤评估能力。AGM－88E/F可装备于F/A－18C/D、F/A－18E/F、EA－18G、F－16、F－35等作战飞机。

AGM－88E(见图1－7)由美国国防部和意大利国防部共同投资，由ATK公司研制生产。2003年6月，ATK公司获得价值2.226亿美元的合同，开始AGM－88E的研发和验证阶段工作，合同期限从2003年6月到2008年9月，合同包括设计、研制、对接和交付31枚用于研制及作战试验的导弹，并将“快弩”计划开发的技术应用到先进反辐射导弹上。2005 年 4 月，导弹通过初步设计评审。同年 11 月，意大利国防部和美国国防部签订了一项联合发展 AGM－88E 的谅解备忘录，意大利政府将提供资金用于制造代用靶弹和模拟器，并提供试飞的保障服务。一旦投产，意大利空军采购该导弹的数量约为 250 枚，美国海军采购该导弹的数量约为 1 750 枚。2006 年，导弹通过关键设计审查。2007 年，AGM－88E 分别进行了 GPS、毫米波雷达/数字化被动雷达制导的全系统试验。2008 年，该项目进入低速生产阶段(共生产 27 枚导弹)。2010 年，27 枚导弹交付于美国海军，用于“初始作战试验与鉴定试验”，但试验中发生的一系列严重的制造质量问题和软件问题导致美国海军取消了初始作战试验与评估，转而进行故障确认与改进工作。2011 年，180 h 的系留载飞试验完成。2012 年，ATK 公司获得生产 53 枚 AGM－88E 的合同，以取代 AGM－88B 反辐射导弹。2014 年 8 月，ATK 公司获得美国海军价值 9 620 万美元的合同，生产第三批次 AGM－88E 导弹。2017 年 9 月，ATK 公司再次获得美国海军价值 3.5 亿美元的合同，生产第六批次 AGM－88E 导弹。

图 1－7 美国 AGM－88E 反辐射导弹

AGM－88E 采用新的制导段和控制段，并对发动机和弹头部分做了改进，对弹翼和鳍做了修型，弹长为 4.17 m，弹径为 254 mm，翼展为 610 mm，发射质量为 344 kg，战斗部质量为 68 kg，最大射程为 180 km，最大速度为马赫数 3.5；中制导采用 GPS/INS，末制导采用宽频带被动雷达/主动毫米波雷达双模复合。

AGM－88E 发射后先按曲线弹道飞行，使用宽频带被动雷达导引头快速转向目标进行被动测量。如果雷达关机，则先通过 GPS/INS 制导接近目标，然后由毫米波主动雷达导引头对敌方雷达系统以及金属强回波进行搜索，这样导弹既可攻击敌方防空雷达，又可摧毁防空系统中的指挥控制车等关键设备。AGM－88E 可以有效应对敌方雷达关机，而不需要像上一代那样发射多枚导弹，从而降低了作战成本，增强了攻击效果。AGM－88E 加装嵌入式武器效能分析（WIA）系统（包括武器效能评估发射机和综合广播服务接收机，采用双向数据链），具有嵌入式作战毁伤评估功能，可为联合部队指挥官提供近实时的武器命中评估依据。

AGM－88F 扩大了基本的 GPS 功能，加装了辅助挫败敌方电子防御系统的其他功能。2019 年 3 月 7 日，美国国防部宣布与诺斯罗普·格鲁曼公司签署价值 3.225 亿美元的“先进反辐射导弹”增程型（AARGM－ER）AGM－88G 的工程研制开发合同（EMD），合同包括 AARGM－ER 的设计、新型固体火箭发动机的研发、导弹与战斗机的集成和测试。这表明第五代反辐射导弹进入了实施阶段，AGM－88“哈姆”反辐射导弹家族迎来重大变革。

AARGM－ER 计划始于 2016 年，目标是增强正在使用的 AGM－88E 导弹的能力，要求新型导弹具有更远的射程，更高的对抗新出现的先进威胁的效率，以及更强的战场生存能力。AARGM－ER 的外形和气动布局与 AGM－88“哈姆”完全不同，取消了位于“哈姆”导弹中部的 4 个三角控制面，于弹体两侧增加了与弹体融合的纵向条状翼面，该设计提高了导弹超声速飞行时的升阻比，进而进一步提高了飞行速度；此外，由于取消了三角控制面，因此其可以方便集成到 F－35 等内置弹仓，降低战机雷达反射面积。为 AARGM－ER 重新设计了尾部操纵面，提高了控制效率；采用新型固体火箭冲压发动机，增大了射程。

AARGM－ER 用于打击和摧毁敌方防空系统和时间敏感性移动目标，主要特点如下：较上一代反辐射导弹双模制导能力更强，具有指挥控制能力、任务规划能力、网络战协同互通互联互操作能力，进一步提高了战斗部打击能力，同时提升了维护支持能力。此外，美国海军还计划使 AARGM－ER 具备更强的网络战能力，将 AARGM－ER 的数据信息嵌入海军一体化火控与防空系统（NIFC－CA），整合防空与反水面能力，更好地应对敌方海空威胁。AARGM－ER 导弹如图 1－8 所示。

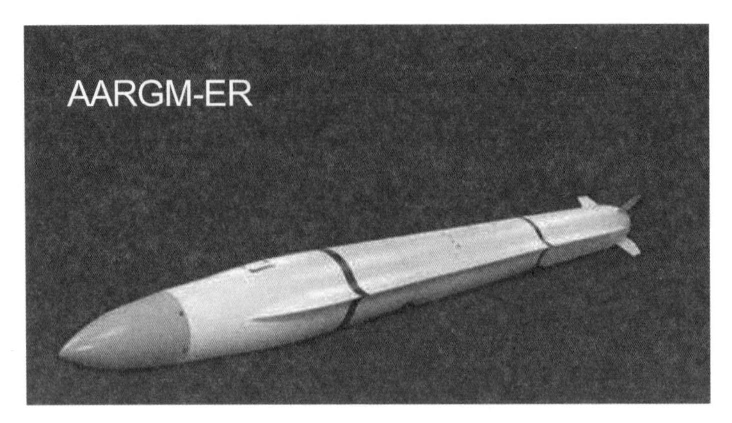

图 1-8　美国新一代反辐射导弹 AARGM-ER

1.4.2　反辐射无人机的发展历程

自越南战争以来，美国一直使用反辐射导弹对抗敌方防空系统中的雷达。然而，由于反辐射导弹的使用依赖于具有防空压制能力的专用电子战飞机的支援，例如美国的 F-4G“野鼬鼠”电子战飞机和德国的“旋风”电子战飞机，因此其造价偏高，缺乏巡航能力等。特别是随着各国防空系统日益完善，地面火力配置的各种雷达设施能够迅速、有效地探测和发现有人作战飞机的踪迹，使美国有人作战飞机在作战使用中随时面临被地空导弹击落的危险。因此，美国空军首先提出了反辐射无人机的需求，并获得了美国军方的广泛支持。20 世纪 60—70 年代，在几次中东战争中，以色列以空中打击和突然袭击作为有效手段，反辐射导弹发挥了重要作用。但叙利亚等国防空系统的发展，使以色列空军战斗机在作战使用中被击落的概率大大增加。于是以色列等西方国家纷纷提出发展反辐射无人机，作为有效压制和摧毁地面防空雷达的措施，以确保掌握战争制空权。反辐射无人机是继反辐射导弹之后的新一代电子对抗进攻装备，它的出现为突破敌方防空体系提供了一种新的作战手段，因此受到世界各国的普遍重视。20 世纪 80 年代末期，美国、法国、德国、以色列、南非等国相继研制并部分装备了反辐射无人机[7-9]。

反辐射无人机是综合反辐射导弹和无人机的优势而研制出来的新型武器，是反辐射导弹的有力补充，具有不可替代的作用。反辐射无人机从 20 世纪 70 年代开始发展至今，美国、以色列、德国、南非等国先后研制了“勇敢者”(Brave)“静默彩虹”(Tacit Rainbow)、“达尔”(DAR)、“百灵鸟”(LARK)等多型反辐射无人机，其基本情况及参数如表 1-1 所示。

表 1-1 反辐射无人机基本情况及参数

型号	BRAVE-200	DORNIER DAR	MBB DAR	MARULA	RAKI	LARK	HARPY
生产厂	美国 波音(Boeing) 公司	德国 道尼尔(Dornier) 公司	德国 MBB公司	法国 萨基姆(SAGEM) 公司	南非 肯特罗(Kentron) 公司	南非 肯特罗(Kentron) 公司	以色列 航空工业(IAI) 公司
几何尺寸 (翼展×机长)/ (m×m)	2.59×2.13	2.0×2.3	2.26×1.81	2.24×2.1	2.24×2.11	2.1×2.43	2.1×2.6
起飞质量/kg	120	120	120	135	135	120	135
任务载重/kg	27	25～30	50(含油)	35	35	30	25～30
最大平飞速度/ (km/h)	225	220	220	220	220	250	250
巡航速度/ (km/h)	180	180	180	180	180	210	200
待机速度/ (km/h)	145	150	140	160	140	160	165
俯冲速度/ (km/h)	360	360	360	400～500	400～500	400～500	400～500
最大航程/km	400～500	—	—	800	—	800	1000
续航时间/h	3～5	3	约4	约5	4.5	4.5	约5

（续表）

型号		BRAVE-200	DORNIER DAR	MBB DAR	MARULA	RAKI	LARK	HARPY
动力装置/hp[①]		28（双缸两冲程）	26（双缸两冲程）	26（双缸两冲程）	26（双缸两冲程）	26（双缸两冲程）	38（转子发动机）	38（转子发动机）
发射方式		火箭助推箱式发射	火箭助推箱式发射	火箭助推箱式发射	火箭助推箱式发射	火箭助推箱式发射	火箭助推箱式发射	火箭助推箱式发射
控制与导航		预编程	GPS，自动驾驶仪	GPS/航程推算	GPS/航程推算	GPS/航程推算，预编程	GPS/航程推算，预编程	GPS/航程推算，预编程
布局特点		鸭式	三角翼，推进式有侧力板	三角翼，推进式有侧力板	三角翼，推进式有侧力板	三角翼，推进式有侧力面	三角翼，推进式有侧力面	三角翼，推进式有侧力板
雷达导引头	频率范围/GHz	2～35	0.8～20	2～18	2～16	2～10	0.7～18	2～18
	目标雷达	脉冲、连续波、频率捷变	脉冲、连续波、频率捷变	脉冲、连续波、频率捷变	脉冲、连续波、频率捷变	脉冲、连续波、频率捷变	脉冲、连续波、频率捷变	脉冲、连续波、频率捷变
	视场范围	—	—	—	方位角：60° 俯仰角：145°	—	方位角：60° 俯仰角：145°	方位角：60° 俯仰角：145°

① hp：马力，功率单位，1 hp＝735 W。

美国典型的反辐射无人机有“勇敢者”和“静默彩虹”高速反辐射无人机等。Brave-200型反辐射无人机于1979年由美国波音公司开始研制，该无人机装载于发射箱内，每15个发射箱作为一个标准组，可通过卡车运输并完成发射。Brave-300型反辐射无人机是Brave-200型的改进型号，其大大提高了起飞质量和攻击半径，具有更强的突防能力。“静默彩虹”反辐射无人机即AGM-136，是由美国海、空军于20世纪80年代初开始联合研制的一种携带被动寻的头和战斗部的反辐射无人机。“静默彩虹”主要特点如下：续航时间长；雷达截面积小，生存能力较高；采用毫米波技术，覆盖频段宽；具有远距离发射、自主搜索和锁定目标及巡逻能力，而且可截获多种体制的雷达信号。

德国于20世纪70年代开始研究小型遥控飞行器，执行反辐射和其他方面的任务，并和美国联合提出“蝗虫”(LOCUST)计划，旨在研制一种体积小、造价低的无人机，用于压制敌方防空雷达，但因资金不足而终止。1984年美国退出该计划后，“蝗虫”计划就成为德国的独家计划，并改称“克达尔”小型反辐射无人机计划，由以博登湖仪器技术公司、道尼尔公司和MBB公司为首的三个集团进行竞争。1988年，“克达尔”计划改称“达尔”计划，1989年选定道尼尔公司为主承包商开始全面研制；1992年，德国政府决定继续进行研制但不采购；1993年，全面研制工作结束，至今未投产。

以色列航空工业公司下属的马拉特分部在20世纪80年代初，根据以色列军方的需求开始秘密研制“哈比”反辐射无人机。尽管反辐射导弹已成为主要攻击武器，但只能攻击预先侦察到的固定目标，难以对付那些机动设置的地面雷达。为了及时扫清地面威胁，确保空中优势，以色列军方决定利用德国“达尔”无人机平台，率先研发一种具有一定自主攻击能力的反辐射无人机。由于这种无人机在攻击目标时类似从天而降的鹰隼，勇猛、凶残而不顾性命，因此借用希腊神话中长着鹰身的女妖的名字“哈比”(HARPY)为其命名。“哈比”反辐射无人机在1997年巴黎航展上首次对外公开亮相，与目前广泛用于侦察、通信的无人机不同，“哈比”反辐射无人机集无人机和导弹技术于一体，是一种利用敌方雷达辐射的电磁波信号进行搜索、跟踪并摧毁地面雷达的自主武器系统。由于“哈比”反辐射无人机在性能上的突出表现，美国国防部非常看好这种压制防空雷达的武器，并于1999年6月指定雷锡恩公司与以色列航空工业(IAI)公司合作，在“哈比”的基础上发展了“短剑”(CUTLASS)无人机。进入21世纪，IAI公司在“哈比”的基础上研制了“哈洛普”(HARLOP)新型反辐射无人机，并于2009年巴黎航展上首次展出。与“哈比”不同，“哈洛普”除了打击敌方雷达外，潜在打击目标还包括敌方导弹发射装置以及其他高价值设施，同时，“哈洛普”系统采用“人在回路”操控，地面操纵人员可通过数据链随时调整无人机的飞行航线和打击目标。“哈洛普”可从地面车辆、水面舰艇等多种作战平台上发射，具备多次重复攻击能力，可以任意角度对目标实施打击。

目前，美国正将最先进的“战斧”(Tomahawk)巡航导弹改为反辐射无人机。从2014年开始在“战斧 Block－Ⅲ”的基础上，改进研制“战斧 Block－Ⅳ”反辐射巡航导弹(无人机)，最大航程达1 500 km。

1.4.3 国外几种典型反辐射无人机介绍

目前，具有代表性的反辐射无人机武器系统有德国的“达尔”反辐射无人机、南非的“百灵鸟”反辐射无人机、美国的“勇敢者－200”和“静默彩虹”无人机、以色列的“哈比”反辐射无人机和“哈洛普”反辐射无人机等。其中，“哈比”反辐射无人机是世界上性能最为先进的反辐射无人机之一，由于其在实战中的出色表现，已成为反辐射无人机的典型代表。

1)“哈比”

“哈比”反辐射无人机系统由4个分系统组成：一是用于攻击目标的反辐射无人机，二是用于指挥控制的地面控制站，三是用于贮存、运输和发射的贮运发射车，四是地面保障与维修分系统。一营套“哈比”反辐射无人机系统的基本火力单元由54架无人机、1辆地面控制车、3辆发射车和保障设备组成。每辆发射车装有9个发射箱，按照3层×3排固定安装，每个发射箱内分2层，各装一架无人机，因此一辆发射车共装载18架无人机。系统具有良好的机动性和隐蔽性，能根据作战需要迅速转移并展开发射，无须较多的操纵人员，特别有利于作战使用和后勤保障，可以在苛刻的战场条件下使用，是一种十分有效的武器系统。

“哈比”无人机(见图1－9)采用小展弦比三角翼的无平尾式布局，机长为2.6 m，翼展为2.1 m，机高为0.36 m。它的机身呈圆柱状，与机翼融合为一体，飞行操纵翼面主要是机翼后缘的全翼展升降副翼和翼尖垂尾的方向舵。为了提高攻击精度，该无人机在机翼上、下表面分别嵌有4个折叠式直接侧力板，用于使无人机在飞行中实现无倾斜水平转弯，以便提高导引头测向精度和在最终向目标俯冲时提高侧向机动能力。“哈比”无人机由复合材料制成，具有强度高、成本低、机体雷达反射截面积小、红外和光学特征很不明显等优点。该机在2 000 m高度巡逻时，几乎不可能被光电探测设备捕捉到，因此具有很强的生存能力。其头部装有以色列自行研制的被动雷达导引头，可对截获的不同雷达信号进行分选、识别，从中选择优先级高的目标进行跟踪攻击。因此，“哈比”可以主动攻击随机出现或瞬间变化的目标，而不是简单地进行反应性攻击，抗关机能力较强；雷达导引头采用宽频带技术，扩大了动态工作范围，感知雷达辐射源的带宽达到 2～18 GHz；中部装有卫星导航系统和战斗部。“哈比”采用 GPS 和航程推算组合导航，借助自动驾驶仪、垂直陀螺、角速率陀螺和磁航向传感器，可以按照预先规划的路径执行飞行和攻击任务。“哈比”的战斗部由近炸引信和高能炸药组成，质量为 15 kg，能够利用爆炸破片将地面雷达系统摧毁，或使其不能正常工作。“哈比”无人机的升限为 3 050 m，能在 1 668 m 高度飞行 1 000 km，续航时间在 4 h 以上，巡航速度为 200 km/h，最大俯冲速度超过 450 km/h。由于具有远程攻击能力，因此该无人机适合纵深突破到敌后去摧毁地面雷达系统，并能够长时间搜索和持续压制目标区雷达目标，为其他作战飞机扫除潜在威胁。

图 1-9 以色列“哈比”反辐射无人机

2）“勇敢者-200”

“勇敢者-200”反辐射无人机是波音公司于 1979 年开始研制的。其机长为 2.134 m，翼展为 2.591 m，机高为 0.61 m，续航时间可依任务而定，航程达 640 km，升限为 3 500 m，有效载荷为 27 kg，动力装置为单台 20.59 kW 活塞发动机。“勇敢者-200”反辐射无人机上还安装有 AN/ALQ-176 雷达干扰机，该型无人机可从地面车辆或舰艇上发射，属于一次性使用攻击型无人机。

3)“静默彩虹”

“静默彩虹”机长为 2.54 m,翼展为 1.56 m,航速为高亚声速,巡航时间为 20~40 min,续航时间不少于 3 h,巡航距离为 1 000 km,动力装置采用涡扇发动机,寻的头为宽频带数字式被动雷达导引头,工作频率范围为 2~18 GHz。“静默彩虹”反辐射无人机采用自主系统,可以在没有任何预先目标指示的情况下,自动搜索和攻击目标,可按发射前预编程飞到预定的地区巡逻,获得最大的战术灵活性。当该无人机捕获到威胁雷达的信号后便立即以高亚声速飞向目标,俯冲进行攻击,如果敌方雷达发射机突然关机,则可以根据预先存储的目标信息完成攻击任务,也可以在目标区上空再次转入巡逻飞行,直至雷达目标重新辐射电磁波后再进行攻击,从而给敌方雷达操纵人员造成极大的精神压力。

4)“哈洛普”

“哈洛普”无人机(见图 1-10)也称为“哈比”二代,可认为是“哈比”无人机的先进人工控制型。“哈洛普”无人机内置无源雷达接收机、光电传感器和 1 个视距“视频数据链系统”。该“视频数据链系统”能为无人机提供可视目标探测功能,增强了系统的人工参与能力。“哈洛普”无人机同样由转子式发动机提供动力,带有折叠机翼,内置高爆战斗部,除执行对敌防空压制任务外,还可执行精确打击任务(包括反弹道导弹发射装置以及城市作战任务)。

图 1-10 “哈洛普”反辐射无人机

“哈洛普”无人机采用火箭助推器进行发射,据猜测,“哈洛普”无人机的设计结构可能来源于美以联合开发的“短剑”无人机。该机可以在目标区域盘旋 5~

6 h，发现目标后实施撞击并引爆 15 kg 的战斗部，没有发现目标会自行降落。公开信息显示，“哈洛普”系统的基本火力单元由 18 架无人机、1 辆地面控制车、3 辆发射车和辅助设备组成。每辆发射车上装有 6 个发射箱，按照 2 层×3 排固定安装，每个发射箱内装有 1 架“哈洛普”无人机。

“哈洛普”无人机采用鸭翼＋三角翼布局，机身由高强度且低成本的铝材制造，表面涂覆吸波材料，使其具备一定的隐身能力，无人机长约为 2.5 m，翼展约为 3 m，高约为 0.5 m。机身头部装有被动雷达导引头，可对截获的不同电磁波信号进行分选、判断，从中识别出敌方信号，以便进行目标识别和追踪。机身中部装有导航系统和战斗部，其中导航系统采用惯性导航和 GPS 卫星定位技术，配合自动驾驶仪、三轴光纤陀螺和磁罗盘，可以让无人机按照预先编好的程序执行飞行任务。于机身后部安装 1 台转子发动机和 1 个两叶螺旋桨，机体内置油箱注满燃料后最长滞空时间为 6 h，巡航速度为 220 km/h，俯冲速度超过 480 km/h。

从作战使用来看，“哈洛普”无人机可在敌方武器打击范围外发起攻击，能在开战初期对敌方防空系统和指挥机构实施“点穴式”打击，攻击误差不超过 5 m。“哈洛普”无人机通常采取集群作战，整个火力单元内的 18 架无人机可在 20 min 内全部发射，全面覆盖目标区域。

5）“短剑”计划

由于“哈比”反辐射无人机在性能上独树一帜，因此美国国防部非常看好这种压制防空雷达的武器。在 1999 年科索沃战争期间，美国空军和海军的战斗机出动了 3 000 多架次，主要使用“哈姆”反辐射导弹进行压制敌方防空系统（SEAD）任务。为了在未来战争中减少战斗机承担 SEAD 任务时的出动次数，美国国防部在 1999 年 6 月指定雷锡恩公司同以色列航空工业公司合作，在“哈比”的基础上发展一种无人目标定位和攻击作战系统（CUTLASS），其缩写恰好与单词“短剑”一致。与当前使用的技术有所不同，“短剑”无人机将增加地面人员实时控制功能，以更好地完成攻击任务。它通过加装超高频（UHF）视频数据链路和目标识别系统来提高攻击效果。数据链与美国国防部要求的无人机战术控制系统兼容，也能与 Link16 数据链之间交换数据。“短剑”无人机通过基于 Windows 操作系统的任务规划软件，在全球卫星定位系统的引导下，多架无人机飞至目标区自动搜索与识别目标，所获目标信息通过数据链路传回到控制站，由操纵人员进一步确认目标后，再指挥无人机进行攻击。根据需要，两家公司主要对“哈比”无人机的总体结构做了一些修改，使该机增加了战斗部质量，携带

16 kg 高能破片式战斗部，以进一步扩大杀伤面积，增强杀伤力；翼展减小到1.83 m，从而减小发射平台的尺寸和体积，进一步增强整个系统的机动性；机体载油空间减小，燃油载荷相对减小，航程减少到 300 km，但最大飞行高度增加到4 500 m，以提高自身的生存能力。其他的改进还包括安装“响尾蛇”空空导弹的红外导引头，可用于攻击飞机，同时更新机上软件，从而能对目标进行分类并决定攻击的次序。此外，“短剑”无人机还可用于攻击车辆或建筑物，其他潜在的任务包括侦察、目标截获和作战损伤评估。美国海军希望通过改进发射装置，将“短剑”装备在军舰上。然而，因为美国海军正在研制兼具侦察和攻击能力的无人战斗机，尚未决定是否采购反辐射无人机，因此“短剑”计划进展缓慢。

6）“百灵鸟”

“百灵鸟”是南非肯特罗公司在 ARD－10 无人机的基础上正在研制的一种远程反辐射无人机。它可从车载或舰载发射箱中发射，攻击陆上防空系统雷达。该无人机最初是为南非空军在安哥拉战争中使用而研制的，其发射装置和飞行控制系统已完成初步试验，但由于南非空军经费不足，因此研制工作进展不快。

“百灵鸟”反辐射无人机是外形类似双三角形的无人机，机体呈圆柱形。其正常飞行由升降副翼和方向舵控制，水平转弯由弹翼上的侧力控制面控制，以确保末段精确导向目标。“百灵鸟”机长为 2.43 m，机体直径为 207 mm，翼展为2.1 m，质量（不含助推器）为 120 kg；动力装置由 1 台火箭助推器和 1 台活塞螺旋桨发动机组成，助推器将无人机从发射箱推出后被抛掉，然后由功率为 28.33 kW 的活塞发动机推进巡航飞行，巡航速度为 210 km/h（在高空为 170 km/h），巡航飞行由预编程装置控制，还可能使用 GPS 接收机，未装惯性导航系统；被动雷达导引头是南非航空电子设备公司研制的一种采用四臂螺旋天线的比幅导引头，有 4 个信道，每个信道覆盖频率为 2 GHz，总覆盖频率为 2～10 GHz，还可将频率覆盖范围进一步扩展至 0.7～18 GHz。

“百灵鸟”系统由无人机、地面控制站、任务程序控制单元、发射单元（由 3 辆牵引车组成）、战场支援设备及后勤车辆、燃料车、指挥车和电源车组成。“百灵鸟”无人机的典型任务航程为 400 km，还可在目标区上空巡逻飞行 2.5 h，一旦导引头捕获目标，无人机就以最大可达 500 km/h 的俯冲速度冲向目标。目标雷达关机时，“百灵鸟”还可从俯冲状态转回巡逻状态继续搜索目标。

7）“达尔”

“达尔”是德国道尼尔公司为德国空军研制的一种执行反辐射任务的无人机。“达尔”无人机机长为 2.3 m，机高为 360 mm，翼展为 2.0 m，质量为 110 kg，航程为

500 km，巡航时间为 3.8 h，最大巡航高度为 3 km，最大巡航速度为 250 km/h。“达尔”反辐射无人机采用小展弦比三角布局，翼身融合，机翼后缘有升降副翼，垂直尾翼装在机翼翼尖处，其后缘装有方向控制面。机翼可以折叠，以便装在发射箱内；动力装置由 1 台固体火箭助推器和 1 台功率为 19.12 kW 的双缸两冲程活塞发动机组成；助推器将其从贮运发射箱中发射出并加速到巡航速度，然后由活塞发动机带动一个四桨叶螺旋桨推进巡航飞行；制导采用预编程加被动雷达寻的，在预编程装置控制下使无人机自动飞到指定目标区巡逻飞行；被动雷达导引头由以色列研制生产，其将探测到的目标信号与预先存储在机载计算机上的雷达特征信号进行比较，一旦识别出所接收到的信号为敌方雷达信号，就转入跟踪攻击；战斗部为高爆爆炸破片型，质量为 18 kg；航程为 80～100 km 时，也可以携带 50 kg 的有效载荷；机上装有自毁装置，必要时可以自行炸毁。“达尔”为陆基武器系统，从箱式发射架上发射，每个集装箱可装 40 架，发射箱装载在 4 吨级拖车上，该拖车由一辆 10 吨级，装载 6×6 个发射箱的卡车牵引。“达尔”系统是一个完全自主的系统，不需要地面控制站和其他信息通道，也不需要任务辅助设备。

1.4.4 反辐射无人机的发展方向和趋势

经过几十年的开发和研究，随着无人机及智能控制技术、电子对抗技术、精确制导技术和高效弹药技术等的不断发展和进步，反辐射无人机目前正向超宽频带高灵敏度、抗诱饵抗干扰、多模复合制导、高突防能力、远航程的方向发展，以提高其攻击效果及攻击目标范围。

1）宽频带高灵敏度

攻击目标正在由单一的雷达发展到各种辐射源武器，导引头工作频带由传统的雷达频带分别向两端延伸，低到米波频段，高到微米波频段。目前，反辐射导弹和无人机导引头的覆盖频率越来越宽，一种导引头可以覆盖 98%以上的防空雷达，而且随着频段的不断拓展，目前的反辐射导弹不仅对雷达有摧毁威胁，而且对工作在相应频段的其他辐射源目标同样具有摧毁威胁。导引头还将具有瞬时扩频能力，以对付频率捷变雷达。此外，反辐射导引头的灵敏度越来越高，导引头不仅可跟踪雷达波束的主瓣，而且能截获雷达波束的旁瓣和尾瓣，使得攻击方式更加灵活多变。

2）更加先进的目标识别体制和信号处理方式

抗诱饵抗干扰技术、复杂环境下超分辨阵列测向技术是被动导引头发展的趋势，抗诱饵技术重点用于攻击带有诱饵的新型雷达的问题，复杂环境下超分辨阵列测向技术重点解决瞬时视野、测角精度和分辨力三者之间的矛盾，抗干扰技术和先进的信号处理方式解决复杂电磁环境下目标的分选和识别等问题。

3）多模复合制导方式

采用多模复合制导方式是新一代反辐射无人机的发展趋势。早期的反辐射武器制导方式一般采用单一的微波被动寻的导引方式，可以采用雷达关机和欺骗干扰方法来破坏反辐射武器的命中精度。为了提高命中率和使用灵活性，在制导方式上可采用多模复合制导方式，这样一来，新的反辐射无人机对辐射源的依赖将大大减少，成为一种包含被动雷达制导方式的复合精确制导武器。新一代反辐射无人机的技术特点使得它向其他精确制导武器日趋接近。可以采取的多模复合制导方式包括以下几种：

（1）中段卫星导航＋末段被动寻的/主动雷达（厘米波和毫米波雷达）制导。

（2）中段卫星导航＋末段被动寻的/电视图像制导。

（3）中段卫星导航＋末段被动寻的/红外图像制导。

（4）中段卫星导航＋末段被动寻的/主动雷达/图像末制导/激光制导等。

4）远航程、高速度、长巡航时间

目前大多数反辐射无人机采用的是活塞发动机或转子发动机，射程（航程）、速度、滞空时间受限。通过采用新型动力装置增大射程、速度和滞空时间，使反辐射无人机能从敌方防区外发射，提高攻击的隐蔽性和载机的安全性，能够更有效地在防区外攻击快速反应、多层次的雷达防御系统。

5）毁伤能力更强

采用高效能的战斗部，提高单位体积炸药的爆炸威力，以扩大战斗部的有效杀伤半径；采用高性能的引信，以便当反辐射武器处于对雷达破坏力最大的位置时，使战斗部起爆。

6）突防隐身能力增强

随着隐身技术的发展及在装备中的广泛运用，反辐射无人机也开始逐步采用隐身技术改变其目标特性，以提高突防能力。

7）集群作战和协同作战能力提升

此外，随着未来人工智能技术、无线宽带通信技术等的运用，有望实现反辐射无人机集群化作战，形成更加智能化的狼群攻击效应，或与其他种类无人机及动能打击武器形成更加强大的协同作战能力。

1.5 本章小节

本章给出了反辐射无人机的定义和特点，介绍了反辐射无人机与反辐射导弹的区别，给出了反辐射无人机的发展历程，还介绍了国外几种典型的反辐射无人机装备，最后提出了反辐射无人机的发展方向和趋势。

参考文献

[1] 姜峰.反辐射无人机的优势和作战使用[C]//中国电子学会电子对抗分会第十一届学术年会，合肥：1999.
[2] 刘治德，王勇.美国反辐射导弹的发展历程和方向[J].飞航导弹，2005(3)：24-32.
[3] 刘琪.美军反辐射导弹发展历程研究及启示[J].航空兵器，2009(5)：11-14.
[4] 刘箴，符新军.先进机载反辐射导弹综述及发展趋势[J].飞航导弹，2016(6)：43-49.
[5] 杨卫丽，左琳琳，程鲤.国外反辐射导弹及其制导技术发展[J].战术导弹技术，2015(2)：12-16.
[6] 周晓峰，杨建军.反辐射导弹发展的新趋势及其对抗措施分析[J].飞航导弹，2006(4)：3-6.
[7] 刘培宾，盛怀洁.反辐射无人机与反辐射导弹作战能力对比分析[J].飞航导弹，2019(1)：16-19.
[8] 季宏.美国反辐射武器[J].舰船电子对抗，2002，25(1)：14-16.
[9] 范奎武.反辐射无人驾驶飞行器[J].飞航导弹，1991(8)：15-17.

第2章 反辐射无人机系统总体设计

本章主要介绍反辐射无人机系统总体设计技术，包括反辐射无人机的作战对象和作战方式、系统组成与功能、系统战术技术指标和设计要求、系统工作过程、系统作战使用方法、贮存和维修保障特点等。

2.1 反辐射无人机的作战对象和作战方式

2.1.1 反辐射无人机的作战对象

反辐射无人机可攻击雷达和通信设备等辐射源目标，因此可以把反辐射无人机分为雷达型和通信型两种类别。

1) 雷达型反辐射无人机的作战对象

在现代高技术战争中，雷达在预警探测、战场监视和武器制导等方面发挥着重要作用，给突防作战带来严重的威胁。因此，对雷达的摧毁和压制已经成为现代战争的首要任务。雷达型反辐射无人机正是针对现代防空武器系统开发、研制的反辐射武器。它攻击距离远，攻击精度高，突防能力强，可持续对敌方雷达进行攻击和压制，是新一代高效费比的电子战进攻装备[1]。

警戒雷达是地面或海上的预警装备，用以获取空中和海面目标的位置、方位、数量等数据。引导雷达引导作战飞机进行防区外拦截，统一指挥防空系统中的地空导弹火力分配。目标搜索与指示雷达为导弹和高炮的射击指示目标。这些雷达是防空武器系统中的重要组成部分，攻击这些雷达可大大破坏敌方防空武器系统探测预警和拦截指挥的能力，致使其火力系统因失去目标指示和引导而陷入盲目射击状态或失去作用。因此，将雷达作为反辐射无人机的首要攻击目标。

近年来，世界各国的防空兵器中防空导弹的占比明显增加，已成为最重要的防空兵器；另外，总结历次战争经验可知，由高炮与地空导弹组成的混合配系是最好的防空形式。因此，反辐射无人机也应能对导弹制导雷达和火炮控制雷达进行攻击和压制，为突防的作战飞机和舰艇提供安全保障。

基于上述分析，雷达型反辐射无人机的作战对象主要是敌方防空反导系统、火炮系统和舰船系统中的警戒雷达、引导雷达、目标搜索与指示雷达、导弹制导雷达和火炮控制雷达等辐射源目标。

2）通信型反辐射无人机的作战对象

在未来信息化战场高度融合的指挥、控制、通信、计算机、情报监视与侦察（C4ISR）系统中，通信已不再是简单的点对点模式，而是利用卫星通信等多种手段形成一个庞大的网络。对付这样的通信网络，仅通过压制、干扰等“软杀伤”手段是远远不够的，必须对其重要的通信网络节点实体进行摧毁，这是实施信息化战争的一种重要模式。

卫星通信以其覆盖面广、通信距离远、频带宽、通信容量大的特点，成为战略、战术 C4ISR 系统的重要连接纽带，为情报和导弹预警的信息传递、部队的指挥控制等提供了高效、可靠的机动传输手段。而卫星通信地球站是卫星通信系统的重要组成部分，一旦摧毁了敌方卫星通信地球站，整个卫星通信系统就会陷入瘫痪状态。

卫星广播电视上行站同样具有覆盖面广、通信距离远、频带范围宽、通信容量大等特点，另外还具有很高的带宽。摧毁敌方的卫星广播电视上行站可造成民众恐慌，给政府当局造成压力，严重时可造成社会混乱。

微波、散射通信干线节点具有通信可靠、适应复杂地形环境和抗干扰能力强等特点，在 C4ISR 系统中具有不可替代的作用。

因此，通信型反辐射无人机的主要作战对象是军事卫星通信地球站，卫星广播电视上行站和微波、散射通信干线节点等通信目标。

3）反辐射无人机的其他作战对象

在现代信息化战争中，为了提高空中探测、指挥、信息传输和电子侦察干扰等能力，各先进发达国家大力发展空中预警机、传感器飞机和电子战飞机等。由于这些飞行器上安装有大量的雷达和通信设施，是空中的重要辐射源目标，因此其也是反辐射无人机的重要作战对象。

2.1.2 反辐射无人机的作战方式

反辐射无人机是现代信息化战争中一种电子战“硬杀伤”武器装备，既可单独作战使用，也可以与有人作战飞机或其他武器系统协同作战使用。反辐射无人机单独作战可对重要区域大面积压制和对重要目标（如防空反导武器阵地等）进行集群“饱和”打击。反辐射无人机与有人作战飞机协同作战时可作为有人作战飞机的“开路先锋”，与炮兵协同作战使用时可实现炮兵“阵地防护”。

1）重要区域压制

当作战要求摧毁和压制某重要区域内的所有辐射源目标，或不能准确掌握敌方某一区域的辐射源目标的位置和威胁等级而只粗略知道这个区域范围时，可采用重要区域压制这种作战模式。

反辐射无人机通过任务规划确定攻击区，优化待机搜索路径，实现对重要区域的全覆盖，从而实现对重要区域内所有辐射源目标的摧毁和压制。

2）集群“饱和”打击

由于反辐射无人机具有“发射后不管”自主飞行和自主攻击目标、垂直俯冲攻击以及成本相对低廉等优势，当作战要求对防空反导武器阵地、火炮阵地、海上护卫舰、驱逐舰甚至航母编队等重要目标进行攻击时，由于这些重要目标防御能力强，雷达种类多（有引导雷达、目标搜索与指示雷达、导弹制导雷达、火炮控制雷达等），因此可采用集群“饱和”打击这种作战模式。

在这种作战模式中，发射多架反辐射无人机形成集群优势，对重要目标进行全方位立体式“饱和”打击，可消耗敌方大量防空火力，压制敌方航母舰载机起飞，实现对重要目标的打击和压制。

3）与有人作战飞机协同作战，成为“开路先锋”和“欺骗诱饵机”

反辐射无人机可与有人作战飞机协同作战，在有人作战飞机前方飞行，一方面作为有人作战飞机的“开路先锋”，摧毁敌方防空系统的引导雷达、目标搜索与指示雷达、导弹制导雷达、火炮控制雷达等；另一方面，伴随有人作战飞机飞行，充当“欺骗诱饵机”，保护有人作战飞机的安全。

4）炮兵“阵地防护”

炮兵在历史上具有“战争之神”之称。但现在炮兵面临的最大威胁是当我方炮弹射向敌方时，敌方探测雷达可通过精确测量炮弹弹道计算出我方炮兵阵地位置，然后很快对我方炮兵阵地实施反击。为此，在炮兵作战行动之前，首先对敌方探测雷达实施压制和反辐射摧毁具有重要意义。

反辐射无人机具有飞行距离远、压制时间长、攻击精度高的优势，是对敌方探测雷达实施压制和反辐射摧毁的最佳武器之一。在炮兵作战行动之前，首先发射一定数量的反辐射无人机对敌方相关区域雷达实施压制，然后炮兵再进行作战行动。如果敌方探测雷达开机，则反辐射无人机立即对敌方雷达实施攻击；如果敌方探测雷达一直不开机，则反辐射无人机起到压制作用，有效实现了对我方炮兵阵地的防护。

2.2　反辐射无人机系统组成与功能

反辐射无人机系统一般由反辐射无人机、指挥控制分系统、贮运发射分系统、保障与维修分系统组成，如图 2-1 所示。

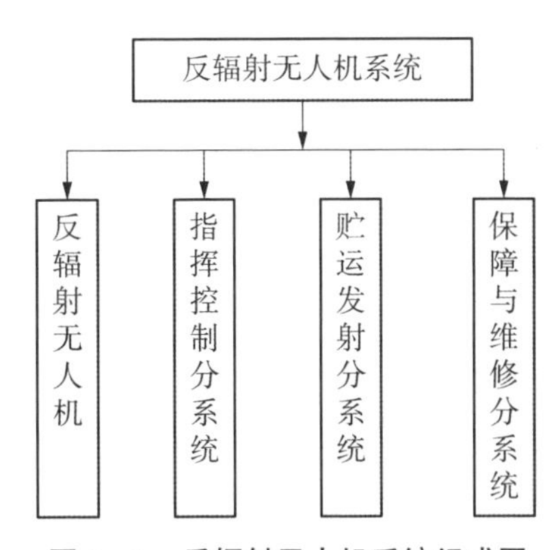

图 2-1　反辐射无人机系统组成图

反辐射无人机作为执行作战任务的主体，主要完成按规划的路径飞行，到达目标区域后搜索、识别目标，对目标进行长时间压制，在确定是要攻击的目标后，对目标实施俯冲攻击与摧毁等任务。

指挥控制分系统主要完成指挥、通信及情报信息传输，作战计划制订，任务数据加载，无人机地面工作状态监视和控制，系统的作战训练模拟等任务。

贮运发射分系统主要完成反辐射无人机的贮存、运输、检测和发射任务。

保障与维修分系统主要完成地面供电、油料加注、发射箱装卸、系统的日常维护，在无人机故障后检查无人机的故障状态，对可更换的故障部件进行更换和测试等任务。

2.2.1　反辐射无人机的组成与功能

反辐射无人机一般由无人机机体、动力装置、航空电子设备、固体火箭助推器、被动雷达导引头、引信战斗部组成，如图 2－2 所示。如图 2－3 所示是以色列新一代的“HARPY－NG”反辐射无人机。

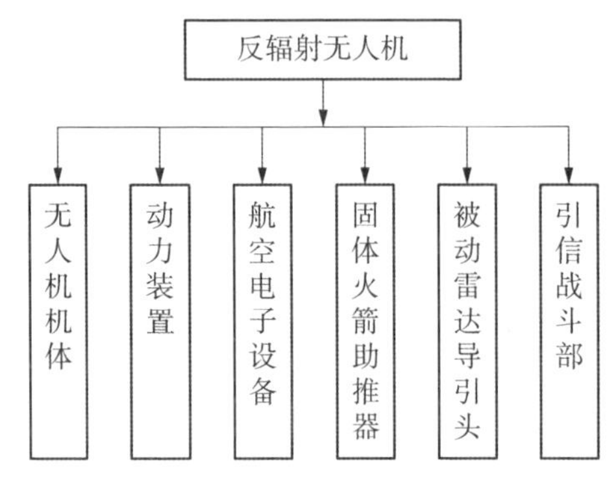

图 2－2　反辐射无人机组成图

图 2－3　“HARPY－NG”反辐射无人机

1）**无人机机体**

无人机机体由机翼和机身组成，是机载设备和任务设备的载体，是产生气动力和完成飞行任务的主体。

2）**动力装置**

动力装置由发动机、燃油系统组成，产生飞行必需的推力。

3）**航空电子设备**

航空电子设备由机载计算机、机载测量设备（亦称“传感器”）和伺服机构组成，完成飞行控制与管理、导航与制导等功能，实现对反辐射无人机姿态控制、沿任务规划确定的巡航路径飞行和在待机路径搜索目标、在导引头搜索并跟踪后完成对目标的攻击等任务。

4）固体火箭助推器

固体火箭助推器由火箭筒和火药柱组成，为反辐射无人机提供起飞初速，实现反辐射无人机发射起飞。

5）被动雷达导引头

被动雷达导引头一般由共形天线阵及随动机构、雷达信号接收机、测向处理器、信号处理器、伺服控制器和二次电源等组成。

被动雷达导引头的主要功能如下：

（1）作为侦收设备，搜索、分选和识别雷达目标。

（2）作为末制导回路的一部分，跟踪和测量雷达目标方位，给出飞机与雷达目标视线角偏差和视线角速率信息。

6）引信战斗部

反辐射无人机战斗部是无人机的有效载荷，是直接、有效地完成预定战斗任务的装置。无人机将战斗部运送到目标附近，达到预定攻击位置时，战斗部靠引信引爆释放能量，驱动杀伤元素及形成冲击波，对目标造成破坏。

战斗部由壳体、炸药装药和传爆序列组成。壳体起支撑和连接作用，还具有杀伤的作用，它在炸药装药后破裂，形成具有一定形状和质量的破片。炸药装药是战斗部摧毁目标的能量来源，要求其对目标有尽可能大的破坏作用。传爆序列是把引信收到的对目标的起爆信号转变为起始爆轰能，再起爆战斗部的炸药装药。传爆序列通常由雷管、主传爆药柱、辅助传爆药柱等组成。

反辐射无人机引信一般采用近炸/碰撞复合体制，由近炸敏感装置，电子电路部件（主要由中央控制器、安全系统控制电路、发火控制电路等组成），安全和解除保险机构，辅助起爆装置，爆炸序列等组成。

引信主要具备以下功能：

（1）确保反辐射无人机在装卸、储存、运输、测试、维修、发射及不允许起爆战斗部的飞行状态中对战斗部隔爆，起安全保险作用。

（2）当反辐射无人机攻击雷达目标时，实现对战斗部的有效起爆。

（3）在飞行状态中当燃油耗尽时，起爆战斗部，实现反辐射无人机自毁。

2.2.2 指挥控制分系统的组成与功能

指挥控制分系统一般由指挥控制车、指挥通信设备、发射控制设备、任务规划设备、发射训练设备等组成，如图 2-4 所示。典型的指挥控制车如图 2-5 所示。

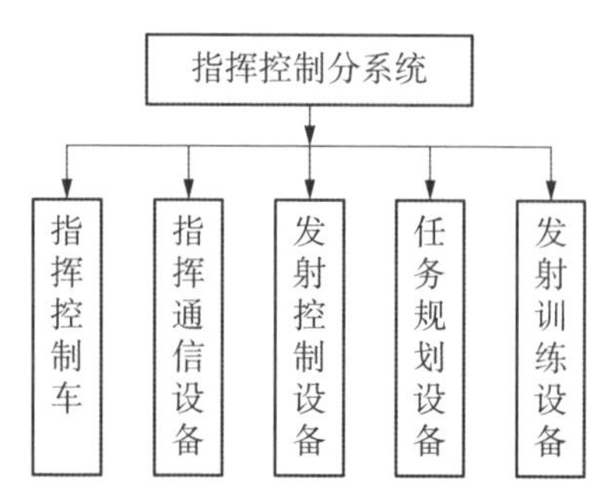

图 2-4 指挥控制分系统组成图

图 2-5 典型的指挥控制车

1）**指挥控制车**

指挥控制车由车底盘、承载平台、方舱、调平稳定机构、配电系统、空调系统等组成，用于完成指挥控制设备的机动运输任务，并为设备和操纵人员提供良好的工作环境。

2）**指挥通信设备**

指挥通信设备包括无线短波通信设备、有线通信设备、车载台及手持对讲机等。无线短波通信设备用于远距离通信，有线通信设备用于近距离通信，实现同上级指挥所的通信联络，获取情报数据，领受作战任务。车载台及手持对讲机完成运输和发射现场的通信和指挥。

3）**发射控制设备**

发射控制设备由计算机和发射控制软件组成，其功能如下：

（1）首先对每架反辐射无人机进行检测，然后为检测正常的无人机加载任务规划数据，再进行任务仿真检查；监视、检查全系统工作状态。

（2）控制、监视发动机及发射装置，按预先规划的方案发射无人机。

（3）对故障的应急处理等。

4）**任务规划设备**

任务规划设备由计算机和作战任务规划软件等组成，其功能是制订作战规划，预测作战效能，生成可加载至机载计算机和导引头的数据文件，为反辐射无人机自主飞行的导航控制、导引头搜索和识别目标以及末制导提供依据。

5）**发射训练设备**

发射训练设备由训练模拟器、作战任务规划设备、发射控制设备组成，其功能是用训练模拟器代替实际的发射控制设备，实现任务规划、检测、发射控制等过程的模拟和训练。

2.2.3　贮运发射分系统的组成与功能

贮运发射分系统由贮运发射车、贮运发射箱、无人机适配器等组成。一般一辆贮运发射车可贮存、运输、发射多架无人机。

1）**贮运发射车**

贮运发射车由车底盘、组合平台、空调系统组成。车底盘用来承载发射车上的所有设备，并完成机动运输任务。组合平台由平台本体、起落架、起竖油缸固定架、调平油缸连接架等组成，其功能是支承发射车上的装载设备，并为无人机发射提供基准面。空调系统包括空调机组（含驾驶室蒸发器和发控舱蒸发器）、压缩机、冷凝器及辅助设备。空调系统用于调节驾驶室、发控舱内部的温度，为设备和操纵人员提供良好的工作环境。

2）**贮运发射箱**

贮运发射箱主要由箱体、前后箱盖、滑动托架、开关盖机构、脱落插头机构、发动机启动机、温湿度和压力传感器以及发射箱电气设备等组成。贮运发射箱的功能是贮存、运输和发射无人机。

3）**无人机适配器**

无人机适配器一般由上、下两片适配器组成，用于在贮存、运输和发射过程中稳固无人机。

2.2.4 保障与维修分系统的组成与功能

保障与维修分系统主要由维修保障车、维修及测试设备、燃油加注和泄放设备、发射箱装卸设备、地面供电设备、射频测试模拟器等组成。

1）维修保障车

维修保障车由车底盘和承载平台组成。车底盘的功能是承载维修保障车上的所有设备，并完成机动运输任务。承载平台由辅梁和横梁组成，其功能是支承维修保障车上的装载设备。

2）维修及测试设备

维修及测试设备由无人机功能检测设备、指挥控制站功能检测设备、贮运发射箱功能检测设备、射频测试模拟器、维修通用工具等组成，完成外场级、基地级和工厂级设备故障检测与维修任务。

3）燃油加注和泄放设备

燃油加注和泄放设备由油箱、油泵、压力流量控制与显示装置、输油管等组成，其功能是加注和泄放燃油。

4）发射箱装卸设备

发射箱装卸设备由吊车、升降机、推车、梯子等组成。吊车用于装卸贮运发射车上的发射箱；升降机用于维护人员进行升降；推车在装填发射箱时使用，用于推运无人机；梯子用于无人机使用和维护人员进行作业时上、下发射车。

5）地面供电设备

地面供电设备由发电机机组、发电机拖车及电缆组成，用于对指挥控制站、贮运发射分系统、保障设备以及无人机在发射前进行地面供电等。

6）射频测试模拟器

射频测试模拟器由信号发生器、天线、馈线等组成，用于被动雷达导引头的测试。

2.3 反辐射无人机系统战术技术指标和设计要求

反辐射无人机系统的通用战术技术指标和设计要求一般包括以下几方面，特殊要求由不同种类的反辐射无人机确定[2]。

1）作战使命

作战使命一般包括作战任务、作战对象和作战使用方式。在无人机系统论证阶段，根据用户要求确定无人机系统作战使命的具体要求。

2）攻击目标

应明确要攻击的目标的类型、体制、状态等。

目标类型主要是指雷达目标和通信目标。雷达目标体制主要包括脉冲、连续波、频率捷变、频率分集、脉冲压缩、重频抖动、重频参差等，通信目标体制主要包括正交相移键控、二进制相移键控、频移键控、调频等。目标状态主要是指固定目标、运动目标、地面（水面）目标、空中目标等的运动状态。

3）适应的目标信号参数

雷达目标信号参数主要包括频率范围、最小脉宽、重频范围、重频抖动范围、重频参差级数等，通信目标信号参数主要包括频率范围、带宽、调制方式等。

4）飞行性能

反辐射无人机飞行性能主要包括飞行速度、飞行高度、续航时间、攻击距离等指标，这些指标直接关系到无人机系统作战使命和作战任务的完成。因此在无人机系统论证中，必须依据无人机系统作战使命要求，提出无人机飞行性能指标要求。

（1）飞行速度包括巡航速度、待机搜索速度、攻击速度等。

（2）飞行高度包括实用升限、使用飞行高度、最低飞行高度、最佳巡航高度等。一般将使用飞行高度设计为最佳巡航高度。

（3）续航时间指反辐射无人机起飞（发射）升空至攻击完成的最大持续时间，包括巡航飞行阶段、待机搜索阶段和攻击阶段的最大持续时间。

（4）攻击距离包括典型攻击距离和最大攻击距离。典型攻击距离指留出一定的待机搜索时间（也称为“压制时间”）后飞行的距离。最大攻击距离指不留出待机搜索时间，反辐射无人机飞行到目标区域后直接攻击目标的最大飞行距离。

5）质量

反辐射无人机质量指标包括最大起飞质量，正常起飞质量，空机质量，燃油质量，最大任务载重（含导引头、引信、战斗部）等，反辐射无人机要特别明确战斗部质量要求。

6）几何尺寸

反辐射无人机几何尺寸主要包括全机长度、宽度、高度、机身直径等。反辐射无人机几何尺寸要与贮运发射箱协调一致，机身直径要与导引头直径协调一致。

7）隐身性与目标特性

反辐射无人机隐身性与目标特性包括视觉隐身、雷达隐身、红外隐身和声隐身。应根据无人机系统类型和作战使命要求，提出无人机隐身性与目标特性要求。

8）导航控制精度

导航控制精度包括反辐射无人机导航定位设备的定位精度、无人机航迹控制精度等。

9）攻击精度和命中角

攻击精度指反辐射无人机命中目标时的命中点与目标的距离，通常用圆概率误差(CEP)表示，反辐射无人机攻击精度一般在米级。

命中角指反辐射无人机命中目标时无人机的纵轴与水平面的夹角。为了提高战斗部毁伤效率和反辐射无人机攻击突防概率，对反辐射无人机命中角提出要求。一般反辐射无人机垂直俯冲攻击时命中角要求如下：

$$命中角 = 90^\circ \pm X(1\sigma) \tag{2-1}$$

式中，$X(1\sigma)$表示1倍均方根误差值为X。

10）抗目标关机拉起高度和抗目标关机能力

反辐射无人机最大的优势是具有抗目标关机能力，因此要提出抗目标关机拉起高度和抗目标关机能力要求。

抗目标关机拉起高度是指反辐射无人机在遇到目标雷达关机后，能够安全拉起而进入待机状态的最低高度。它是与地面目标的相对高度，不是相对海拔。

抗目标关机能力指目标关机后，反辐射无人机未达到抗目标关机拉起高度时，能重新调整飞行姿态进入待机状态，对敌方雷达持续压制；当反辐射无人机俯冲低于抗目标关机拉起高度时，可按“抗关机措施”继续攻击。

11）发射方式和发射速率

为了满足集群作战要求，反辐射无人机一般采用箱式发射方式，可同时发射多架。在多架次同时发射的情况下，一般要求发射速率为平均1分钟或几分钟发射一架。

12）最大发射海拔

最大发射海拔指反辐射无人机选择的发射阵地允许的最大海拔，它与反辐射无人机发射起飞性能有关，也与地面保障设备允许使用的海拔有关。

13）任务规划和自主能力

反辐射无人机系统应具有任务规划能力，能够输入、校验、修改任务程序，并向无人机加载任务数据。

反辐射无人机自主能力指反辐射无人机能够“发射后不管”，由程序控制飞行，自主导航，自主搜索、识别和跟踪目标，能够按照优先级高低自主选择目标实施攻击和摧毁。

14）导引头主要战术技术指标要求

除通用特性要求外，导引头的战术技术指标要求主要包括频率覆盖范围、视场范围（包括方位范围和俯仰范围）、搜索侦察距离、瞬时动态范围、动态范围、测频精度、信号处理能力、目标雷达视线角偏差测量精度、目标选择能力、目标装订数、质量和体积要求等。

15）引信主要战术技术指标要求

除通用特性要求外，引信的战术技术指标要求主要包括探测方式、炸高控制范围、定距精度、抗干扰能力、安全性、质量和体积要求等。

16）战斗部主要战术技术指标要求

除通用特性要求外，战斗部的战术技术指标要求主要包括有效杀伤半径、破片分布密度、穿透等效钢板厚度、安全性、质量和体积要求等。

17）通用特性要求

通用特性主要包括环境适应性、可靠性、维修性、保障性、测试性、安全性以及电磁兼容性。

（1）环境适应性。

考虑热区与寒区，冬季与夏季，地面与高空等使用要求，无人机系统环境适应性要参照相关标准的规定提出具体要求，主要包括以下方面。

a. 气候环境：储存温度范围、工作温度范围、湿热、盐雾、淋雨、发射和飞行中承受风环境、低气压。

b. 力学环境：冲击、加速度、振动、运输。

c. 生物环境：霉菌。

d. 其他特殊要求。

（2）可靠性与维修性。

应按照相关标准的有关规定提出反辐射无人机系统可靠性与维修性要求，具体如下。

a. 可用性，主要包括起飞（发射）阵地装备准备时间、装备撤收时间。

b. 可靠性，包括基本可靠性和任务可靠度。基本可靠性体现为平均故障间隔时间（MTBF）；根据反辐射无人机系统的典型任务剖面，规定其任务可靠度。

c. 维修性，要求反辐射无人机系统的平均修复时间（MTTR）不大于规定值。

d. 储存日历寿命和使用寿命。由于反辐射无人机为一次性使用的武器装备,因此在规定要求的日常维护条件下,应对反辐射无人机的储存日历寿命做出要求。对于地面其他设备,应规定使用寿命(一般为门限值)或使用次数(如发射箱的发射次数)。

e. 软件可靠性要求,一般要求反辐射无人机系统软件的设计、开发、测试、验收和维护参照有关规定进行,保证系统可靠工作。

(3) 保障性与测试性。

应根据反辐射无人机系统类型和作战使命要求提出保障性和测试性要求。通常无人机系统考虑三级维修:基层级(O 级——使用单位维修)、中继级(I 级——专业维修大队维修)和基地级(D 级——返厂维修)。

在测试性方面,基层级和中继级应具备系统功能自检、性能测试、故障诊断等功能,把故障定位到可更换的部件级。

(4) 安全性。

应根据无人机系统类型和作战使命要求提出安全性要求,保证无人机系统操作使用的安全性。

(5) 电磁兼容性(EMC)。

反辐射无人机系统电磁兼容性要求应按照相关标准执行,保证系统在复杂电磁环境下能够正常工作。

18) **其他**

根据无人机系统类型和作战使命特点,提出通用化、系列化和模块化设计要求,经济性要求,人-机-环工程要求,以及其他特殊要求。

2.4 反辐射无人机系统工作过程

根据反辐射无人机系统作战与使用要求,系统工作过程一般分为发射前的检测与任务装订、发射、爬升与巡航、待机搜索、对目标的俯冲攻击、引爆战斗部对目标毁伤等过程。同时,系统还具有抗目标雷达关机措施。在对目标俯冲攻击的过程中,如果目标雷达关机,则无人机可拉起,重新进入待机搜索状态,也可以采用抗关机措施对目标雷达继续攻击。

反辐射无人机系统工作流程如图 2-6 所示。

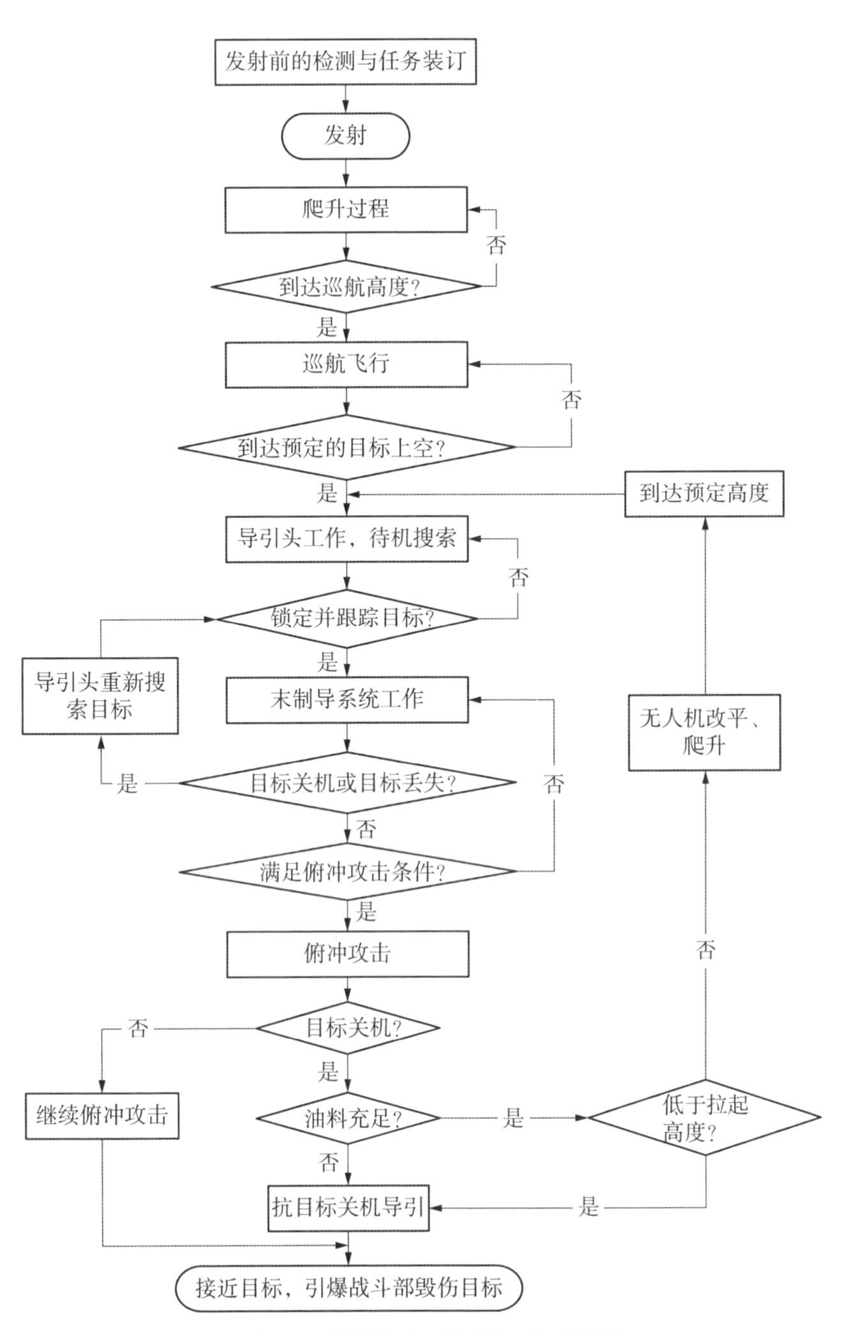

图 2-6　反辐射无人机系统工作流程图

反辐射无人机系统各阶段工作原理如下。

1）发射前的检测与任务装订

反辐射无人机发射前的检测主要采用机内检测（BIT）方式。各种 BIT 必须在地面发射前进行，无人机发射后不再进行 BIT。

BIT 的检测对象主要是发动机，机载电子电气设备（包括机载计算机、各种传感器、伺服机构、电源系统等），导引头，引信及火工品等。

无人机任务规划装订主要装订“要攻击的目标雷达特征参数”和“无人机巡航路径数据、安全线数据、搜索路径数据、自毁点数据、攻击区数据、目标炸高参数、攻击区风场”等。

2）发射

在无人机完成发射前的检测与任务装订后，按照规定程序完成发射。

3）爬升

无人机发射升空后，按照预定爬升角进行爬升，直至到达要求的巡航高度。

4）巡航飞行

当无人机爬升至要求的巡航高度后，按照预定的巡航路线进行自主飞行。自主飞行过程中，无人机采用卫星/惯性等组合方式进行自主导航，并且在距目标区域一定距离时控制导引头工作，对雷达目标进行搜索。

5）待机搜索

当无人机巡航飞行至目标区域后，自主转入待机搜索阶段。此时无人机一边沿待机搜索路线飞行，一边连续搜索目标。

6）对目标俯冲攻击

当导引头发现目标，并确认是要攻击的目标雷达后，无人机进入俯冲攻击阶段。

7）引爆战斗部毁伤目标

无人机在命中目标雷达的瞬间，引信引爆战斗部，战斗部爆炸实现对目标雷达的摧毁。

8）抗目标关机导引

当导引头发现目标雷达后，若目标雷达关机，则反辐射无人机具有抗目标雷达关机功能。在俯冲攻击之初的调姿定位段，若目标雷达关机，则反辐射无人机会重新搜索目标雷达。在俯冲攻击过程中，若目标雷达关机，此时无人机高度若在设定的高度以上，则会自动停止攻击，立即拉起并爬升到二次待机高度，重新搜索目标雷达；无人机高度若在设定的高度以下，则记忆目标雷达位置，按抗雷达关机过程继续攻击目标雷达。

2.5　反辐射无人机系统作战使用方法

2.5.1　系统状态

反辐射无人机系统一般处于以下三种工作准备状态之一。

1）贮存状态

无人机不可装的战斗部和燃油，存放于贮运发射箱内。发射箱和指挥控制车方舱车已从车辆卸下置于仓库。

2）展开准备状态（在技术阵地）

发射箱和指挥控制车已装车，火工品已装上无人机，发射箱内已装有无人机并已将其装上发射车。

3）展开状态

系统各部分皆已就位，电缆已全部展开并连接妥当，无人机已加满油，系统处于待发射状态。

2.5.2　系统准备

在接到作战任务指令后，首先应在技术阵地对贮存状态的无人机系统进行系统检查及测试，确认其技术状态完好，做好出发准备。系统准备的主要工作有装备检查、火工品检测及安装、任务规划等。

1）装备检查

（1）检查装备的外观、齐套性。

（2）对所有车辆进行检查、维护和保养。

（3）检查所有机械接口及配合面有无松动。

（4）检查所有电气接口及插接件有无松动。

（5）连好贮运发射车及指挥控制车的相关电缆。

（6）系统加电并进行自检，自检通过后说明系统处于正常完好状态。

2）火工品检测及安装

如果处于贮存状态的无人机为全备状态（含战斗部），则无须进行火工品检测及安装，否则应按下列程序进行火工品检测及安装：

（1）按规定方法将发射箱从发射车上卸下。

（2）将无人机推出贮运发射箱。

（3）在防爆厂房或旷野中按引信检测程序检查其性能，确保引信处于正常状态。

(4) 从飞机上拆掉导引头。

(5) 按安装程序将战斗部装入飞机。

(6) 按安装程序将引信与战斗部可靠连接。

(7) 插好引信电缆,此时应确保引信机械保险处于安全状态。

(8) 重新装好导引头。

(9) 将无人机收进发射箱,同时应特别注意适配器与飞机、贮运发射箱的协调配合。

(10) 做好引信机械保险与贮运发射箱的安装工作,进行协调性检查。

(11) 检查飞机、适配器在贮运发射箱内的正确性和协调性。

(12) 将贮运发射箱前、后箱盖关闭。

(13) 最后将发射箱吊上贮运发射车。

3) 任务规划

按照部署的作战任务,根据收集到的情报数据,完成任务规划制订,以便操纵人员在发射之前将需要加载的无人机任务规划数据提前带到指挥控制车上,发射前及时向无人机加载。

任务规划是按照相应地图及任务规划规定形式完成的数据文件。存储于各类任务规划形式中的数据文件皆可在经编程后装入指挥控制站硬盘或磁盘。这样,操纵人员就能够为各类使用情况建立一个任务规划库。在发射状态下,操纵人员可立即为相应情况选择一个能马上执行的任务程序。一个任务程序规定了一次发射应执行的系统操作步骤。

任务程序由以下数据构成:

(1) 相关数据:发射场地位置、高度和时间、各中间航路点、目的地、攻击区域、安全界线、各待机航路点、目标参数、目标区高度以及导航初始数据。

(2) 执行各项无人机任务所指定的无人机数量。

2.5.3 系统展开

在技术阵地准备完毕后,即可开赴发射阵地执行任务。

1) 发射阵地选择

某反辐射无人机系统发射阵地如图 2-7 所示,选择要遵从下列原则:

(1) 发射阵地要尽量开阔、平坦。

(2) 发射场地坡度不超过一定范围。

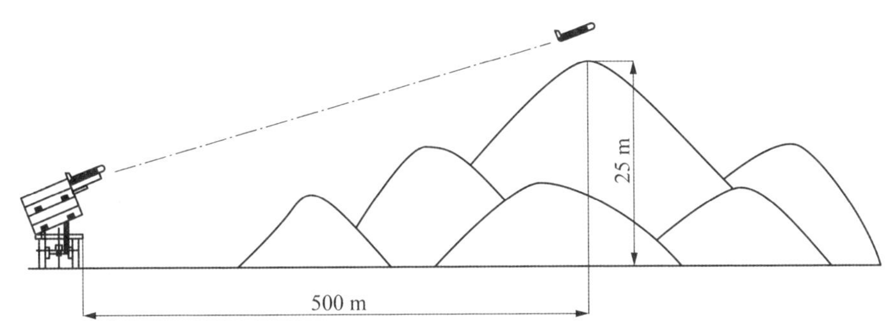

图2-7 某反辐射无人机系统发射阵地

(3) 确认飞行线路一定范围内无超过无人机飞行高度的障碍物,包括山坡、建筑物、天线、电线等。

(4) 发射阵地海拔不大于允许无人机发射的最大高度。

2) 发射阵地布置

发射阵地布置应考虑以下事项:

(1) 最好选择逆风发射。

(2) 发射风速限制。

(3) 各贮运发射车应以一定的距离和弧形布置于以指挥控制车为圆心的圆周上,发射车之间也要有一定的间距。

3) 发射准备

发射阵地布置完毕后,按下列步骤进行发射准备:

(1) 系统指挥控制车、各贮运发射车展开并就位。

(2) 连接贮运发射车、指挥控制车的相关电缆。

(3) 启动发电机,向贮运发射车和指挥控制车供电。

(4) 贮运发射车进行调平起竖至规定的发射角度。

(5) 指挥控制车各设备加电、计算机自检。

(6) 向无人机加油。

(7) 对系统各单元进行全面测试。

(8) 其他所有相关设备按使用手册所规定的详细要求进行操作。

2.5.4 系统发射

反辐射无人机系统展开及准备完成之后,执行上级下达的作战任务,系统进入发射过程。

发射无人机由指挥控制车上的发射操纵人员执行。系统发射过程分为发射自动检测、任务规划数据加载、发射点火。发射操纵人员在指挥控制车上可控制多架无人机同时完成发射。

指挥控制车上的发射控制程序可对各无人机发射过程进行控制和监测。系统各无人机工作状态数据及发射状态数据在实际运行过程中不断更新。操纵人员可根据需要和相应情况,随时暂停、恢复或重新开始发射过程。

反辐射无人机系统发射流程如图 2-8 所示。

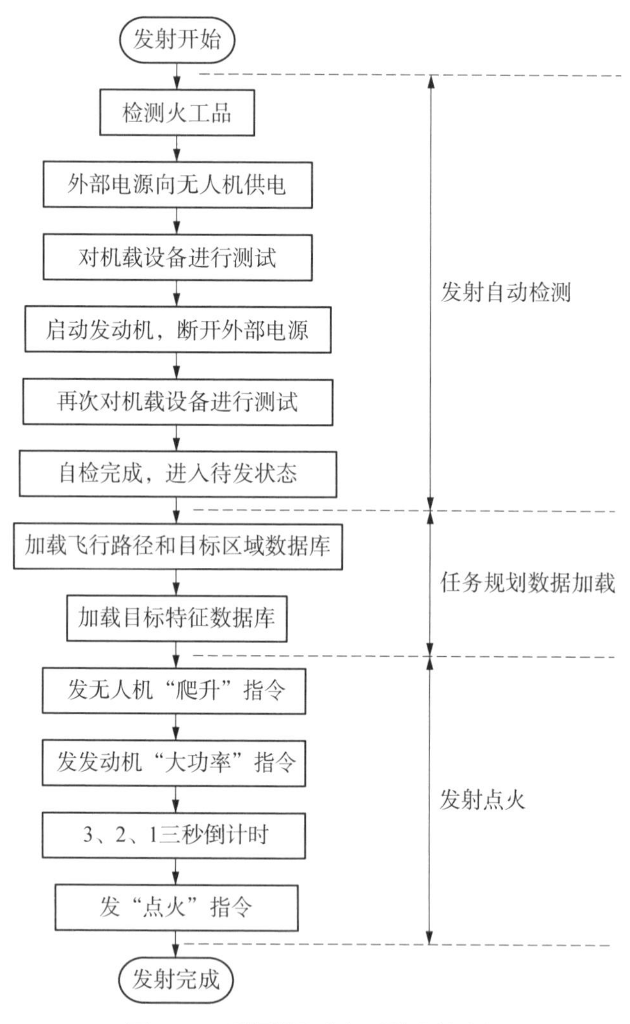

图 2-8 反辐射无人机系统发射流程

1）**发射自动检测**

当指挥控制车上的发射操纵人员按下某一发射车上的某一号位的无人机发射按键后，该无人机执行发射流程的自动检测过程至待发状态。

每架无人机都采用BIT方式进行检测，发射自动检测过程由如下步骤构成：

（1）检测火工品（包括无人机上所有的火工品、检测助推火箭等）电阻。

（2）外部电源向无人机供电。

（3）对机载设备进行测试。

（4）启动发动机，断开外部电源。

（5）再次对机载设备进行测试。

（6）自动检测过程完成，进入待发状态。

2）**任务规划数据加载**

当无人机完成发射自动检测且一切正常，进入待发状态时，表示该无人机可以执行作战任务。此时，可对该无人机进行任务规划数据加载。

任务规划数据加载由如下步骤构成：

（1）加载飞行路径和目标区域数据库。

（2）加载目标特征数据库。

飞行路径和目标区域数据库加载在无人机机载计算机内，目标特征数据库加载在导引头中。

无人机在点火起飞前，发射操纵人员可根据获取的最新情报信息和指令，利用指挥控制车对无人机任务规划数据进行修改或重新装订，任务加载完成后，系统即可进入发射点火过程。

3）**发射点火**

发射操纵人员完成无人机任务规划数据加载后，可根据指挥员的命令，执行发射点火过程。

打开点火开关，给出发射点火指令。发射点火指令由如下步骤构成：

（1）发无人机“爬升”指令。

（2）发发动机“大功率”指令。

（3）3、2、1三秒倒计时。

（4）发“点火”指令。

2.5.5　无人机执行任务过程

当发射点火程序完成后，无人机即刻发射升空。

无人机是由助推火箭推出发射升空的，飞机离开发射箱时引信的机械保险即自动解除。助推火箭工作结束时无人机随即以自身发动机提供的动力开始飞行，很快爬升至任务飞行高度，通过自主导航方式，按装载在任务规划中的导航路径飞抵目标地区。

到达目标地区后，无人机采用预先规划的闭合飞行航线做待机飞行，全覆盖搜索攻击区域中的地面目标。对目标的搜索过程由导引头按目标参数及其优先级确定。

一旦导引头捕获到符合规定的目标，立即就有一个信号送达机载计算机。机载计算机检查该目标是否在攻击区域之内，如果不在，则放弃目标。如果该目标处于攻击区域之内，则机载计算机启动攻击程序，开始进行方位跟踪（以固定高度向目标飞行），同时进行俯仰跟踪，最后以大角度俯冲攻击目标。

在方位跟踪过程中，目标的合法性是按地理位置来审定的，仅在审定后目标符合要求时才会做出俯冲决定。如果在俯冲过程中，导引头出于某种原因丢失了目标，且无人机此时已在规定的拉起恢复高度以上，则无人机会从俯冲状态拉起恢复为在目标上空待机状态，直到第二次攻击；如无人机已在规定的拉起恢复高度以下，则它将仍然按原记忆数据继续进行攻击。

无人机任务或以对目标进行最终攻击而结束，或以无人机自毁而完成（如燃油耗尽），即战斗部用近炸/触发复合引信在一设定的固定高度上引爆或撞击地面引爆。

2.5.6 无人机飞行包线

反辐射无人机飞行包线自发射开始，至无人机完成对目标的攻击结束，分为四个阶段。反辐射无人机典型飞行剖面如图 2-9 所示。

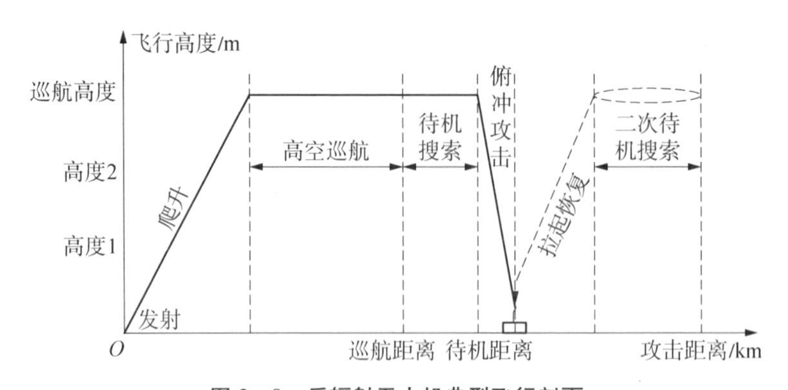

图 2-9 反辐射无人机典型飞行剖面

1）发射阶段——无人机由助推火箭从发射箱发出，引信机械保险解除，动力装置离合器自动啮合，无人机随即以自身发动机提供的动力开始飞行，无人机飞行控制系统进行姿态控制。

2）起飞及导航阶段——无人机爬升至任务规划高度，并按任务规划所规定的导航路径飞向目标区域，飞行导航中越过安全线后武器系统开始解除保险。

3）待机阶段——无人机按照任务规划所规定的高度，按规定线路在目标区域上空做待机飞行。在此阶段，导引头自动进入目标搜索状态。

4）攻击阶段——捕获到符合要求的目标后，无人机进入攻击目标阶段。该阶段由数个分阶段构成，最后以一边寻的、一边垂直俯冲攻向目标结束。如攻击失败，则无人机执行拉起恢复过程，爬升回到待机路径，再次搜索目标。在无人机俯冲过程中，当到达预置目标装订高度时，近炸引信给出“引爆”信号，引爆战斗部摧毁目标。若近炸功能失灵，则无人机击中目标时，触发引信仍能引爆战斗部摧毁目标。

2.5.7　系统撤收

系统完成预定发射任务后，就可将系统设备撤收，恢复至储备状态或直接转入下一个任务状态。

1）阵地撤收

当最后一架无人机发射升空后，应当迅速对发射阵地的所有设备进行撤收，使系统转入机动状态，准备返回技术阵地或转入新的任务状态。具体过程如下：

（1）指挥控制车上的指挥员发出系统“撤收”指令。

（2）贮运发射车解除发射状态，收回相关电缆电线，恢复至机动状态。

（3）指挥控制车由任务状态转入非工作状态，关闭发电机，收回相关电缆电线，准备机动。

（4）系统处于待机动状态。

2）基地维护

系统撤回技术阵地或维修基地后，应立即进行下列工作：

（1）对各分系统进行详细技术检查，确认系统技术状态的完好性，发现故障及时排除。

（2）清洁及检查发射箱内部，更换一次性电缆及部件。

（3）将无人机重新装入发射箱。

（4）系统通电检查。

（5）准备执行新的任务或转入储备状态。

2.5.8 系统运输

系统可以以车载的形式通过公路运输，也可以将发射箱单独放置在火车上，通过铁路运输。

通过公路运输时，对贮运发射车以及发射箱内的无人机进行安装保护，应按照装备中贮运发射车的有关操作说明进行，但必须注意在不同等级的公路上，行驶速度必须按要求进行控制。一般行驶速度控制要求如下：

（1）在土路、碎石路面，车辆行驶速度应控制为20～30 km/h。

（2）在柏油路、混凝土路面，车辆行驶速度应控制为30～40 km/h。

（3）在高速公路上，车辆行驶速度应控制为60～80 km/h，以免车载设备和无人机受到过大冲击和震动出现损伤或损坏。

通过铁路运输时，贮运发射车和发射箱通过铁路运输工装放置在火车上，但必须注意装载时不要超过铁路运输的最大允许尺寸。

2.6 反辐射无人机贮存和维修保障特点

反辐射无人机是一次性使用的无人机武器装备，与其他类型无人机不同，它的贮存和维修保障更类似于导弹。

2.6.1 反辐射无人机贮存特点和要求

通常，要求反辐射无人机贮存10年以上，因此一般采用贮运发射箱进行贮存。通过向发射箱内充入干燥空气或氮气，并维持一定的压力来防止外界的潮湿空气进入发射箱，从而给箱内的无人机及设备提供良好的贮存环境。箱内压力应保持在几千帕斯卡范围内。当箱内压力低于一定值时，应适当充气；当箱内压力高于一定值时，应适当放气。

发射箱所需的干燥空气或氮气由通用气源车制造并充入。发射箱的充气和放气都通过发射箱后面的充气嘴实现。需要指出的是，发射箱箱体要有气体压力指示装置及湿度指示器，以便检查贮运发射箱内的环境情况。

2.6.2　反辐射无人机维修保障特点和要求

反辐射无人机的维修保障一般综合无人机和导弹的维修保障要求，以及反辐射无人机的作战使用特点而提出。

1）日常维护与保养

反辐射无人机的日常维护与保养主要包括以下内容：

（1）每3个月对无人机进行一次通电检查，执行BIT，检查未通过的要按相应程序进行处理。

将发射车、指挥控制车按照要求相互连接并展开，反辐射无人机在不安装战斗部、安全与发火控制装置和固体火箭助推器，不加注燃油，系统加电，手动控制状态下进行BIT，通过指挥控制车观测无人机参数。每架无人机通电15～20 min。在手动控制状态下进行BIT的过程中，由于反辐射无人机尚未安装战斗部、安全与发火控制装置和固体火箭助推器，因此这3项火工品检测不通过属于正常现象，可直接忽略。

（2）每6个月对发射箱内的无人机进行一次发动机开车自检，执行BIT，检查未通过的要按相应程序进行处理。

将发射车、指挥控制车按照要求相互连接并展开，反辐射无人机在不装战斗部、安全与发火控制装置和固体火箭助推器，但加注燃油，系统加电，手动控制状态下进行BIT，启动发动机，在手动控制状态下进一步检测，通过指挥控制车观测无人机参数。

2）按要求更换有寿件

反辐射无人机贮存寿命为10年，但在日常维护和保养中应按需更换有寿件。

3）分级研制和配置维修保障设备

反辐射无人机系统维修保障设备的配置通常按基层级、中继级、基地级三个层级进行研制和配置。

（1）基层级维修保障设备主要有运输车，维修保障车，燃油加注和泄放设备，发射箱装卸设备，地面供电设备，通用工具（如万用表、示波器、螺丝刀、扳手）等。基层级维修保障设备将故障定位到可更换的设备和部件级。

（2）中继级维修保障设备主要有发射箱装卸设备，通用工具（如万用表、示波器、螺丝刀、扳手），专用测试设备（如无人机功能和性能检测设备、指挥控制分系统功能和性能检测设备、贮运发射分系统功能和性能检测设备）等。中继级维修保障设备将故障定位到可更换的部件和板件级，并能进行基本故障的排除和维修。

(3) 基地级维修保障设备主要有无人机机载设备检测台、导引头检测设备、引信检测设备、指挥控制站检测设备、贮运发射分系统检测设备等。基地级维修保障设备用于全系统功能性能检查和系统各种故障的维护维修。

2.7 本章小结

本章详细给出了反辐射无人机系统的基本组成和作战使用方法,阅读和学习本章,读者可掌握反辐射无人机的作战对象和作战方式、系统组成与功能、系统战术技术指标和设计要求、系统工作过程、系统作战使用方法、贮存和维修保障特点等内容。

参考文献

[1] 姜峰.反辐射无人机的优势和作战使用[C]//中国电子学会电子对抗分会第十一届学术年会,合肥:1999.
[2] 祝小平,向锦武,张才文,等.无人机设计手册[M].北京:国防工业出版社,2007.

第3章　反辐射无人机总体气动结构设计

反辐射无人机是反辐射无人机系统的核心和关键，是实施作战任务的主体。本章主要介绍反辐射无人机总体布局与气动设计技术、动力选择与飞发匹配技术以及反辐射无人机结构设计技术，让读者了解和掌握反辐射无人机的设计思想和设计方法。

3.1　反辐射无人机总体布局与气动设计

1）特殊要求

从反辐射无人机的特点可知，它既具有长时间巡航和待机、远距离飞行的能力，又具有自寻的和精确打击辐射源目标的能力，具有飞机和导弹双重功能。因此，对反辐射无人机的总体布局和气动设计除了有一般无人机的通用要求外，还有以下特殊要求。

（1）要满足飞机和导弹气动布局双重特性：在巡航和待机搜索阶段，要有大的升阻比；在末制导阶段，要有较高的纵向和横侧向机动性，满足末制导控制要求，最好能实现无倾斜水平转弯。

（2）高度、速度跨度大，飞行阶段多，要求各阶段都具有良好的操纵特性。

（3）导引头要安装在无人机头部，便于搜索和跟踪目标。

（4）紧接导引头后部最好布置战斗部，实现对目标的最大毁伤。

（5）要考虑箱式发射限制，尺寸、体积尽可能小。

（6）要考虑隐身性能，尽可能使机翼、机身融合。

（7）要考虑飞机重心配置、机载设备和任务设备装载、燃油消耗、动力装置配置、成本等要求。

上述各要求，有的是相互矛盾的，只能从系统的角度优化与折中，使反辐射无人机总体性能最佳。

反辐射无人机总体布局与气动设计与其他无人机及有人机的总体布局与气动设计[1]类似，其主要任务是确定无人机气动布局，协调确定无人机外形参数、重量、重心及转动惯量，进行气动、隐身、飞行性能计算和分析。无人机总体布局与气动设计是一个反复迭代、优化的过程。

2）设计阶段

反辐射无人机总体布局与气动设计一般包括方案设计、初步设计和详细设计三个阶段。

（1）方案设计。根据下达的战术技术要求，在现有技术储备和技术发展水平的基础上，分析实现战术技术要求的可行性，提出方案设想，论证主要总体布局与气动设计参数匹配的合理性，分解关键技术，研究其解决途径。

（2）初步设计。确定总体布局，协调确定内部布置，绘制反辐射无人机三面图、设备布置图，进行气动计算和试验，给出目标重量分配，确定重心位置范围，进行无人机性能估算，调整初步方案直到满足技术指标。

（3）详细设计。完善反辐射无人机总体布局和气动设计方案，进行必要的基础试验和制造原理样件，完善无人机三面图、设备布置图、结构图、电气电网图及外形理论图，为其他分系统设计提供依据；进行结构详细设计与强度刚度分析；根据最终确定的外形进行气动特性计算和风洞试验，完成飞行性能、操稳、重量、重心和转动惯量的计算。

3）设计专业分工

按照专业分工，反辐射无人机总体布局与气动设计大致分为总体布局设计、气动设计、飞行性能分析、重量平衡与控制四个方面[1]，各专业的主要工作内容如下[1]。

（1）总体布局设计主要工作如下：

a. 总体布局形式和外形参数确定。

b. 全机重量确定及分配。

c. 动力装置选型。

d. 内部装载布置。

e. 发射回收装置选型。

f. 结构受力选型。

g. 设计、工艺和使用维护分离面确定。

h. 机载设备选型。

i. 操纵系统选型。

j. 确定各功能系统的初步方案和相互协调关系。

k. 完成相关设计文件和图样。

(2) 气动设计主要工作如下：

a. 全机气动构型设计。

b. 部件气动外形设计。

c. 组合体气动设计。

d. 气动特性计算分析。

e. 风洞试验模型设计与制作。

f. 风洞试验(选型与校核)。

g. 气动载荷设计(计算与测量)。

h. 气动弹性分析。

i. 提供全机气动特性数据(气动力数据库)，包括全机和部件的力、力矩、压力分布和控制舵面的铰链力矩系数等。

(3) 飞行性能计算主要工作如下：

a. 基本飞行性能计算。

b. 机动飞行性能计算。

c. 发射与回收性能计算。

d. 操纵性、稳定性计算。

e. 典型任务剖面计算。

f. 提供飞行性能计算分析报告。

(4) 重量与平衡控制主要工作如下：

a. 全机重量、重心、转动惯量计算。

b. 全机重量控制。

c. 全机平衡控制。

d. 提供重量、重心与转动惯量计算报告。

3.1.1　反辐射无人机总体布局设计

反辐射无人机总体布局设计除要考虑常规无人机总体布局设计需要考虑的因素外，还必须考虑前述的一些特殊要求。反辐射无人机总体布局设计的主要内容如下：主要总体参数，机身、机翼、尾翼的几何外形及相对位置关系，发动机的类型、数目和安装位置，助推器的形式和安装位置等。

1) 反辐射无人机主要总体参数

影响反辐射无人机主要飞行性能的有 2 个组合参数：功率/重量(活塞发动机，以下简称“功重比”)或推重比(涡喷、涡扇发动机)，以及翼载荷，与这 2 个参数相关的是反辐射无人机的机翼面积、起飞质量和发动机的功率或推力，这 3 个参数也称为无人机的主要总体参数，它们对无人机总体方案具有决定性的影响。

确定反辐射无人机主要参数的方法有工程估算法、原准统计法等，但不管采用什么方法，设计者的经验和判断都十分重要；另外还与工程上的可实现性密切相关。

对以活塞发动机为动力的低速反辐射无人机来说，翼载荷一般在 50～100 kg/m^2 之间，功重比在 0.09～0.25 hp/kg 之间，这 2 个参数随着飞行速度的增大而增大；对采用涡喷或涡扇发动机为动力的高速反辐射无人机，翼载荷一般在 150～500 kg/m^2 之间，推重比在 0.2～1.1 之间，这两个参数也随着飞行速度的增大而增大。

2) 机身、机翼、尾翼的几何外形及相对位置关系

反辐射无人机总体布局经过不断创新与发展，已经有很多种布局形式，各种布局形式各有优缺点。正常式布局具有良好的大迎角特性和中、低空机动性，其缺点是在配平状态，尾翼会带来升力损失；鸭式布局具有高机动性能，其缺点在于鸭翼位置较难与主翼配置，大迎角时飞机上仰力矩大；无尾布局没有前翼和尾翼，跨、超声速时阻力小，结构简单，质量较小，缺点是纵向操纵及配平仅靠机翼后缘的升降舵实现，尾力臂较短，操纵效率低，配平阻力大；三翼面布局在正常式布局的基础上增加了前翼，因此它综合了正常式和鸭式布局的优点，其缺点是增加了前翼而使零升阻力和质量增加。

机翼一般可设计为平直机翼、后掠翼、三角翼、梯形翼、前掠翼、斜置翼等，以及在上述构型基础上的一些变形。反辐射无人机采用箱式发射，可将翼面设计成可折叠式，平时翼面处于折叠状态以减小贮运发射箱所需的空间尺寸，发射后翼面可在空中自行展开。

尾翼的平面形状与机翼相似，或为后置的正常式，或为前置的鸭式。垂直尾翼有单垂直尾翼和双垂直尾翼之分，单垂直尾翼位于机身尾部上方，双垂直尾翼多位于正常式布局的平尾两端或鸭式布局后掠机翼的翼梢。此外，还有“V”“X”及“倒 Y”形等尾翼布局形式，它们兼具水平尾翼和垂直尾翼的功能。

机身的纵向和侧向多为流线体，其头部安装导引头，尾部安装发动机，机身横截面或为圆形，或为矩形，或为多角形，视内部装载物、结构布置及隐身需求而定。

另外，为了增加反辐射无人机攻击时的侧向机动能力，一般增加侧向控制舵面，如南非的"百灵鸟"反辐射无人机采用侧力控制面，以色列的"哈比"反辐射无人机采用侧力板。侧力控制面本身可以控制，而侧力板本身不可控制，只能控制方向舵。

3）发动机的类型、数目和安装位置

反辐射无人机常用的航空发动机主要有活塞式发动机和燃气涡轮发动机两类。低速反辐射无人机一般选用活塞往复式发动机或转子发动机作为动力，高速反辐射无人机一般选用燃气涡轮发动机，主要是涡喷或涡扇发动机作为动力。

发动机数量根据发动机动力大小和无人机需用推力进行匹配设计。发动机数目选择应满足下列要求：

（1）反辐射无人机应具有足够的起飞推重比。

（2）反辐射无人机应具有足够的可靠性和经济性。

（3）动力装置的有效推力满足要求。

（4）寿命要满足反辐射无人机使用要求。

确定了无人机的起飞推重比以后，可从下式求出发动机的数目：

$$n = \frac{K_{pq} W_0 g}{P_i} \tag{3-1}$$

式中，K_{pq} 为起飞推重比；W_0 为起飞质量；P_i 为单台发动机推力。

由于反辐射无人机头部需要安装导引头，因此发动机通常安装在反辐射无人机尾部。

4）助推器的形式和安装位置

助推器为无人机提供初始推力，使无人机在规定时间内获得预定的速度和高度，实现安全起飞。

反辐射无人机一般选择固体火箭助推器。固体火箭助推器主装药燃烧后产生大量高压、高温、高速热燃气和凝相成分，在燃烧室内部形成高温、高压燃气流，通过喷管加速形成高速气流，从喷管出口排出，产生预定的推力。

反辐射无人机固体火箭助推器一般安装在无人机尾部下方，与无人机轴线成一定夹角。固体火箭助推器工作时产生的推力同样也与无人机轴线成一定夹角，形成无人机前向推力和向上推力，无人机在规定时间内获得预定的速度和高度后，实现安全起飞。

5）典型反辐射无人机总体布局案例

南非“百灵鸟”反辐射无人机三面布局如图 3－1 所示。它采用无尾三角翼融合布局，无平尾，左右布置两个垂尾。控制舵面布置如下：于翼面后缘配置左右升降副翼舵面，一致偏转控制俯仰运动，叉动偏转控制滚转运动；于左右垂尾后缘配置方向舵面；于机翼重心位置左右配置侧力控制面。方向舵面和侧力控制面协调偏转可控制反辐射无人机无倾转水平转弯。动力采用转子发动机，安装在无人机尾部。头部是导引头，实现对目标的搜索、识别和跟踪。导引头后部是引信战斗部，机载设备安装在机身中部，燃油装载在左右机翼内部靠近重心位置处。

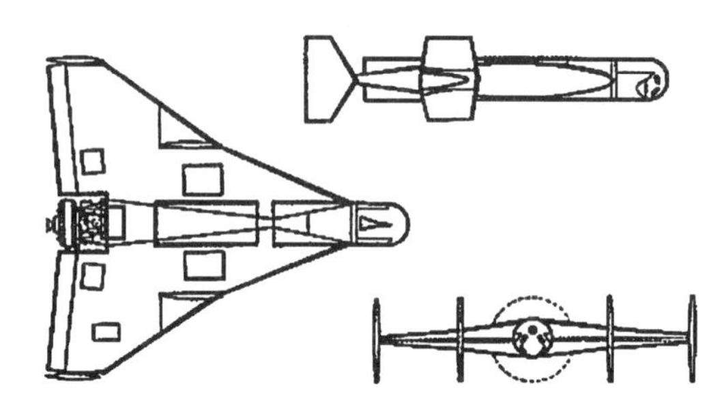

图 3－1 南非“百灵鸟”反辐射无人机三面布局示意图

“百灵鸟”反辐射无人机主要总体布局参数如下[2]：

（1）布局特点：三角翼，带有侧力控制面。

（2）翼展：2.1 m。

（3）机长：2.43 m。

（4）起飞质量：110 kg。

（5）任务载荷：30 kg，其中战斗部为 20 kg。

（6）动力装置：38 hp 转子发动机。

3.1.2 反辐射无人机气动设计

反辐射无人机气动设计主要工作包括翼型选择与设计、部件气动外形设计、组合体气动设计、气动特性计算分析以及风洞试验。

1）翼型选择与设计

翼型选择与设计是反辐射无人机气动设计的一项基础工作。翼型对反辐射无人机飞行性能有很大影响，应根据反辐射无人机的飞行性能要求，选择和设计相应的翼型。

无人机常用的翼型有层流翼型、高升力翼型和超临界翼型，这些翼型各有优势和使用特点[3]。反辐射无人机翼型选择与设计一方面要考虑爬升和巡航飞行时较高的升阻比，另一方面要考虑满足俯冲攻击时的飞行特性要求，特别是在迎角为0时升力和力矩要为0、失速迎角要大（一般要求大于30°）。因此，反辐射无人机首选对称层流翼型。

2）**部件气动外形设计**

机翼、尾翼和机身等部件的几何参数与反辐射无人机的总体设计方案密切相关。在总体设计过程中，选定了主要参数以后，就要选择各主要部件的几何参数。

（1）机翼气动外形设计。

机翼对无人机的飞行性能影响较大，不仅影响其在整个飞行包线范围内的飞行特性，还影响结构装载性能。机翼气动外形设计重点是翼型和平面形状几何参数的选择，有时还要考虑机翼的弯扭设计。

机翼的平面形状主要由展弦比、梢根比和前缘后掠角确定。在确定机翼面积后，就可以选择这些主要参数了。

机翼的展弦比 A 的大小对机翼的诱导阻力系数 C_{Di}、零升阻力系数 C_{D0} 和升力线斜率 $C_{L\alpha}$ 等都有影响。对于低速无人机，诱导阻力在机翼阻力中占一定的比例，不可忽视。C_{Di} 与 A 成反比，增大机翼的展弦比可以在降低诱导阻力的同时增大升阻比，这对提高无人机的升限和增加无人机的航程都是有利的。在高速无人机的阻力中，波阻占比很大，减小机翼的展弦比可使阻力系数明显降低。展弦比对机翼升力线斜率的影响如下：随着展弦比的减小，机翼升力线斜率减小，临界迎角有所增加，但减小展弦比降低了无人机的滚转阻尼特性，会对无人机的横向稳定性和操纵性产生不利的影响。此外，减小展弦比会使机翼根部的弯矩减小，结构质量减小，并且在机翼面积相同的情况下，机翼的弦长和厚度的绝对尺寸增加，使机翼的结构高度增加，这样有利于承力构件的布置和内部容积的有效利用。因此，一般低速反辐射无人机宜采用较大的展弦比，高速反辐射无人机宜采用较小的展弦比。

梢根比的突出作用是影响机翼的展向升力分布。减小梢根比可提高机翼的抗弯扭刚度。给定机翼面积和展弦比，展长就确定了，这时若梢根比减小，则根弦长度增加，若相对厚度不变，则根弦剖面的绝对厚度增加，从而提高翼根的抗弯扭刚度。

后掠角是对机翼特性影响较大的几何参数，需要综合考虑各方面的设计要求后选定。增大后掠角可以降低气动阻力，提高临界马赫数，延缓激波的产生，所以一些高亚声速反辐射无人机多采用后掠翼。

机翼在机身上的安装主要涉及上反角和安装角两个参数。增大上反角可以增加无人机的滚转稳定性。机翼安装角的选择应使无人机在巡航时处于最有利的升阻比状态。要求在巡航状态下机身轴线与气流方向一致以减小机身的阻力，这是选择安装角的基本原则。

(2) 尾翼气动外形设计。

反辐射无人机尾翼主要用来保证无人机的操纵性和稳定性。在进行无人机尾翼的气动外形设计时要注意以下基本原则：

a. 要在使用重心范围内，在各种重量状态下，均保证反辐射无人机在整个飞行包线内具有足够的稳定性和操纵性。

b. 尾翼的临界马赫数要大于机翼的临界马赫数。

c. 保证反辐射无人机在纵向配平的前提下，尽量减小配平状态尾翼偏转角度以减小配平阻力。

d. 垂尾在足够大的侧滑角下仍不失效[3]。

尾翼的布局形式有很多种，但无论选择什么形式的尾翼，在最初选择尾翼参数时一般都是把尾翼的面积投影到水平和垂直两个方向上去，当作正常的平尾和垂尾来计算无人机的稳定性和操纵性，可按照常规尾翼来选择几何参数。

目前大多数反辐射无人机采用融合布局，无平尾，只有垂尾。垂尾是保证无人机侧向稳定性和操纵性的主要部件，选择参数时应考虑满足侧向稳定性和操纵性的要求。此外，无人机的侧向稳定性和操纵性不仅取决于垂尾，还与机身和机翼的几何外形及副翼的布置有直接的关系。

垂尾尾容量对全机的航向和横向静稳定度都有贡献。为保证无人机横航向的稳定性和操纵性，要合理选择垂尾的尾容量、几何外形以及在机身上的位置，减少机身和平尾对垂尾的干扰，增加垂尾效率。

(3) 机身气动外形设计。

反辐射无人机的机身设计必须考虑以下要求：

a. 头部要与导引头直径相匹配，导引头直径要满足测向天线布置和精确测向要求。

b. 应该有足够大的容积，满足战斗部引信及机载设备的安装和使用要求。

c. 尾部要满足发动机安装和使用要求。

d. 气动阻力最小，隐身性好。

e. 有利于进行结构布置，便于连接和安装机翼、垂尾等其他部件。

反辐射无人机机身的几何参数主要有机身长细比和最大横截面积，在满足上述要求的情况下对参数的选择和设计应尽可能采用较小的机身长细比和最小的最大横截面积。

3）组合体气动设计

反辐射无人机组合体的气动特性不是部件气动特性的简单叠加，还要考虑部件之间的干扰对全机气动特性的影响。

机翼按照在机身上安装位置的不同可分为上单翼、中单翼和下单翼。目前大多数反辐射无人机组合体均采用表现最佳的中单翼。

4）气动特性计算分析

在反辐射无人机设计的方案阶段，需要对全机气动特性进行工程估算。利用已有的工程估算方法可以快速得到基本的全机气动特性，用于指导方案设计。

气动估算的基础是翼型的气动特性。如果选择已有的经典翼型，那么翼型所有的气动参数都可以在相应的气动力手册上查到。如果是新研翼型，那么翼型设计人员应给出翼型的全部气动参数。

反辐射无人机全机气动特性计算的方法与其他无人机和有人机的方法相同，可查阅相关手册获取信息，这里不再赘述。

5）风洞试验

风洞试验在反辐射无人机研制中具有十分重要的地位。反辐射无人机的空气动力参数是飞行性能计算、机体结构强度计算和飞行控制与制导系统设计的重要依据。在进行初步设计时，可以采用理论计算的方法。但由于理论计算的计算模型不可能完全反映实际情况，一定会有误差，因此在详细设计阶段，一定要用由风洞试验得到的更为准确的数据。

风洞试验从试验准备到最后给出试验数据要经过许多环节。首先需要根据试验目的和要求提出试验任务书，然后制订试验大纲。大纲中应包括试验的目的和要求、试验的编号和名称、模型的状态、要测量的数据、要调节的试验参数及其变化范围和间隔，以及其他技术措施等。

反辐射无人机风洞试验主要包括二维翼型试验、三维半模测力试验、全机测力试验及全机模型部件测压试验等，特种风洞试验主要包括进气道试验、操纵面铰链力矩试验、动导数试验、动力影响试验、抖振特性试验、颤振试验、流态显示及空间流场测量试验、大迎角试验、空速管试验等。此外，对于螺旋桨式反辐射无人机，还需进行动力影响试验。

3.1.3 反辐射无人机飞行性能计算

反辐射无人机的基本飞行性能包括最大平飞速度与最小平飞速度、爬升与升限、航程与航时等。

1) 计算反辐射无人机基本飞行性能时的基本假设

(1) 把反辐射无人机视作可操纵的质点,因而可只使用无人机质心运动方程。

(2) 把作用在反辐射无人机上的外力矩视作瞬时平衡的,因而飞行性能计算所用的升力和阻力应考虑配平的影响。

2) 基本飞行性能计算的运动方程

反辐射无人机在铅垂平面内对称飞行时,在航迹轴系中建立的无人机质心运动方程为

$$\begin{cases}\dfrac{m\mathrm{d}V}{\mathrm{d}t}=[P\cos(\alpha+\sigma)-D]-mg\sin\gamma\\ mV\left(\dfrac{\mathrm{d}\gamma}{\mathrm{d}t}\right)=[P\sin(\alpha+\sigma)+L]-mg\cos\gamma\\ \dfrac{\mathrm{d}Xg}{\mathrm{d}t}=V\cos\gamma\\ -\dfrac{\mathrm{d}Zg}{\mathrm{d}t}=\dfrac{\mathrm{d}H}{\mathrm{d}t}=V\sin\gamma\end{cases}\tag{3-2}$$

式中,D、L 为空气动力沿气流轴系各坐标轴的分量,分别为阻力和升力;P 为发动机推力;m 为无人机质量;g 为重力加速度;α、γ 为迎角和航迹倾角;σ 为推力作用线与无人机迎角基准线之间的夹角;X、Z 为无人机水平方向和垂直方向位移。

3) 做定常、直线飞行时的运动方程

如反辐射无人机在铅垂平面内做定常、直线、对称飞行,则在航迹轴系中建立的无人机质心运动方程可简化为

$$\begin{cases}[P\cos(\alpha+\sigma)-D]=mg\sin\gamma\\ [P\sin(\alpha+\sigma)+L]=mg\cos\gamma\\ \dfrac{\mathrm{d}Xg}{\mathrm{d}t}=V\cos\gamma\\ -\dfrac{\mathrm{d}Zg}{\mathrm{d}t}=\dfrac{\mathrm{d}H}{\mathrm{d}t}=V\sin\gamma\end{cases}\tag{3-3}$$

无人机做定常、直线、对称飞行时，迎角通常很小，一般不会超过 15°；发动机的安装角更小，一般只为 2°～3°，故式(3-3)可简化为

$$\begin{cases} P = D + mg\sin\gamma \\ L = mg\cos\gamma \\ \dfrac{\mathrm{d}Xg}{\mathrm{d}t} = V\cos\gamma \\ -\dfrac{\mathrm{d}Zg}{\mathrm{d}t} = \dfrac{\mathrm{d}H}{\mathrm{d}t} = V\sin\gamma \end{cases} \tag{3-4}$$

如无人机在铅垂平面内做定常、直线、水平、对称飞行，则在航迹轴系中建立的飞机质心运动方程可进一步简化为

$$\begin{cases} P = D \\ L = mg \\ \dfrac{\mathrm{d}Xg}{\mathrm{d}t} = V \\ -\dfrac{\mathrm{d}Zg}{\mathrm{d}t} = \dfrac{\mathrm{d}H}{\mathrm{d}t} = 0 \end{cases} \tag{3-5}$$

对螺旋桨飞机，一般用功率法进行性能计算，故式(3-4)应改写为

$$\begin{cases} N_{\mathrm{ava}} = N_{\mathrm{req}} + \dfrac{mgV\sin\gamma}{75} \\ L = mg\cos\gamma \\ \dfrac{\mathrm{d}Xg}{\mathrm{d}t} = V\cos\gamma \\ -\dfrac{\mathrm{d}Zg}{\mathrm{d}t} = \dfrac{\mathrm{d}H}{\mathrm{d}t} = V\sin\gamma \end{cases} \tag{3-6}$$

式中，$N_{\mathrm{ava}} = \dfrac{PV}{75}$，为可用功率，单位为 hp；$N_{\mathrm{req}} = \dfrac{DV}{75}$，为平飞需用功率，单位为 hp。而式(3-5)则应改写为

$$\begin{cases} N_{\mathrm{ava}} = N_{\mathrm{req}} \\ L = mg \\ \dfrac{\mathrm{d}Xg}{\mathrm{d}t} = V \\ -\dfrac{\mathrm{d}Zg}{\mathrm{d}t} = \dfrac{\mathrm{d}H}{\mathrm{d}t} = 0 \end{cases} \tag{3-7}$$

4）基本飞行性能计算的原始数据

为计算反辐射无人机的基本飞行性能，必须准备以下原始数据。

（1）升阻特性。

反辐射无人机的升阻特性通常以极曲线形式给出，但性能计算用的极曲线应尽可能考虑以下诸因素的影响，以保证和提高性能计算的准确度和精度。

a. 反辐射无人机构型。

应明确规定飞行性能计算所依据的反辐射无人机构型。

b. 配平修正。

反辐射无人机极曲线应考虑力矩平衡的影响，即应力求使用考虑配平影响后的极曲线。

c. 螺旋桨滑流修正。

螺旋桨滑流对反辐射无人机的升阻特性和力矩特性有较大影响，飞行性能计算所使用的极曲线应尽量考虑螺旋桨滑流的影响。

d. 高度影响修正。

极曲线通常针对某一特定高度给出，当计算的飞行高度偏离该特定高度较多时，一般应考虑高度变化对阻力系数的影响。

（2）发动机特性。

当前反辐射无人机使用的发动机主要有两大类，即螺旋桨式（包括活塞螺旋桨、转子和涡轮螺旋桨）和喷气式（包括涡轮喷气、涡轮风扇）。

a. 喷气式发动机。

a）常用的典型工作状态。

喷气式发动机常用的典型工作状态有加力状态、最大（或称起飞）状态、额定状态、巡航状态、慢车状态和其他状态（如使用反推力等），进行性能计算时必须明确规定。

b）台架特性和安装特性。

发动机厂家提供的发动机特性称为台架特性。进行飞行性能计算时，还必须注意使用考虑进排气损失后的发动机安装特性。

c）引气和功率提取。

对所使用的发动机特性，应考虑飞机需用的引气和功率提取所产生的影响。

b. 螺旋桨式发动机。

a）常用的典型工作状态。

装有螺旋桨的活塞发动机常用的典型工作状态有最大（或称起飞）状态、额定状态、巡航状态和慢车(或称怠速)状态,计算时必须明确规定。

b) 发动机特性。

装有螺旋桨的活塞发动机输出马力 N_{eng} 和单位燃料消耗率(SFC)是发动机节气门位置控制量 δ_f、发动机转速 n 和高度 H 的函数。表示上述函数关系的曲线分别称为外特性、节流特性、单位燃料消耗率特性和高度特性。

c) 安装损失。

对发动机厂家提供的台架特性应考虑发动机安装损失。

d) 功率提取。

计算飞行性能时,还应考虑功率提取的影响。

e) 螺旋桨特性曲线。

螺旋桨特性通常是在桨距角 ϕ 一定的条件下,拉力系数 C_t、功率系数 C_p、螺旋桨效率 η_p 和前进比 $\left(J=\dfrac{V}{nD}\right)$ 之间的函数关系表达。当桨距角 ϕ 连续改变时,该函数关系亦相应改变,故其又称为螺旋桨特性曲线组。

螺旋桨特性曲线组是计算发动机螺旋桨组合能提供多大可用功率给飞机的重要依据,是飞行性能计算必备的原始数据。

5) 重量定义

反辐射无人机的重量定义如下。

(1) 空机重量——由无人机结构、动力装置、各种机载设备等的重量构成。

(2) 任务载荷重量——与任务直接相关的装载,包括导引头、引信、战斗部及附件的重量。

(3) 燃油重量——包括无人机内燃油重量。

(4) 飞行重量——空机重量,任务载荷重量和燃油重量之和。

(5) 平均飞行重量——空机重量,任务载荷重量和 50%机内燃油重量之和,通常用作无人机飞行性能的计算重量。

6) 基本飞行性能计算

(1) 喷气式反辐射无人机。

喷气式反辐射无人机的基本飞行性能一般用简单拉力法计算,其运动方程为式(3-4)和式(3-5)。为计算无人机的最小平飞速度 V_{min}、最大平飞速度 V_{max}、爬升率 V_c、升限 H、航时 T 和航程 L 等基本飞行性能,工程实践中常采用列表计算辅以图解的办法,亦可编制程序进行计算。具体的计算步骤示例如下。

a. 最大平飞速度 V_{max} 的确定。

a）给定飞行高度、飞行重量和飞机构型。

b）在反辐射无人机可能平飞的速度范围内，对每一飞行速度，均按原始数据中给出的发动机特性计算，并绘制发动机在最大状态时的可用推力 P_{ava} 曲线。

c）在反辐射无人机可能平飞的速度范围内，按原始数据中给出的无人机极曲线，计算平飞需用推力 P_{req}。

d）绘制可用推力 P_{ava} 和平飞需用推力 P_{req} 相对于平飞速度 V 的曲线，其右交点即为飞机在该高度下的最大平飞速度 V_{max}。

e）对其他高度重复进行计算，即可得出各高度上的最大平飞速度 V_{max}。

b. 最小平飞速度 V_{min} 的确定。

a）在上述平飞需用推力 P_{req} 曲线的最左端做与横坐标轴相垂直的切线，其与横坐标轴的交点即为最小平飞速度 V_{min}。

b）随着高度增加，可用推力 P_{ava} 曲线和平飞需用推力 P_{req} 曲线会出现左交点，如该交点对应的速度低于上述速度，则取该速度作为该高度上的最小平飞速度 V_{min}。

c）对其他高度重复进行计算，即可得出各高度上的最小平飞速度 V_{min}。

c. 爬升率 V_c 的计算。

a）在可用推力 P_{ava} 和平飞需用推力 P_{req} 曲线上，对平飞速度范围内的每一平飞速度 V，计算可用推力 P_{ava} 与平飞需用推力 P_{req} 之差，即剩余推力 $\Delta P = P_{ava} - P_{req}$，并进一步算出相应的剩余功率，即 $\Delta N = \Delta P \cdot V$。

b）利用式(3-8)，可求得爬升率 V_c，即

$$V_c = V\sin\gamma = \frac{\Delta N}{mg} = \frac{\Delta P \cdot V}{mg} \tag{3-8}$$

c）绘制爬升率 V_c 与对应的每一平飞速度 V 之间的关系曲线，该曲线的最高点即为飞机在该高度上的最大爬升率 V_{cmax}，与之相应的速度称为最快爬升速度 V_{opt}。

d）对其他高度重复进行计算，即可得出各高度上的最大爬升率 V_{cmax} 和相应的最快爬升速度 V_{opt}。

d. 升限 H 的确定。

a）用求得的最大爬升率 V_{cmax}，绘制其随高度 H 变化的曲线。

b）最大爬升率 V_{cmax} 趋于 0 的高度定义为理论升限 H_t。

c) 最大爬升率 $V_{cmax}=0.5\ m/s$ 的高度一般定义为实用升限 H_p。

e. 航时 T 的确定。

a) 对每一飞行高度上的每一平飞速度 V，算出相应的平飞需用推力 P_{req}。

b) 按给出的发动机原始数据，查出相应的 SFC，算出相应的小时燃油消耗量，即 $G_h=P_{req}\cdot SFC$。

c) 根据飞机的可用燃油量 G_f，算出与该飞行状态相应的航时，即 $T=\frac{G_f}{G_h}$。

d) 绘制小时燃油消耗量 G_h 随平飞速度 V 变化的曲线，可求出该高度上的最小小时燃油消耗量 G_{hmin} 和与之相应的飞行速度，即最大航时（T_{max}）下的飞行速度。

e) 对各高度重复以上计算，即可求得各高度上的最大航时，进而可求得飞机的最大航时最大值（T_{max}）$_{max}$ 及与之相应的飞行速度和高度。

f. 航程 L 的确定。

a) 对每一飞行高度上的每一平飞速度 V，算出相应的平飞需用推力 P_{req}。

b) 按给出的发动机原始数据，查出相应的 SFC，算出相应的千米燃油消耗量，即 $G_k=\frac{P_{req}\cdot SFC}{V}$。

c) 根据飞机的可用燃油量 G_f，算出与该飞行状态相应的航程，即 $L=\frac{G_f}{G_k}$。

d) 绘制千米燃油消耗量 G_k 随平飞速度 V 变化的曲线，可求出该高度上的最小千米燃油消耗量 G_{kmin} 和与之相应的飞行速度，即最大航程（L_{max}）下的飞行速度。

e) 对各高度重复以上计算，即可求得各高度上的最大航程，进而可求得飞机的最大航程最大值（L_{max}）$_{max}$ 及与之相应的飞行速度和高度。

(2) 螺旋桨式飞机。

螺旋桨式飞机的基本飞行性能一般用简单功率法计算，其运动方程为式(3-6)和式(3-7)。与喷气式飞机一样，为计算飞机的最小平飞速度 V_{min}、最大平飞速度 V_{max}、爬升率 V_c、升限 H、航时 T 和航程 L 等基本飞行性能，工程实践中常采用列表计算辅以图解的办法进行，亦可编制程序进行计算。值得注意的是，变距螺旋桨飞机和定距螺旋桨飞机飞行性能的计算方法是不同的，因此必须区分。

a. 变距螺旋桨飞机。

a) 最大平飞速度 V_{max} 的确定。

(a) 给定飞行高度、飞行重量和飞机构型。

(b) 选定螺旋桨直径 D_{pro} 和发动机转速，设发动机转速为其最大转速 n_{max}。

(c) 在给出的发动机特性曲线上，查取与最大转速 n_{max} 对应的发动机最大功率 N_{max}，并计算螺旋桨的功率系数：

$$C_p = \frac{75N_{max}}{\rho n_{max}^3 D_{pro}^5} \tag{3-9}$$

式中，ρ 为空气密度。

(d) 在给出的发动机特性曲线上，按等 C_p 线查取一系列螺旋桨安装角 $\phi(i)$，并查取与其相应的前进比 $J(i)$ 和螺旋桨效率 $\eta_p(i)$。

(e) 按式 $J(i) = \frac{V(i)}{n_{max} D_{pro}}$ 计算相应的 $V(i)$。

(f) 按式 $N_{ava}(i) = N_{max} \cdot \eta_p(i)$ 计算可用功率 $N_{ava}(i)$。

(g) 在反辐射无人机可能平飞的速度范围内，按原始数据中给出的无人机极曲线，计算飞机的平飞需用功率 $N_{req} = \frac{P_{req} \cdot V}{75}$。

(h) 绘制可用功率 N_{ava} 和平飞需用功率 N_{req} 相对于平飞速度 V 的曲线，其右交点即为无人机在该高度下的最大平飞速度 V_{max}。

(i) 对其他高度重复进行计算，即可得出各高度上的最大平飞速度 V_{max}。

b) 最小平飞速度 V_{min} 的确定。

(a) 在上述平飞需用功率 N_{req} 曲线的最左端做与横坐标轴相垂直的切线，其与横坐标轴的交点即为最小平飞速度 V_{min}。

(b) 随着高度增加，可用功率 N_{ava} 曲线和平飞需用功率 N_{req} 曲线会出现左交点，如该交点对应的速度低于上述速度，则取该速度作为该高度上的最小平飞速度 V_{min}。

(c) 对其他高度重复进行计算，即可得出各高度上的最小平飞速度 V_{min}。

c) 爬升率 V_c 的计算。

(a) 在可用功率 N_{ava} 和平飞需用功率 N_{req} 曲线上，对平飞速度范围内的每一平飞速度 V，计算可用功率和平飞需用功率 N_{req} 之差，即剩余功率 $\Delta N = N_{ava} - N_{req}$。

(b) 利用式(3-10)，可求得爬升率 V_c，即

$$V_c = V\sin\gamma = \frac{\Delta N}{mg} \tag{3-10}$$

(c) 绘制爬升率 V_c 与对应的每一平飞速度 V 之间的关系曲线，该曲线的最高点即为飞机在该高度上的最大爬升率 V_{cmax}，与之相应的速度称为最快爬升速度 V_{opt}。

(d) 对其他高度重复进行计算，即可得出各高度上的最大爬升率 V_{cmax} 和最快爬升速度 V_{opt}。

d) 升限 H 的确定。

(a) 用求得的最大爬升率 V_{cmax}，绘制其随高度 H 变化的曲线。

(b) 最大爬升率 V_{cmax} 趋于 0 的高度定义为理论升限 H_t。

(c) 最大爬升率 $V_{cmax}=0.5\ \text{m/s}$ 的高度一般定义为实用升限 H_p。

e) 航时 T 的确定。

(a) 对每一飞行高度上的每一平飞速度 V，算出相应的平飞需用功率 N_{req}。

(b) 按给出的发动机原始数据，查出相应的 SFC，算出相应的小时燃油消耗量，即 $G_h = N_{req} \cdot \text{SFC}$。

(c) 根据无人机的可用燃油量 G_f，算出与该飞行状态相应的航时，即 $T = \frac{G_f}{G_h}$。

(d) 绘制小时燃油消耗量 G_h 随平飞速度 V 变化的曲线，可求出该高度上的最小小时燃油消耗量 G_{hmin} 和与之相应的飞行速度，即最大航时 (T_{max}) 下的飞行速度。

(e) 对各高度重复以上计算，即可求得各高度上的最大航时，进而可求得飞机的最大航时最大值 $(T_{max})_{max}$ 及与之相应的飞行速度和高度。

f) 航程 L 的确定。

(a) 对每一飞行高度上的每一平飞速度 V，算出相应的平飞需用功率 N_{req}。

(b) 按给出的发动机原始数据，查出相应的 SFC，算出相应的千米燃油消耗量，即 $G_k = \frac{N_{req} \cdot \text{SFC}}{V}$。

(c) 根据飞机的可用燃油量 G_f，算出与该飞行状态相应的航程，即 $L = \frac{G_f}{G_k}$。

(d) 绘制千米燃油消耗量 G_k 随平飞速度 V 变化的曲线，可求出该高度上的最小千米燃油消耗量 G_{kmin} 和与之相应的飞行速度，即最大航程 (L_{max}) 下的飞行速度。

(e) 对各高度重复以上计算，即可求得各高度上的最大航程，进而可求得飞机的最大航程最大值 $(L_{max})_{max}$ 及与之相应的飞行速度和高度。

b. 定距螺旋桨飞机。

a) 最大平飞速度 V_{max} 的确定。

(a) 给定飞行高度、飞行重量和飞机构型。

(b) 在发动机外特性(节气门全开)所准许的转速范围内，选择一系列转速 $n(i)$。对每一转速 $n(i)$，按发动机外特性，查取与之对应的发动机输出功率 $N_{eng}(i)$。

(c) 按下式计算与每一转速 $n(i)$ 和发动机输出功率 $N_{eng}(i)$ 对应的螺旋桨功率系数 $C_p(i)$：

$$C_p(i)=\frac{75N_{eng}(i)}{\rho n(i)^3 D_{pro}^5} \tag{3-11}$$

式中，ρ 为空气密度；D_{pro} 为螺旋桨直径。

(d) 在给出的发动机特性曲线上，按 $C_p(i)$ 查取相应的螺旋桨效率 $\eta_p(i)$ 和前进比 $J(i)$，其中：

$$J(i)=\frac{V(i)}{n(i)\cdot D_{pro}} \tag{3-12}$$

(e) 将发动机输出功率 $N_{eng}(i)$ 和螺旋桨效率 $\eta_p(i)$ 相乘，可求出发动机螺旋桨组合可能提供的可用功率 $N_{ava}(i)$，即

$$N_{ava}(i)=N_{eng}(i)\cdot\eta_p(i) \tag{3-13}$$

(f) 按前进比 $J(i)$ 的公式，可求出相应的飞行速度 $V(i)$，即

$$V(i)=J(i)\cdot n(i)\cdot D_{pro} \tag{3-14}$$

(g) 按上述对应关系，绘制 $N_{ava}(i)$ 和 $V(i)$ 相对应的关系曲线，即可用功率曲线。

(h) 在无人机可能平飞的速度范围内，按原始数据中给出的飞机极曲线，计算飞机的平飞需用功率 $N_{req}=\dfrac{P_{req}\cdot V}{75}$。

(i) 绘制平飞需用功率 N_{req} 相对于平飞速度 V 的曲线，其与可用功率曲线 N_{ava} 的右交点，即为飞机在该高度下的最大平飞速度 V_{max}。

(j) 对其他高度重复进行计算，即可得出各高度上的最大平飞速度 V_{max}。

b) 最小平飞速度 V_{min} 的确定。

(a) 在上述平飞需用功率 N_{req} 曲线的最左端做与横坐标轴相垂直的切线，其与横坐标轴的交点即为最小平飞速度 V_{min}。

(b) 随着高度增加，可用功率 N_{ava} 曲线和平飞需用功率 N_{req} 曲线会出现左交点，如该交点对应的速度低于上述速度，则取该速度作为该高度上的最小平飞速度 V_{min}。

(c) 对其他高度重复进行计算，即可得出各高度上的最小平飞速度 V_{min}。

c) 爬升率的计算。

(a) 在可用功率 N_{ava} 和平飞需用功率 N_{req} 曲线上，对平飞速度范围内的每一平飞速度 V，计算可用功率 N_{ava} 和平飞需用功率 N_{req} 之差，即剩余功率 $\Delta N = N_{ava} - N_{req}$。

(b) 利用式(3-10)，可求得爬升率 V_c。

(c) 绘制爬升率 V_c 与对应的每一平飞速度 V 之间的关系曲线，该曲线的最高点即为飞机在该高度上的最大爬升率 V_{cmax}，与之相应的速度称为最快爬升速度 V_{opt}。

(d) 对其他高度重复进行计算，即可得出各高度上的最大爬升率 V_{cmax} 和最快爬升速度 V_{opt}。

d) 升限 H 的确定。

(a) 用求得的最大爬升率 V_{cmax}，绘制其随高度 H 变化的曲线。

(b) 最大爬升率 V_{cmax} 趋于 0 的高度定义为理论升限 H_t。

(c) 最大爬升率 $V_{cmax} = 0.5\ \mathrm{m/s}$ 的高度一般定义为实用升限 H_p。

e) 航时 T 的确定。

(a) 对每一飞行高度上的每一平飞速度 V，算出相应的平飞需用功率 N_{req}。

(b) 按给出的发动机原始数据，查出相应的 SFC，算出相应的小时燃油消耗量，即 $G_h = N_{req} \cdot \mathrm{SFC}$。

(c) 根据无人机的可用燃油量 G_f，算出与该飞行状态相应的航时，即 $T = \dfrac{G_f}{G_h}$。

(d) 绘制小时燃油消耗量 G_h 随平飞速度 V 变化的曲线，可求出该高度上的最小小时燃油消耗量 G_{hmin} 和与之相应的飞行速度，即最大航时（T_{max}）下的飞行速度。

(e) 对各高度重复以上计算，即可求得各高度上的最大航时，进而可求得飞机的最大航时最大值（T_{max}）$_{max}$ 及与之相应的飞行速度和高度。

f) 航程 L 的确定。

(a) 对每一飞行高度上的每一平飞速度 V，算出相应的平飞需用功率 N_{req}。

(b) 按给出的发动机原始数据，查出相应的 SFC，算出相应的千米燃油消耗量，即 $G_k=\frac{N_{req}\cdot \mathrm{SFC}}{V}$。

(c) 根据飞机的可用燃油量 G_f，算出与该飞行状态相应的航程，即 $L=\frac{G_f}{G_k}$。

(d) 绘制千米燃油消耗量 G_k 随平飞速度 V 变化的曲线，可求出该高度上的最小千米燃油消耗量 G_{kmin} 和与之相应的飞行速度，即最大航程（L_{max}）下的飞行速度。

(e) 对各高度重复以上计算，即可求得各高度上的最大航程，进而可求得飞机的最大航程最大值（L_{max}）$_{max}$ 及与之相应的飞行速度和高度。

3.1.4 反辐射无人机重量与平衡控制

反辐射无人机重量与平衡控制的目的在于实现无人机重量设计指标和重心、惯量控制要求，从而确保反辐射无人机飞行平台的飞行性能、操稳品质等满足其战术技术要求和使用要求，特别是反辐射无人机末制导攻击要求；同时为反辐射无人机的地面飞行仿真和半物理仿真提供相应的技术支持。

反辐射无人机重量与平衡控制是一个多次迭代的过程，贯穿反辐射无人机项目设计的整个过程。这里主要给出反辐射无人机在不同设计阶段的不同设计要求，具体的重量与平衡控制方法可参见一般飞机设计的重量与平衡控制方法。

1) 重量与平衡控制的一般要求

(1) 反辐射无人机的研制必须建立有项目总设计师领导下的重量与平衡管理机构，并提出符合《飞机重量与平衡要求》(GJB 2183—94)的重量与平衡管理制度。

(2) 反辐射无人机的重量与平衡控制必须贯穿研制过程的始终，与气动、结构、工艺紧密结合，进行一体化设计。

(3) 在方案设计阶段，针对总体设计提出的重心设计要求，进行合理的重量分配和重心配置，若重心配置与重心设计出现矛盾，则应及时反馈信息，作为修正总体布局的一个依据。

(4) 在详细设计和试制生产阶段，实时掌控反辐射无人机系统重量与重心的变化情况，并及时修正。

(5) 在满足飞行品质要求的前提下，反辐射无人机重心的前后限应适当放宽。

(6) 在研制过程中，各个系统必须自始至终贯彻最小重量设计思想。

(7) 设置配重应考虑以尽可能小的重量获取最佳重心配置效果。

2) 不同研制阶段重量与平衡控制的工作内容及要求

(1) 在方案论证阶段，要充分论证并详细估算反辐射无人机的战术技术指标规定的重量指标；分析指标的可行性，及时提出修改意见，并分析确定反辐射无人机设计减重措施方案；最后确定系统和分系统的目标重量。

(2) 在详细设计阶段，计算并制订各专业切实可行的重量控制指标。设计过程始终贯彻最小重量设计思想，并建立重量变化的应变措施。

(3) 在反辐射无人机试制阶段，设计和工艺部门均应以指令性文件明确规定无人机零组部件称重检验的方法、步骤和要求。对试制的所有架次无人机的所有零组部件均执行称重检验、记录，做到零组部件未称重不验收、不移交、不装机。

(4) 在总装联调完成之后，对无人机重量、重心、惯量进行测量，并通过全机称重验证，修正理论计算结果。

(5) 若出现重量、重心或惯量偏差，则分析原因并提出改进措施。

3) 重量与平衡控制方法

(1) 重量与平衡手册控制法(简称手册法)。

手册法是一种传统的重量与平衡控制方法，在无人机上应用普遍。该法主要依据手册中的指数表、载荷表以及系列装载平衡图进行控制和调整。重量与平衡手册的编制及指数表、载荷表、装载平衡图的制作参照《飞机设计手册》(第 6 册)[3]中的相关章节进行。

(2) 重量与平衡软件控制法(简称软件法)。

软件法是重量与平衡控制法的进一步发展，借助飞速发展的计算机技术实现飞机重量、重心计算及平衡控制。软件法在无人机上应用较多。

将计算飞机重量、重心的公式及出现异常重量、重心时的处理方法编制成程序软件，固化于计算机中，并以对话界面的方式提供使用，在软件中可设置最大重量和重心变化报警门限值。借助软件法，可用曲线图直观地表示燃油等飞行消耗品对重量、重心的影响。

重量与平衡软件可在 Excel 环境下用宏编制，也可以用 C 语言编制。

重量与平衡软件的编制从方案设计阶段开始进行，并在项目研制的整个过程中不断改进、完善和验证。

3.2 反辐射无人机动力选择与飞发匹配技术

3.2.1 无人机动力装置的种类和特点

无人机的种类很多，其大小、速度、飞行高度、续航时间等性能差别很大，不同种类无人机采用的动力装置的种类和特点也不相同。现有无人机动力装置的种类主要包括活塞发动机，转子发动机，涡轮螺旋桨发动机，涡轮轴发动机，涡轮喷气发动机，涡轮风扇发动机，电驱动装置（用化学电池、燃料电池、太阳能电池等驱动电动机，带动螺旋桨提供无人机动力）。

活塞发动机具有技术成熟、油耗低、寿命长、成本低等特点，但在中高空使用时需要加装增压器，一般用于中小型低速无人机，飞行速度范围一般为 120～300 km/h，续航时间为 1～50 h，飞行高度一般小于 7 000 m，带 2～3 级增压器时飞行高度可达 20 000 m。如美国“猛禽”无人机，采用改型 Rotax 912 型活塞发动机，加入电子燃油喷射以及 2 级涡轮增压器技术后，飞行高度达到了 19 800 m。典型的活塞发动机有德国的 L550、F23、F30，奥地利的 Rotex 582、Rotex 586、Rotex 912、Rotex 914，中国的 HS510、HS700 等。

转子发动机是将常规活塞发动机中做往返运动的活塞改为做旋转运动的活塞，具有结构紧凑、功重比高、油耗低、振动小等优点，一般用于中小型攻击型等特殊用途无人机，飞行速度范围一般为 120～500 km/h，续航时间为 1～12 h，飞行高度一般小于 6 000 m。典型的转子发动机有英国 UEL 公司的 AR731、AR741 单转子发动机和 AR682 双转子发动机。

同样采用螺旋桨作为推进器，涡轮螺旋桨发动机具有比活塞发动机功率大、高空性能好等特点，适用于中高空长航时无人机，飞行速度范围一般为 400～600 km/h，飞行高度为 13 000～18 000 m，续航时间为 10～12 h。典型的涡轮螺旋桨发动机有美国霍尼韦尔公司的 TPE331－10T。

涡轮轴发动机与涡轮螺旋桨发动机基本相同，也具有比活塞发动机功率大、高空性能好等特点，不同的是涡轮螺旋桨发动机输出的轴功率带动无人机螺旋桨工作，而涡轮轴发动机输出的轴功率则带动无人直升机以及垂直起降或倾转旋翼无人机的旋翼工作，因此涡轮轴发动机适用于上述两种无人机，飞行速度范围一般为 140～350 km/h，续航时间为 3～24 h，飞行高度为 300～8 000 m。典型的涡轮轴发动机有英国罗尔斯·罗伊斯公司的 250－C20R、250－C20W，美国威廉姆斯国际公司的 WTS34－16、WTS117－5 等。

涡轮喷气发动机具有功率大、高空性能好的突出特点，但油耗较大，适应于高空高速无人机，飞行速度范围一般为 700～1 100 km/h，续航时间为 1～3 h，飞行高度一般小于 18 500 m。典型的涡轮喷气发动机有法国的 TRI－60 系列、美国威廉姆斯国际公司的 WR24 系列。

涡轮风扇发动机的高空性能优于涡轮螺旋桨发动机，经济性优于涡轮喷气发动机，适应于高空长航时无人机和无人战斗机，飞行速度范围一般为 600～1 100 km/h，续航时间为 8～42 h，飞行高度一般小于 20 000 m。典型的涡轮风扇发动机有英国罗尔斯·罗伊斯公司的 AE3007H、美国威廉姆斯国际公司的 FJ44 系列。

电驱动装置具有结构简单、重量小、噪声及红外辐射小、使用方便等特点，适用于低空低速微小型无人机，飞行速度范围一般为 50～180 km/h，续航时间为 0.5～6 h，飞行高度一般小于 9 000 m，但太阳能驱动无人机飞行高度可达 20 000 m 以上，续航时间可达几个月。

3.2.2　反辐射无人机动力选择原则和方法

反辐射无人机是一次性使用的武器装备，如采用活塞发动机，则主要要求其功重比高、抗过载和超转速能力强、体积小、工作可靠、成本低、维修方便，寿命可相对较短(50～100 h)；如采用涡轮喷气发动机，则主要要求其推重比高、抗过载和抗进气旋流畸变能力强、体积小、工作可靠、成本低、维修方便，寿命可相对更短(10～20 h)。

1) 选择反辐射无人机动力装置的主要依据

(1) 推力(或功率)的速度特性和高度特性良好。

首先要求所选用的发动机能够保证在反辐射无人机的全部飞行速度和飞行高度范围内，都具有足够的推力或功率。因此，不仅要求发动机的地面静推力或功率足够大，而且需要具有良好的速度特性和高度特性，这一条是必须满足的基本要求。

当反辐射无人机正常飞行马赫数在 0.6 以下时，以螺旋桨驱动的推进效率较高，宜采用转子发动机；当正常飞行马赫数大于 0.6 时，宜采用涡轮风扇或桨扇发动机。

(2) 耗油率低。

发动机耗油率的高低直接影响反辐射无人机的航程以及续航和待机时间，因此要求发动机的耗油率应尽量低。

在飞行马赫数小于 0.6 时，活塞发动机的耗油率最低、涡轮螺旋桨发动机的耗油率较高，涡轮喷气发动机耗油率最高；当飞行马赫数大于 0.6 时，涡轮风扇发动机或桨扇发动机耗油率最低。

(3) 要求发动机的自身重量小。

发动机的重量是反辐射无人机固定重量的组成部分，因此，选用自身重量比较小的发动机，可以明显地减小反辐射无人机的固定重量，提高反辐射无人机的飞行性能。在反辐射无人机的总重量不变的情况下，选用自身重量比较小的发动机，可以增加战斗部的重量，提供反辐射无人机对目标的毁伤能力。

(4) 发动机的外形几何尺寸小。

从反辐射无人机设计的要求出发，发动机的结构应该紧凑，其外形几何尺寸应尽量小，尤其是发动机的迎风面积应越小越好，以便减小发动机舱的体积，降低发动机装到反辐射无人机上引起的外部气动阻力。

(5) 发动机成本。

活塞发动机每马力的成本是所有动力装置中最低的。涡轮螺旋桨发动机的成本相对于活塞发动机较高。涡轮喷气发动机、涡轮风扇发动机和桨扇发动机因其性能较高而成本相对高一些。

(6) 安全可靠，故障率低。

反辐射无人机属于武器装备，安全性要求高，一旦发动机出现故障，反辐射无人机的安全就会受到严重威胁。因此，要求发动机必须在各种飞行状态下都能稳定、可靠地工作。

(7) 超转速能力或抗进气旋流畸变能力强。

反辐射无人机作为一次性使用的攻击性武器装备，要求其具有高机动和大角度俯冲攻击能力。如果反辐射无人机采用活塞发动机，则在大角度俯冲过程中，随着俯冲速度的增大螺旋桨会产生风车效应，导致发动机超速运转，因此要求活塞发动机具备超速运行能力。如果反辐射无人机采用涡轮喷气发动机，则在高机动和大角度俯冲过程中，为了保证发动机正常工作，必须要求其抗进气旋流畸变能力强。

(8) 使用维护方便和具有自检功能。

反辐射无人机虽是一次性使用的武器装备，但平常需要定期维修检查，因此要求发动机的使用维护、监控和检查都很方便，特别是应具有自检功能，确保反辐射无人机作战使用时发动机可靠工作。

(9) 环境影响因素。

噪声、振动和污染组成环境影响因素。在噪声和振动方面，涡轮螺旋桨发动机相比于活塞发动机噪声低、振动影响小，涡轮风扇发动机比桨扇、涡轮喷气发动机噪声影响低。在污染方面，喷气推进的发动机的污染比螺旋桨驱动的发动机要大。因此需要综合考虑反辐射无人机环境影响因素，选择合适的发动机。

上面所提到的反辐射无人机对发动机的各种要求一般并不是孤立的，它们之间具有一定的内在联系，有些不同的要求之间还存在矛盾。所以，需要用一些能够进行定量分析，并具有一定可比性的相对参数来对发动机进行评比和选择。

2) 选择发动机型号的依据

(1) 详细地掌握所选发动机系列型号的技术资料，即要求仔细分析发动机各系列的技术说明书、安装手册、使用手册、安装图样和技术要求等资料。这些资料中必须包括以下几项：

a. 发动机的高度特性、转速特性、推力(速度和功率)特性。

b. 发动机的使用条件(温度、高度、速度)限制和使用包线。

c. 发动机的引气和功率在提取状态下对发动机性能的影响。

d. 发动机的操纵特性和发动机系统的技术特点。

e. 发动机的安装数据、安装形式、尺寸、重量及重心位置、过载和振动情况等。

f. 发动机的环境特性、噪声水平、污染水平等。

g. 发动机配套的动力装置各系统的技术要求和相应的技术资料及附件清单，特别是发动机起动方式、是否有配套的发电机、发电机的功率大小和使用接口等。

h. 发动机的可靠性、维修性资料。

i. 发动机及其系统零部件的供应情况和基本价格等。

(2) 与发动机厂商和有关单位进行密切协调。

(3) 选择两个以上的基本型发动机型号作为反辐射无人机初始设计选用的

发动机，并对所选发动机的各方面做全面比较。

(4) 分析所选择的发动机型号的安装形式、安装尺寸和安装技术要求，以及其他系统(如短舱和反推力装置等)的形式、相对尺寸和技术要求。

(5) 了解所选择的发动机型号的故障发生率、停车率、起动情况等可靠性指标和安全性资料。

(6) 了解所选择的发动机型号的零部件、随机工具、技术资料等方面的供应情况。

(7) 根据反辐射无人机的设计技术要求，考虑技术先进性、经济性和安全可靠性，使所选择的发动机型号既能符合反辐射无人机设计要求，又能对国内的航空工业有所促进。

(8) 从供货渠道等方面做详细考虑，确保能正常供应。

反辐射无人机对发动机型号的选定是在上面8个因素的共同约束下妥善处理的结果，也是与发动机厂商及有关方面协商的结果。有时在反辐射无人机初始设计时能提出一个概念发动机型号，或在一个成熟型的发动机型号上加以适当改进，确保能在反辐射无人机总装集成前得到成熟、可靠的发动机。

3.2.3 反辐射无人机飞发匹配设计

在选定反辐射无人机发动机之后，开展反辐射无人机飞机与发动机的匹配设计十分重要。反辐射无人机飞机与发动机匹配设计的主要目的如下：一是让发动机装上飞机后，在全包线范围内均达到最佳工作条件，包括进气量、冷却条件、排气条件等均满足发动机要求；二是让反辐射无人机的所有飞行性能满足设计要求。为此，反辐射无人机飞机和发动机匹配设计的内容主要是发动机安装方式选择、发动机冷却与整流罩设计、发动机与进气道和喷管的匹配设计等。

1) 发动机安装方式选择

在3.1.1节反辐射无人机总体布局设计中已经讲到，由于反辐射无人机头部需要安装导引头，因此发动机通常安装在反辐射无人机尾部。那么，发动机安装方式如何选择？要综合考虑发动机种类、无人机总体布局、箱式发射、助推火箭安装等要求。

反辐射无人机的发动机安装方式一般有两种，一种是与飞机机身串联安装，即发动机挂装在飞机机身尾部；另一种是与飞机机身并联安装，即发动机座装在飞机机身尾部。

两种安装方式各有优缺点。

(1) 串联安装。

发动机与飞机机身串联安装的优点如下：

a. 发动机推力与机身纵轴在一条线上，推力克服阻力的效率最大。

b. 发动机迎风面小，气动阻力小。

c. 发动机整流罩设计相对方便、容易。

发动机与飞机机身串联安装的缺点如下：

a. 由于飞机机身对发动机的遮挡，发动机进气道和冷却风道设计难度大。

b. 对助推火箭在飞机机身尾部安装有一定的干涉。

(2) 并联安装。

发动机与飞机机身并联安装的优点如下：

a. 由于飞机机身对发动机无遮挡，因此发动机进气道和冷却风道设计容易。

b. 助推火箭在飞机机身尾部安装方便，无干涉。

发动机与飞机机身并联安装的缺点如下：

a. 发动机推力与机身纵轴不在一条线上，形成一定角度，需要合理设计这个角度，同时推力克服阻力的效率有一定损失。

b. 发动机迎风面大，气动阻力大，如采用活塞发动机，则对螺旋桨的遮挡也大，螺旋桨效率降低。

c. 发动机整流罩设计难度相对较大。

2) 发动机冷却与整流罩设计

反辐射无人机发动机冷却与整流罩设计的总体要求和需要考虑的因素如下：

(1) 满足发动机全工况工作时的发动机冷却要求，不能让发动机温度在工作过程中超过允许值。

(2) 安装发动机的整个舱段的空气阻力要尽可能小。

(3) 整个发动机整流罩的结构重量要尽可能小。

(4) 发动机冷却与整流罩设计要便于发动机的拆卸、维修。

3) 发动机与进气道和喷管的匹配设计

发动机与进气道和喷管的匹配设计主要用于采用涡轮喷气发动机的反辐射无人机，对于选用活塞发动机的反辐射无人机，设计和选择满足发动机进气和排气要求的进气管和排气管即可。

对采用涡轮喷气发动机的反辐射无人机，喷气式发动机和进气道及喷管一起组成反辐射无人机推进系统[4]。发动机与进气道和喷管匹配是个既复杂又十分重要的工作，在无人机与发动机性能匹配过程中，要随时了解进气道、喷管特性及其与发动机性能参数(需用的空气流量、喷管膨胀比、喷管出口面积等)间的关系，从而在很多相互矛盾的因素中为实现最佳性能进行折中。

(1) 进气道与发动机的匹配。

进气道是增压部件，其性能对工作条件的变化非常敏感。进气道与发动机若匹配不好，一方面使进气道损失加大，严重时产生工作不稳定的现象；另一方面进气道流场可能变坏，影响发动机增压系统的工作稳定。

进气道与发动机的匹配主要是流量匹配和流场匹配。目前反辐射无人机一般做亚声速飞行。在亚声速情况下，无人机进气道有两种基本类型——NACA嵌入式进气道和皮托式进气道。这两种进气道通过与发动机的匹配设计均能很好地满足亚声速反辐射无人机发动机的工作要求。

采用NACA嵌入式进气道可提高飞行器的隐身性能，减小飞机的浸润面积和重量，但其损失很大，进气道总压恢复系数小，为0.92左右。如图3-2所示是一个典型的NACA嵌入式进气道。

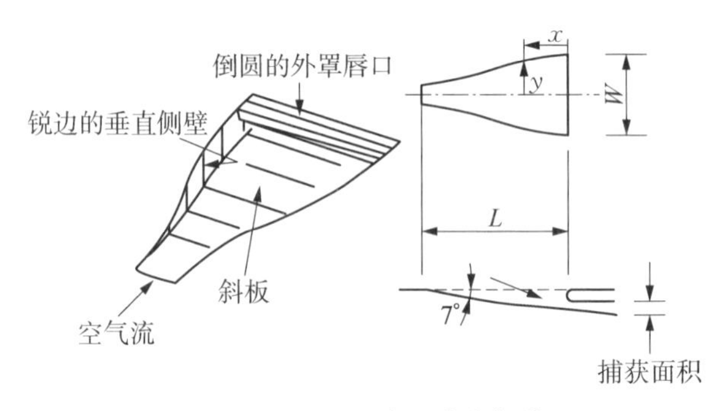

图3-2 NACA嵌入式进气道

皮托式进气道是一个朝前开的简单洞道，皮托式进气道总压恢复系数很大，一般可以设计到0.98以上。图3-3给出了典型的皮托式进气道。

(2) 喷管与发动机的匹配。

涡轮喷气发动机喷管设计的基本问题是希望的出口面积在不同速度、高度和油门位置状态下的匹配是否得当。发动机可以看作高压亚声速燃气发生器，喷管把这些燃气加速到希望的出口速度，而这个速度是由出口面积控制的。

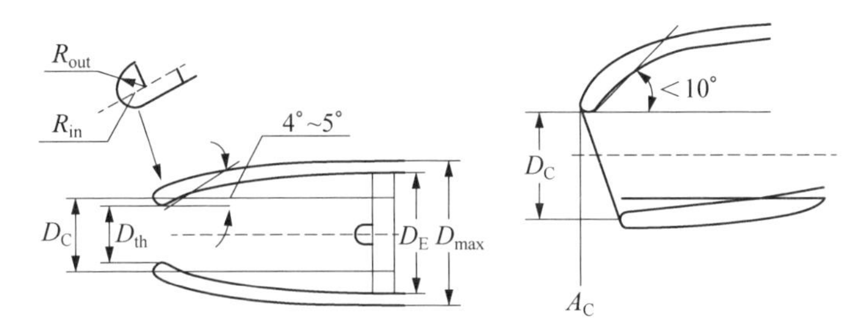

图3-3 皮托式进气道

简单固定式收敛喷管可用在亚声速反辐射无人机上,喷管降压比为3~5,推力损失不超过3%。在设计喷管时,其喉部面积可作为一个控制中介,控制这个面积可调整发动机工作状态。喷管喉部面积的控制不仅影响发动机性能,还可作为协调进气道与发动机流量及流场匹配的手段。喷管出口面积影响无人机机身或发动机短舱的后体角,进而影响后体阻力。也就是说,喷管面积的设计要兼顾发动机性能和无人机后体阻力两方面要求。

3.3 反辐射无人机结构设计技术

反辐射无人机结构设计是一个复杂的系统工程,涉及的设计要求包括结构重量,气动外形与公差,结构强度与刚度,结构的疲劳、耐久性与损伤容限,防雷击、防腐蚀性能,可靠性,维修性,使用性,工艺性与成本等诸多内容。这里主要介绍反辐射无人机结构设计基本要求、结构材料选择和基本结构构型,详细结构设计方法可参见设计手册[1, 5]。

3.3.1 反辐射无人机结构设计基本要求

反辐射无人机作为一次性使用的武器,其结构设计总体要求是重量小、构造简单可靠、成本低、使用维护方便,满足性能指标及战术技术对结构提出的各种要求[1]。

1) 空气动力要求

应保证反辐射无人机与空气动力外形有关的结构表面质量和外形容差合格,不允许机翼、尾翼及其操纵面和机身在气动力作用下有过大的变形,以保证其在飞行中有良好的性能。

2) 重量要求

反辐射无人机结构重量系数,即反辐射无人机结构重量与起飞重量的比值要小，原则上要求结构重量系数在0.20左右。但即使重量最小的结构设计，也应保证反辐射无人机的结构在承受规定载荷和要求的环境条件下，具有足够的强度和刚度，不出现振动和疲劳方面的问题。

3）使用维护要求

反辐射无人机主要结构的连接接头、操纵系统以及装在机体内的飞控系统、电气系统、动力装置等必须有良好的可达性，以保证满足快速安装要求，设备安装、使用、检查、维护方便，且在结构上需要布置合理的设计、工艺分离面和合适的设备舱口盖。

4）工艺性要求

反辐射无人机结构应具有良好的制造、装配工艺性，尽可能有较好的继承性和规范化的工艺过程，以最低的费用、最短的时间研制出符合设计要求的产品。

5）低成本设计要求

作为一次性使用的武器，低成本设计至关重要，应从结构形式、结构材料、连接技术和成形工艺等方面考虑，在满足强度和刚度的前提下，尽量利用成熟技术，如必须采用某些新型材料，则应对其数量加以限制。

3.3.2 反辐射无人机结构材料选择

反辐射无人机作为一次性使用的武器装备，应尽量使用经济性好、结构重量小、防腐蚀性能强、隐身性及工艺性好的结构材料。

1）反辐射无人机结构材料选择的一般原则

（1）根据反辐射无人机的战术和使用技术要求选择适用的材料，在满足强度、刚度的前提下，尽量减小机体结构重量，提高结构效率，降低成本。

（2）选材时应考虑工艺性和经济性。反辐射无人机结构用材主要为碳纤维复合材料加蜂窝夹层和泡沫夹层结构，关键受力结构选用铝合金，以达到增加承载能力和减小结构重量的目的。

（3）对碳纤维复合材料和蜂窝夹层、泡沫夹层材料，优先选用老机型已用过的且能满足反辐射无人机要求的材料，如选用新规格的碳纤维复合材料，则其质量应稳定，应有验收标准，有供应渠道，能为设计、制造提供有关的性能文件，并经试验品制造验证合格。

（4）所选材料的品种、规格等应尽量标准化，以利于系列管理和降低成本。

（5）选择材料时应考虑与防腐蚀措施、隐身措施相结合。

2）反辐射无人机结构材料选择应考虑的因素

（1）在性能方面应考虑的因素。

a. 比静力强度。

b. 比刚度。

c. 腐蚀和脆化现象。

d. 疲劳。

e. 裂纹扩展特性和断裂韧性。

f. 环境适应性。

（2）机体结构某些特殊部件的选材应考虑的因素。

a. 导引头天线罩的电磁透波特性。

b. 发动机燃烧室以及尾管附近结构的温度特性。

c. 油箱和油管的耐腐蚀性。

d. 不同材料之间的电位特性。

（3）工艺性和经济性方面的考虑。

a. 可获得性和易生产性。

b. 材料的成本。

c. 从原材料到最终成品件的各个生产环节的制造特性。

3）典型的复合材料结构性能参数

反辐射无人机常用的几种复合材料结构性能参数如表 3－1 所示。

表 3－1　复合材料结构性能参数

材料	拉伸强度/MPa	拉伸模量/GPa	比强度/[MPa/(g/cm^3)]	比模量/[GPa/(g/cm^3)]	密度/(g/cm^3)
高强度碳纤维/环氧树脂	1471	137.0	1014.0	95.00	1.45
高模量碳纤维/环氧树脂	1049	235.0	656.0	146.90	1.60
芳纶/环氧树脂	1373	78.0	981.0	56.00	1.40
玻璃纤维/环氧树脂	1245	48.2	623.0	24.00	2.00
高强玻璃布层板/E51	559	21.0	365.0	13.73	1.53
高模玻璃布层板/E51	427	23.0	279.0	15.00	1.53
航空层板	75	9.2	97.0	12.00	0.77
桐木板	21	5.2	87.5	21.70	0.24
可发性聚苯乙烯泡沫塑料	35	—	233.0	—	0.15

3.3.3 反辐射无人机基本结构构型

反辐射无人机有正常式结构和翼身融合体结构两种主要形式，正常式结构可分离为机身结构和机翼结构，翼身融合体结构的机身和机翼是不可分离的一体结构。下面主要介绍机身结构设计、机翼结构设计和翼身融合体结构设计。

1）机身结构设计

（1）机身的功用与设计要求。

反辐射无人机机身主要用来安装无人机航空电子设备和任务设备，并把机翼、尾翼及发动机连接在一起，形成完整的产品。机翼、尾翼、发动机等部件上的载荷通过连接接头传递到机身上，实现全机受力平衡。

反辐射无人机机身结构的设计要求如下：

a. 满足反辐射无人机机体部件的连接要求，各部件间的连接必须可靠，传力合理。

b. 满足反辐射无人机内部设备的安装要求，有良好的开敞性和可达性。需要检查的设备安装处要有检查口盖，并保证口盖的传力问题。

c. 要有足够的强度，能在反辐射无人机全任务剖面规定的各种载荷情况下不发生结构破坏。

d. 要有足够的刚度，结构受载时的变形应在规定要求的范围之内。

e. 综合考虑各种受载情况，优化设计结构元件参数，尽可能做到重量最小。

（2）机身结构设计特点[1]。

反辐射无人机机身是机体各部件的连接中枢，也是动力、飞控、电气和任务设备的安装部位，既要满足飞行中对结构强度、刚度的要求，又要满足各设备的安装及维护需要，其构造形式和主要受力件布置在总体设计阶段就基本确定。机身结构设计特点如下：

a. 隔框是机身横向受力构件，在结构分离面及传递重要集中力部位设置加强框，其余部位设计普通框。普通框间距应满足传力要求，具体视机身当量直径及蒙皮厚度而定，一般为350～450 mm。

b. 桁梁是机身纵向受力构件，其分布形式和结构参数应满足传力要求，同时兼顾内部设备布置及舱口盖设置要求。

c. 口盖是机身装拆各种设备，进行检测和维护的通道。受力口盖可以直接传力，非受力口盖的口框必须符合传力要求。当口盖较多，尺寸不一致时，要处理好纵横向构件不连续引起的传力问题。

d. 机身内各设备以及电缆、导管的安装与机身结构必须协调，设计与制造三维虚拟样机或实物样机可以暴露出设计与装配过程中的技术协调问题。

(3) 机身主要结构件构型。

a. 壁板。机身的壁板是构成机身结构的重要组合件之一。它由蒙皮、桁梁、口盖、普通框组合而成，反辐射无人机机身一般采用胶接壁板。为防止壁板因受压引起失稳破坏，可增加面板的厚度或增加(加强)纵向构件，提高结构抗压稳定性；为防止壁板受剪引起失稳破坏，可调整纵向或横向构件的间距和面板的厚度，提高抗剪稳定性；为防止壁板承受径向压力引起失稳破坏，可增加面板厚度或增加横向构件。

b. 机身桁梁。桁梁是机身的重要纵向受力构件。桁梁应尽量考虑布置在机身框平面的顶部和底部附近，桁梁要连续，尽量避免弯折或减缓梁的弯折程度，桁梁的弯折处必须有横向构件支持，横向构件应当能承受梁的轴向力在转折点的横向分力。

c. 机身的开口。根据无人机机身内部各种设备的安装、维护和使用要求，需要在机身上布置各种大小不同的开口。反辐射无人机开口表面积约占全机表面积的40%。考虑结构受力的连续性，应尽可能把各开口设计安排在同一部件的某一片区域内。

2) 机翼结构设计

(1) 机翼的功能与设计要求。

机翼是反辐射无人机最重要的部件之一，其主要功能是产生升力，并使飞机具有横侧向安定性。机翼的后缘布置了横向操纵用的副翼，机翼内部布置了操纵副翼的舵机。

机翼结构的设计要求如下：

a. 机翼对整个无人机的空气动力性能起着决定性的作用，其本身的空气动力性能主要取决于它的外形参数。机翼设计应满足结构的强度、刚度、外形准确度以及外表面光滑度等方面的要求。

b. 结构重量尽可能小。

(2) 机翼结构的典型结构。

从结构构型上看，反辐射无人机翼面结构一般属薄壁型构型，主要分为蒙皮和骨架结构。在骨架结构中，机翼纵向结构有翼梁、长桁、纵墙(腹板)；横向结构有翼肋(普通翼肋和加强翼肋)。如图3-4所示是一种典型的机翼结构构件。

a. 蒙皮。蒙皮的直接功能是形成流线型的机翼外表面。为了使机翼的阻

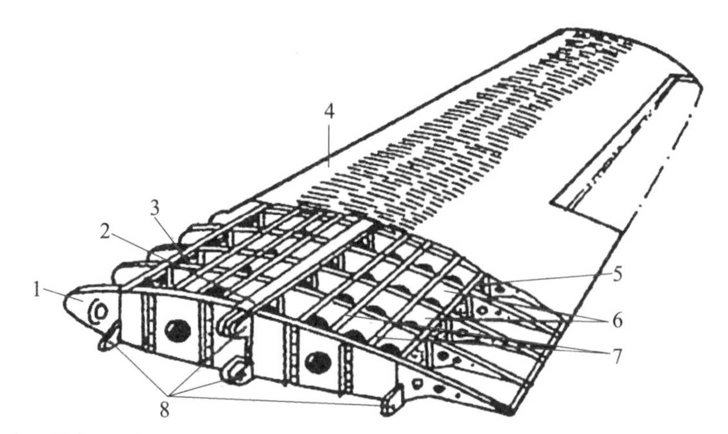

1—加强翼肋；2—翼梁；3—前纵墙；4—蒙皮；5—后纵墙；6—普通翼肋；7—长桁；8—接头。

图 3-4 典型的机翼结构构件

力尽量小，蒙皮应力求光滑，减小它在飞行中的凹、凸变形。从受力看，蒙皮受垂直于其表面的局部气动载荷，形成和维持机翼外形，并承受扭矩，有些机翼蒙皮还承受弯矩。

b. 长桁。长桁是与蒙皮和翼肋相连的构件，长桁受气动载荷作用。其主要功能如下：第一是支撑蒙皮，防止蒙皮受局部空气动力而产生过大变形；第二是把蒙皮传来的气动力传给翼肋；第三是与蒙皮一起承受弯矩产生的拉力和压力。

c. 翼肋。翼肋分为普通翼肋和加强翼肋。普通翼肋用来维持翼剖面形状，将蒙皮上的空气动力传到其他承力构件上，并支持桁条和蒙皮。加强翼肋除具有普通翼肋的功能外，还作为机翼结构的局部加强件，承受较大的集中载荷或悬挂部件。

d. 翼梁。翼梁一般由缘条和腹板组成，主要功能是承受弯矩和剪力。梁的上下缘条承受由弯矩引起的轴向拉压，剪力则主要由腹板承受。

e. 纵墙。纵墙(包括腹板)相当于翼梁，但缘条很弱，甚至没有缘条。因此纵墙一般不能承受弯矩，可以承受剪力，与蒙皮组成封闭盒段以承受机翼的扭转。

f. 接头。接头用来连接机翼与机身，把机翼上的力传递到机身隔框上。接头分为固接和铰接两种，固接的接头既不能移动，也不能转动，因此它既能传递剪力又能传递弯矩；铰接的接头不可移动，但可以旋转，只传递剪力，不传递弯矩。

(3) 翼面构型。

翼面典型构型有薄蒙皮梁式、多梁单块式、多墙(多梁)式和混合式等,各翼面构型的构造特点如下。

a. 薄蒙皮梁式主要的结构特点是蒙皮很薄,纵向翼梁很强(有单梁、双梁或多梁等布置)。该类构型的机翼通常不作为一个整体,而是分为左、右两个机翼,每个机翼采用梁、墙结构,在机翼根部设计对接接头与机身连接。薄蒙皮梁式翼面构型在中低速的固定翼无人机中广泛应用,这些飞机的翼面结构高度大,梁作为唯一传递总体弯矩的构件,在截面高度较大处布置较强的梁,从提高效率的角度看是很适宜的。

b. 多梁单块式的结构特点是蒙皮较厚,与长桁、翼梁缘条组成可收轴力的壁板承受总体弯矩。为了充分发挥多梁单块式机翼的受力特性,左、右机翼最好连成整体贯穿机身。有时为了使用、维修的方便,可在展向布置设计分离面,分离面处采用沿翼盒周缘分散连接的形式将全机连接成一体,整个机翼另外通过几个接头与机身相连。

c. 多墙(多梁)式机翼布置了较多的纵墙(一般多于5个),厚蒙皮(可以从几毫米到十几毫米),无长桁,有少肋、多肋两种,但结合受力集中的需要,至少每侧机翼上要布置相应的加强翼肋。左、右机翼连成整体贯穿机身。

d. 混合式翼面结构一般用于展向有不同形状(如分内翼、外翼)的机翼,不同翼段采用不同的翼面构型。

3) 翼身融合体结构设计

翼身融合体结构具有隐身性好、气动阻力小、结构装载效率高等优点,以色列的“哈比”反辐射无人机和南非的“百灵鸟”反辐射无人机均采用无尾三角形翼身融合体布局方案,是典型的翼身融合体结构。

(1) 翼身融合体结构上、下板件组件设计。

由于反辐射无人机翼身融合体结构不能分离为机身和机翼,因此融合体主要由翼身融合体上板件组件、翼身融合体下板件组件、翼身融合体骨架组件和副翼组件等组成。在翼身融合体前缘处,设计上、下板件分离面,分离面位置加注泡沫胶增加胶接合拢面积,在合拢后的分离面外缘加贴玻璃布增加结合力。翼身融合体骨架组件与上、下板件采用胶接连接,在骨架与上、下板件胶接面处设计梁槽、肋槽、框槽并加贴碳布。翼身融合体下板件蒙皮面板延伸至副翼并与副翼胶连。

为了提高结构的比刚度,翼身融合体下板件组件结构一般采用复合材料蜂窝夹层形式。为了便于安装和检测设备,翼身融合体上板件组件可开设备舱口盖,翼身融合体上板件及口盖结构形式与下板件类似。此外,在口盖分离面处一般采用夹层边缘下陷收口的加强方式,这种方式不影响开口区域的剪力传递,开口区域的剪力可以通过加强铺层向机身扩散,实施工艺简单,同时,对开口位置进行局部加强,以保证板件分离面处结构的局部压缩强度及壁板稳定性满足要求。

图 3-5 是典型的三角形翼身融合体上、下板件组件示意图。

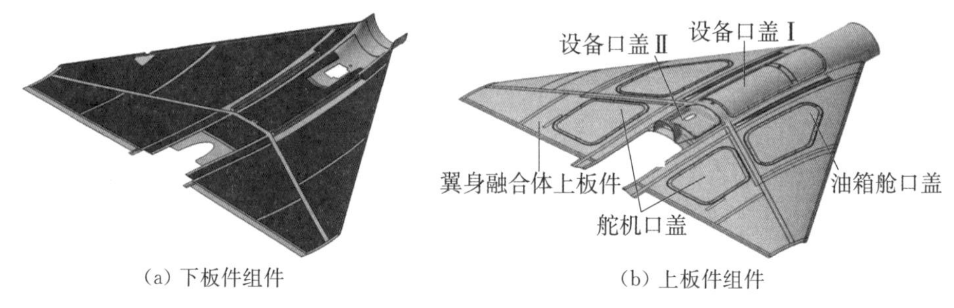

(a) 下板件组件　　(b) 上板件组件

图 3-5　典型的三角形翼身融合体上、下板件组件示意图

(2) 翼身融合体结构骨架组件设计。

翼身融合体结构骨架组件由主梁、后墙、翼肋、框及设备安装支架组成。主梁、翼肋、框大多采用复合材料层压板成形结构,也可采用航空层压板成形结构;后墙、油箱隔板采用泡沫芯玻璃布夹层结构;设备安装支架主要采用铝合金结构。主梁、翼肋、框等复合材料结构之间一般采用胶螺混合连接,常温常压固化成形方式;主梁、翼肋等复合材料与泡沫芯夹层结构之间采用胶接连接,常温常压固化成形方式;主梁、翼肋、框等复合材料与金属结构之间一般采用螺接或铆接的连接方式。典型的翼身融合体结构骨架组件如图 3-6 所示。

3.4 本章小结

本章主要介绍了反辐射无人机总体布局与气动设计技术、动力选择与飞发匹配技术以及反辐射无人机结构设计技术。在反辐射无人机总体布局与气动设计中,重点介绍了反辐射无人机总体布局设计、气动设计、飞行性能计算及重量与平衡控制。在反辐射无人机动力选择与飞发匹配技术中,重点介绍了反辐射无人机动力装置的种类和特点、动力选择原则和方法、飞机和发动机匹配设计

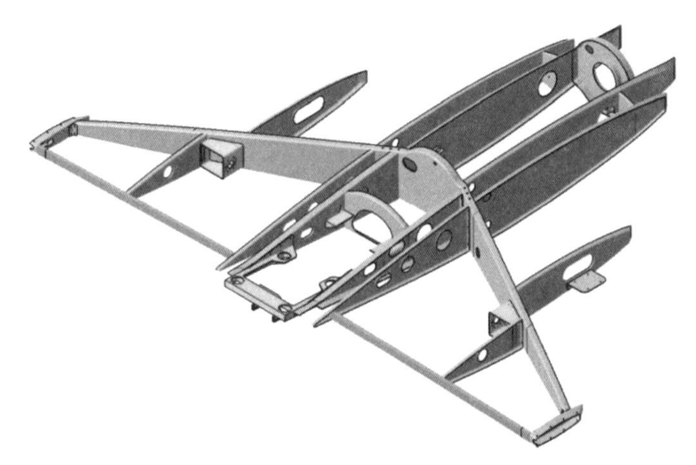

图 3-6　典型的翼身融合体结构骨架组件示意图

方法。在反辐射无人机结构设计技术中，重点介绍了反辐射无人机结构设计基本要求、结构材料选择，以及反辐射无人机机身结构设计、机翼结构设计和翼身融合体结构设计。

参考文献

[1] 祝小平，向锦武，张才文，等. 无人机设计手册[M]. 北京：国防工业出版社，2007.
[2]《世界无人机大全》编写组. 世界无人机大全[M]. 北京：航空工业出版社，2004
[3]《飞机设计手册》总编委会. 飞机设计手册 6：气动设计[M]. 北京：航空工业出版社，2002.
[4] 陈大光，张津. 飞机-发动机性能匹配与优化[M]. 北京：北京航空航天大学出版社，1990.
[5]《飞机设计手册》总编委会. 飞机设计手册 10：结构设计[M]. 北京：航空工业出版社，2002.

第4章 反辐射无人机导航制导与控制系统设计

导航制导与控制系统设计技术是反辐射无人机的核心关键技术之一，反辐射无人机能否实现“发射后不管”，自主飞行到目标区，自主完成对目标的攻击，完全取决于导航制导与控制系统设计的好坏。本章主要介绍反辐射无人机导航制导与控制系统的系统设计，包括设计要求和技术方案、飞行控制系统设计、导航系统设计、制导系统设计以及制导控制系统仿真试验等。

4.1 反辐射无人机导航制导与控制系统设计要求

4.1.1 飞行控制功能及技术要求

飞行控制功能及技术要求如下：

(1) 控制增稳，稳定和控制反辐射无人机的姿态和高度，提高飞行品质。

(2) 对发动机进行控制，保证发动机稳定、可靠地工作，控制飞机的飞行速度。

(3) 执行导航、制导系统的导引指令，控制飞行航迹和机动飞行。

(4) 控制软件应具有可测试性，各种控制参数要在地面上进行测试，形成控制参数测试报告。

4.1.2 自主导航功能及技术要求

自主导航功能及技术要求如下：

(1) 通过卫星/惯性组合实时确定无人机位置。

(2) 自主执行任务规划航线，即按预定任务规划航线实时生成侧向控制量，纵向给出高度指令，导引无人机按预定航线飞行，在敌方区域上空给出导引头工作指令。

(3) 当卫星导航受到干扰或关闭时，应根据惯性导航或无人机的姿态进行航程推算，确定无人机的位置。

(4) 导航软件应具有可测试性，特别是任务规划航线应能在地面上进行模拟，具体测试方法要形成书面报告。

(5) 航线设置。可设置多条航线，每条航线可由圆弧、曲线、直线等组成，航程点一般为几十个至百余个。

(6) 航程点数据。每个航程点由经度、纬度、高度、时间或发动机功率、气象参数等 5 个基本参数组成，时间参数为无人机发射后的时间，气象参数包括风速、风向、温度、湿度等。

4.1.3　末制导系统功能及技术要求

末制导系统功能及技术要求如下：

(1) 在被动雷达/通信导引头识别和跟踪雷达/通信目标后，控制无人机完成调姿定位。

(2) 完成调姿定位后，控制无人机进行末制导俯冲攻击，并能精确命中雷达/通信目标。

(3) 具有抗雷达/通信目标关机能力：目标关机而无人机未达到极限拉起高度时，能重新调整飞行姿态进入待机状态，对敌方雷达/通信目标持续压制；当无人机俯冲至低于极限高度时，可按抗关机措施继续攻击。

(4) 在末制导系统设计中，要对末制导攻击精度进行分析，重点研究飞行控制与控制对象误差(包括控制律固有特性影响、传感器测量误差、操纵机构非线性影响、电网噪声、无人机气动偏差、动力系统推力偏差、无人机重量与惯量参数偏差等)，导引头系统误差(包括测向零位误差、测向非线性特性、稳定回路特性、跟踪回路特性、饱和盲区等)，风干扰以及末制导方案等对末制导攻击精度的影响。

4.2　反辐射无人机导航制导与控制系统技术方案

4.2.1　飞行控制系统技术方案

反辐射无人机飞行控制系统一般采用俯仰、偏航、滚转、飞行速度控制四通道控制模式。

无人机在发射爬升、巡航和待机搜索阶段，采用倾斜转弯模式。在调姿定位、俯冲攻击、俯冲拉起和再次待机搜索阶段，采用水平转弯模式。

1）**俯仰通道控制**

反辐射无人机俯仰通道控制主要是控制升降舵面，进而控制无人机俯仰姿态角 θ 和高度 H。

反辐射无人机在发射爬升、巡航、待机搜索、俯冲拉起和再次待机搜索阶段，控制律一般采用经典比例微分积分（PID）控制律或其改进型，当然也可以采用由现代最优控制理论设计的控制律。在调姿定位和俯冲攻击阶段，一般采用角速度回路控制方式，同样也可以采用由现代最优控制理论设计的控制律。

2）**偏航通道控制**

反辐射无人机偏航通道在发射爬升、巡航、待机搜索阶段与滚转通道协调，操纵方向舵和副翼，进行无人机姿态控制和航向协调转弯。

在调姿定位、俯冲攻击、俯冲拉起和再次待机搜索阶段，操纵方向舵，与侧力板或侧力面协调控制，实现无人机无倾斜水平转弯。

3）**滚转通道控制**

反辐射无人机滚转通道在发射爬升、巡航、待机搜索阶段与偏航通道协调，操纵副翼和方向舵，进行无人机姿态控制和航向协调转弯。

在调姿定位、俯冲攻击、俯冲拉起和再次待机搜索阶段，实现对无人机滚转姿态稳定控制。

4）**飞行速度控制通道**

反辐射无人机飞行速度控制采用改变发动机推力来控制无人机飞行速度的方案，发动机推力的改变主要通过调节风门，改变发动机转速来实现。无人机飞行速度控制的目的是使飞机保持最佳的巡航速度和最省油的待机速度。

4.2.2 自主导航技术方案

反辐射无人机自主导航主要用于发射爬升、巡航和待机搜索阶段，一般采用卫星（GPS/GLONASS/北斗/“伽利略”卫星导航系统或者几种卫星导航的组合）与捷联惯性导航融合的组合导航方案，也可采用卫星导航与航程推算组合的导航方案。

自主导航以卫星定位信息为依据，与捷联惯性导航融合或与航程推算组合进行导航。在卫星定位失效的情况下，利用失效前估计得到的风场信息或预先装订在任务规划中的风场信息及机载传感器信息，进行惯性导航解算或航程推算，继续引导无人机按预定的任务航线飞行。

4.2.3　制导系统技术方案

制导系统的基本功能是在反辐射无人机飞向目标的整个过程中，不断地测量无人机的实际飞行轨迹相对于所要求的飞行轨迹之间的偏差，或者测量无人机与目标的相对位置及偏差，按照一定的导引规律，计算出无人机击中目标所必需的控制指令，以便控制无人机修正偏差，准确飞向并命中目标。

反辐射无人机一般采用寻的制导方法，无人机能够自主地搜索、捕捉、识别、跟踪目标，其寻的装置为被动雷达/被动通信导引头，直接接收目标发射或反射的信息，确定目标在框架坐标系中的位置以及瞄准轴与目标间的偏差大小，由偏差信号与某些测量装置产生的信号一起组成制导信号，导引无人机改变速度矢量，进而改变与目标间的偏差量。

反辐射无人机寻的制导控制系统主要由被动雷达/被动通信导引头、制导指令形成装置、自动驾驶仪3部分组成，各组成部分功能如下：

被动雷达/被动通信导引头测量飞机与目标的相对运动，输出相应的制导误差信息，同时稳定导引头天线，尽可能消除机体运动所造成的耦合。

制导指令形成装置对制导信息中的噪声进行滤波，按设计的导引规律形成控制指令，同时使寻的制导控制回路在合适的时间常数和有效的导航比下，具有足够的稳定性和良好的动态品质。

自动驾驶仪改善机体的控制特性，按照指令要求控制飞机飞行。

为了实现制导，必须利用法向力控制无人机的质心运动来改变无人机矢量的方向。无人机法向力矢量的方向在机体坐标系中由两个分量确定，因此制导系统要由两个通道组成，一般把制导系统分成纵向制导和侧向制导两个通道。

（1）纵向制导通道：在导引头捕捉并跟踪、锁定目标后，一般采用最优导引规律，如经典的比例导引律，也可采用由现代控制理论设计的最优末端导引律。

（2）侧向制导通道：与纵向通道一样，一般采用最优导引规律，如经典的比例导引律，也可采用由现代控制理论设计的最优末端导引律。

当目标雷达关机时，反辐射无人机一般采用抗关机措施：

（1）若飞机在允许的最低拉起高度之上，则飞机拉起恢复，爬升到待机高度，重新进行待机搜索。

（2）若飞机在允许的最低拉起高度之下，或油箱余油小于某一阈值，则采用抗关机导引继续攻击目标。

4.2.4 反辐射无人机飞行控制、导航与制导系统在不同飞行阶段的任务要求

从第 2 章反辐射无人机工作过程可以看到，反辐射无人机发射起飞后，分为爬升、巡航、待机搜索和对目标俯冲攻击阶段等，对目标俯冲攻击阶段又可分为调姿定位阶段和俯冲攻击阶段，反辐射无人机在不同飞行阶段对飞行控制、导航与制导系统的任务要求是不同的，如表 4 - 1 所示。

表 4 - 1 反辐射无人机飞行控制、导航与制导系统在不同飞行阶段的任务要求

<table>
<tr><th colspan="2" rowspan="2">子系统</th><th colspan="4">飞行阶段</th></tr>
<tr><th>爬升</th><th>巡航与待机搜索</th><th>调姿定位</th><th>俯冲攻击</th></tr>
<tr><td rowspan="4">飞行控制系统</td><td>俯仰通道</td><td>爬升角控制</td><td>高度控制、姿态稳定</td><td>高度控制、姿态稳定</td><td>纵向角速度控制</td></tr>
<tr><td>偏航通道</td><td>姿态稳定</td><td>航向协调控制、偏航姿态稳定</td><td>航向水平转弯控制、姿态稳定</td><td>侧向角速度控制</td></tr>
<tr><td>滚转通道</td><td>姿态稳定</td><td>航向协调控制、滚转姿态稳定</td><td>滚转姿态稳定</td><td>滚转角速度稳定</td></tr>
<tr><td>飞行速度控制通道</td><td>发动机转速控制</td><td>发动机转速控制</td><td>发动机转速控制</td><td>发动机转速控制</td></tr>
<tr><td colspan="2">导航系统</td><td>航迹参数测量</td><td>航迹参数测量和航迹偏差量计算</td><td>航迹参数测量</td><td>航迹参数测量</td></tr>
<tr><td rowspan="2">制导系统</td><td>自主导引</td><td>给出程序爬升角指令</td><td>给出航向和高度控制指令</td><td>不工作</td><td>不工作</td></tr>
<tr><td>末制导</td><td>不工作</td><td>不工作</td><td>根据末制导律给出侧向导引指令</td><td>根据末制导律给出纵向、侧向导引指令</td></tr>
<tr><td colspan="2">导引头</td><td>不工作</td><td>在待机搜索段搜索和捕捉目标</td><td>给出框架角、无人机-目标视线角速度和角度信号</td><td>给出框架角、无人机-目标视线角速度和角度信号</td></tr>
</table>

4.3 反辐射无人机飞行控制系统设计

飞行控制系统设计方法分为经典控制理论方法和现代控制理论方法。这里

首先介绍经典比例微分积分(PID)控制，然后介绍适用于干扰影响大的基于经典控制理论的二自由度比例微分积分(PID)的飞行控制方法和分数阶比例微分积分($PI^{\lambda}D^{\mu}$)的飞行控制方法，以及现代控制理论 H_{∞} 回路成形飞行控制系统设计方法。

4.3.1　反辐射无人机数学模型

1) 刚体飞行器运动的假设

对刚体飞行器运动通常做如下假设：

(1) 飞行器为刚体且质量是常数。

(2) 地面坐标系为惯性坐标系。

(3) 忽略地球曲率，即采用所谓的“平板地球假设”。

(4) 对面对称布局的飞行器，即机体坐标轴系的 Oxz 平面为飞行器的对称平面，飞行器几何外形对称且内部质量分布也对称，惯性积 $I_{xy}=I_{yx}=I_{yz}=I_{zy}=0$，忽略机体内部转动部件的陀螺力矩效应。

2) 无人机六自由度运动方程(静止大气环境)

(1) 无人机力方程组。

如果将无人机视为刚体且不考虑其质量的变化，即无人机质量 m 为常数，那么无人机的力方程组如下：

$$\begin{aligned}
\dot{V} &= -\frac{QS}{m}C_D + \frac{1}{m}T[\cos(\alpha-\alpha_T)\cos\beta_T\cos\beta - \sin\beta_T\sin\beta] + \\
&\quad g(-\cos\alpha\cos\beta\sin\theta + \sin\beta\sin\phi\cos\theta + \sin\alpha\cos\beta\cos\phi\cos\theta) \\
\dot{\alpha} &= \frac{1}{\cos\beta}(-p\cos\alpha\sin\beta + q\cos\beta - r\sin\alpha\sin\beta) - \frac{QS}{mV\cos\beta}C_L - \\
&\quad \frac{1}{mV\cos\beta}T\sin(\alpha-\alpha_T)\cos\beta_T + \frac{1}{V\cos\beta}g(\sin\alpha\sin\theta + \cos\alpha\cos\phi\cos\theta) \\
\dot{\beta} &= p\sin\alpha - r\cos\alpha - \frac{1}{mV}T[\cos(\alpha-\alpha_T)\cos\beta_T\sin\beta + \sin\beta_T\cos\beta] + \frac{QS}{mV}C_Y + \\
&\quad \frac{1}{V}g(\cos\alpha\sin\beta\sin\theta + \cos\beta\sin\phi\cos\theta - \sin\alpha\sin\beta\cos\phi\cos\theta)
\end{aligned} \tag{4-1}$$

式中，V 为无人机飞行速度；m 为无人机质量；g 为重力加速度；C_D、C_L、C_Y 分别为无人机气动阻力系数、升力系数和侧力系数；α 为无人机迎角(也称攻角)；β 为侧滑角；α_T、β_T 分别为发动机的纵向和侧向安装角；θ、ψ、ϕ 分别为无人机俯仰角、偏航角和滚转角(也称倾斜角);T 为发动机推力;Q 为动压头;S 为无人机机翼参考面积;p、q、r 分别为无人机滚转角速度、俯仰角速度和偏航角速度。

(2) 无人机力矩方程组。

假设无人机为质量不变的刚体,惯性矩和惯性积均为时不变的常量,如果无人机不仅几何外形面对称,而且内部质量分布也面对称,即惯性积 $I_{xy}=I_{yx}=I_{yz}=I_{zy}=0$,则无人机在合外力作用下的力矩方程组为

$$\begin{aligned}
\dot{p}=&(c_1 r+c_2 p)q+c_3[QSbC_l+T(\sin\alpha_{\mathrm{T}}\cos\beta_{\mathrm{T}}\cdot l_z)]+\\
&c_4[QSbC_n-T(\cos\alpha_z\cos\beta_z\cdot l_y+\sin\beta_{\mathrm{T}}\cdot l_x)]\\
\dot{q}=&c_5 pr-c_6(p^2-r^2)+c_7[QSc_{\mathrm{A}}C_m+T(\cos\alpha_{\mathrm{T}}\cos\beta_{\mathrm{T}}\cdot l_z-\sin\alpha_{\mathrm{T}}\cos\beta_{\mathrm{T}}\cdot l_x)]\\
\dot{r}=&(c_8 p-c_2 r)q+c_4[QSbC_l+T(\sin\alpha_{\mathrm{T}}\cos\beta_{\mathrm{T}}\cdot l_y+\sin\alpha_{\mathrm{T}}\cdot l_z)]+\\
&c_9[QSbC_n-T(\cos\alpha_{\mathrm{T}}\cos\beta_{\mathrm{T}}\cdot l_y+\sin\beta_{\mathrm{T}}\cdot l_x)]
\end{aligned}\tag{4-2}$$

式中,C_m、C_n、C_l 分别为俯仰力矩系数、偏航力矩系数和滚转力矩系数;c_{A} 为机翼平均气动弦长;b 为机翼展长;l_x、l_y、l_z 分别为发动机推力作用点与无人机质心的距离在机体坐标轴 x、y、z 上的投影;I_x、I_y、I_z 分别为无人机绕 x 轴、y 轴和 z 轴的转动惯量;I_{xz} 为惯性积;且有 $c_1=\dfrac{(I_y-I_z)I_z-I_{xz}^2}{\Sigma}$,$c_2=\dfrac{(I_x-I_y+I_z)I_{xz}}{\Sigma}$,$c_3=\dfrac{I_z}{\Sigma}$,$c_4=\dfrac{I_{xz}}{\Sigma}$,$c_5=\dfrac{I_z-I_x}{I_y}$,$c_6=\dfrac{I_{xz}}{I_y}$,$c_7=\dfrac{1}{I_y}$,$c_8=\dfrac{I_x(I_x-I_y)+I_{xz}^2}{\Sigma}$,$c_9=\dfrac{I_x}{\Sigma}$,$\Sigma=I_xI_z-I_{xz}^2$。

(3) 无人机角运动方程组。

由机体坐标轴系与地面坐标轴系之间的关系,可得无人机角运动方程组如下:

$$\begin{aligned}
\dot{\phi}&=p+(r\cos\phi+q\sin\phi)\tan\theta\\
\dot{\theta}&=q\cos\phi-r\sin\phi\\
\dot{\psi}&=\frac{r\cos\phi+q\sin\phi}{\cos\theta}
\end{aligned}\tag{4-3}$$

(4) 无人机导航方程组。

根据地面坐标轴系与机体坐标轴系之间的转换关系,无人机导航方程组如下:

$$
\begin{aligned}
\dot{x}_g &= u\cos\theta\cos\psi + v(\sin\phi\sin\theta\cos\psi - \cos\phi\sin\psi) + w(\sin\phi\sin\psi + \cos\phi\sin\theta\cos\psi) \\
\dot{y}_g &= u\cos\theta\sin\psi + v(\sin\phi\sin\theta\sin\psi + \cos\phi\cos\psi) + w(-\sin\phi\cos\psi + \cos\phi\sin\theta\sin\psi) \\
\dot{H} &= u\sin\theta - v\sin\phi\cos\theta - w\cos\phi\cos\theta
\end{aligned}
\tag{4-4}
$$

式中，x_g、y_g 为无人机在地面坐标轴系下沿 x 轴和 y 轴的位移；H 为无人机在地面坐标轴系下的高度；u、v、w 为无人机在机体坐标轴系下沿 x 轴、y 轴和 z 轴的速度分量。

3）无人机小扰动线性化方程(静止大气环境)

运动方程线性化假设如下：

(1) 认为飞行器是刚体，不考虑结构弹性变形、操纵面转动的惯性影响及转动部件的陀螺效应。

(2) 认为在几何外形、质量分布、气动特性以及推力($\beta_T=0$，$l_y=0$)方面都关于机体轴系的 Oxz 平面对称。

(3) 假设基准运动是定常的，基准运动参数不随时间而变化；在基准运动中，飞行器纵向对称平面处于铅垂状态，且运动所在平面与飞行器对称平面重合，即基准运动为对称定常直线飞行，$\beta_*=\phi_*=p_*=q_*=r_*\equiv 0$，$\dot{V}_*=\dot{\alpha}_*=\dot{\beta}_*=\dot{p}_*=\dot{q}_*=\dot{r}_*\equiv 0$。

(4) 假设扰动运动中运动参数的偏量足够小，忽略这些偏量的二阶及高阶量。

耦合的无人机纵向小扰动方程组的矩阵形式如下：

$$
\frac{\mathrm{d}}{\mathrm{d}t}\begin{bmatrix}\Delta\bar{V}\\ \Delta\alpha\\ \Delta q\\ \Delta\theta\\ \Delta\bar{H}\end{bmatrix}=\left[\begin{matrix}
X_V & -\dfrac{X_\alpha}{V_*}+\dfrac{g}{V_*}\cos\mu_* \\
-\dfrac{Z_V V_*}{Z_{\dot{\alpha}}+1} & -\dfrac{Z_\alpha-\dfrac{1}{V_*}g\sin\mu_*}{Z_{\dot{\alpha}}+1} \\
\bar{M}_V V_* - \dfrac{\bar{M}_{\dot{\alpha}} Z_V V_*}{Z_{\dot{\alpha}}+1} & \bar{M}_\alpha - \dfrac{\bar{M}_{\dot{\alpha}}}{Z_{\dot{\alpha}}+1}\left(Z_\alpha-\dfrac{1}{V_*}g\sin\mu_*\right) \\
0 & 0 \\
\sin\mu_* & -V_*\cos\mu_*
\end{matrix}\right.
$$

$$
\left.\begin{matrix}
0 & -\dfrac{g}{V_*}\cos\mu_* & \dfrac{H_* X_H}{V_*} \\[2ex]
-\dfrac{Z_q - 1}{Z_{\dot\alpha}+1} & -\dfrac{\dfrac{1}{V_*}g\sin\mu_*}{Z_{\dot\alpha}+1} & -\dfrac{H_* Z_H}{Z_{\dot\alpha}+1} \\[2ex]
\bar{M}_q - \dfrac{\bar{M}_{\dot\alpha}}{Z_{\dot\alpha}+1}(Z_q - 1) & -\dfrac{\bar{M}_{\dot\alpha}}{Z_{\dot\alpha}+1}\dfrac{1}{V_*}g\sin\mu_* & \bar{M}_H H_* - \dfrac{\bar{M}_{\dot\alpha} H_* Z_H}{Z_{\dot\alpha}+1} \\[2ex]
1 & 0 & 0 \\
0 & V_*\cos\mu_* & 0
\end{matrix}\right] \cdot
$$

$$
\begin{bmatrix} \Delta\bar{V} \\ \Delta\alpha \\ \Delta q \\ \Delta\theta \\ \Delta\bar{H} \end{bmatrix} + \begin{bmatrix}
\dfrac{X_{\delta_e}}{V_*} & \dfrac{X_{\delta_T}}{V_*} \\[2ex]
-\dfrac{Z_{\delta_e}}{Z_{\dot\alpha}+1} & -\dfrac{Z_{\delta_T}}{Z_{\dot\alpha}+1} \\[2ex]
\bar{M}_{\delta_e} - \dfrac{\bar{M}_{\dot\alpha} Z_{\delta_e}}{Z_{\dot\alpha}+1} & \bar{M}_{\delta_T} - \dfrac{\bar{M}_{\dot\alpha} Z_{\delta_T}}{Z_{\dot\alpha}+1} \\[2ex]
0 & 0 \\
0 & 0
\end{bmatrix} \cdot \begin{bmatrix} \Delta\delta_e \\ \Delta\delta_T \end{bmatrix} \tag{4-5}
$$

非耦合的方程组(包括 $\Delta\mu$、Δq、Δx_g 三个变量)如下:

$$
\Delta\mu = \Delta\theta - \Delta\alpha,\ \frac{\mathrm{d}\Delta x_g}{\mathrm{d}t} = \Delta V\cos\mu_* - V_*\sin\mu_*(\Delta\theta - \Delta\alpha),\ \frac{\mathrm{d}\Delta\theta}{\mathrm{d}t} = \Delta q \tag{4-6}
$$

式中,μ_* 为无人机在基准运动条件下的航迹倾斜角;V_* 为无人机在基准运动条件下的速度。

耦合的横侧向小扰动方程组的矩阵形式如下:

$$
\frac{\mathrm{d}}{\mathrm{d}t}\begin{bmatrix} \Delta\beta \\ \Delta p \\ \Delta r \\ \Delta\phi \end{bmatrix} = \begin{bmatrix}
\bar{Y}_\beta & \alpha_* + \bar{Y}_p & \bar{Y}_r - 1 & \dfrac{1}{V_*}g\cos\theta_* \\
\bar{L}_\beta & \bar{L}_p & \bar{L}_r & 0 \\
\bar{N}_\beta & \bar{N}_p & \bar{N}_r & 0 \\
0 & 1 & \tan\theta_* & 0
\end{bmatrix} \cdot \begin{bmatrix} \Delta\beta \\ \Delta p \\ \Delta r \\ \Delta\phi \end{bmatrix} + \begin{bmatrix}
\bar{Y}_{\delta_a} & \bar{Y}_{\delta_r} \\
\bar{L}_{\delta_a} & \bar{L}_{\delta_r} \\
\bar{N}_{\delta_a} & \bar{N}_{\delta_r} \\
0 & 0
\end{bmatrix} \cdot \begin{bmatrix} \Delta\delta_a \\ \Delta\delta_r \end{bmatrix} \tag{4-7}
$$

式中，

$$\bar{L}_{\beta}=\frac{I_zL_{\beta}+I_{zx}N_{\beta}}{I_xI_z-I_{zx}^2};\ \bar{L}_p=\frac{I_zL_p+I_{zx}N_p}{I_xI_z-I_{zx}^2};\ \bar{L}_r=\frac{I_zL_r+I_{zx}N_r}{I_xI_z-I_{zx}^2};$$

$$\bar{L}_{\delta_a}=\frac{I_zL_{\delta_a}+I_{zx}N_{\delta_a}}{I_xI_z-I_{zx}^2};\ \bar{L}_{\delta_r}=\frac{I_zL_{\delta_r}+I_{zx}N_{\delta_r}}{I_xI_z-I_{zx}^2};$$

$$\bar{N}_{\beta}=\frac{I_xN_{\beta}+I_{zx}L_{\beta}}{I_xI_z-I_{zx}^2};\bar{N}_p=\frac{I_xN_p+I_{zx}L_p}{I_xI_z-I_{zx}^2};\ \bar{N}_r=\frac{I_xN_r+I_{zx}L_r}{I_xI_z-I_{zx}^2};$$

$$\bar{N}_{\delta_a}=\frac{I_xN_{\delta_a}+I_{zx}L_{\delta_a}}{I_xI_z-I_{zx}^2};\ \bar{N}_{\delta_r}=\frac{I_xN_{\delta_r}+I_{zx}L_{\delta_r}}{I_xI_z-I_{zx}^2}。$$

非耦合的方程(包括 ψ、y_g 两个变量)如下：

$$\frac{d\Delta\psi}{dt}=\frac{1}{\cos\theta_*}\Delta r,\ \frac{d\Delta y_g}{dt}=V_*\cos\mu_*\Delta\phi \tag{4-8}$$

式中，θ_* 为无人机在基准运动条件下的俯仰角。

4.3.2　反辐射无人机经典比例微分积分飞行控制系统设计

反辐射无人机飞行控制系统一般包括机载计算机、传感器和伺服作动设备。传感器用于感受反辐射无人机的姿态、航向、角速度、位置、速度等信息；机载计算机进行信息采集与处理，形成控制信号；伺服作动设备接收机载计算机输出的控制信息，进行功率放大，驱动舵面和发动机节气门等机构进行相应的动作。飞行控制系统是典型的闭环反馈控制系统[1]，其原理如图 4-1 所示。

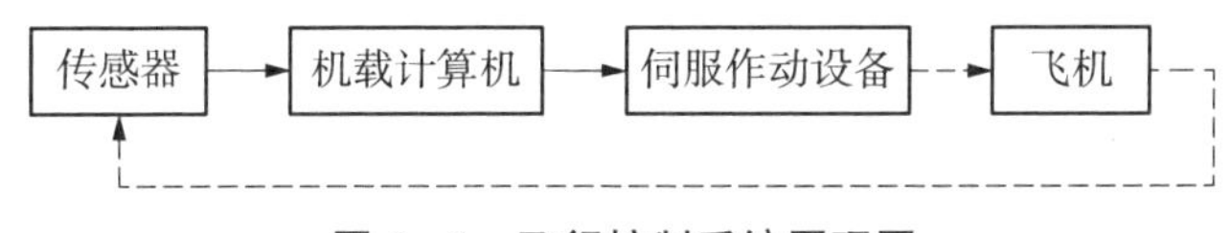

图 4-1　飞行控制系统原理图

相对于有人机而言，反辐射无人机的飞行控制系统是全时限、全权限的，其控制方式一般为自主控制。在自主控制方式下，飞行控制系统根据传感器获取的飞机状态信息和任务规划信息自动控制无人机飞行。

反辐射无人机的机载计算机、传感器和伺服作动设备与一般的无人机没有大的差别，其设计方法可参见《无人机设计手册》[1]，这里主要介绍反辐射无人机控制系统控制律的设计。

飞行控制律是飞行控制系统的一个重要组成部分，它是指令及各种外部信息到飞机各执行机构的一种映射关系。飞行控制律的设计就是确定这种映射关系，使反辐射无人机在整个飞行包线内都具有符合系统要求的飞行品质。飞行控制律设计的依据是系统研制任务合同及相关顶层技术文件。根据这些文件具体形成在控制系统下飞机的各种品质或性能，在对无控飞机的特性进行分析的基础上，为达到所要求的飞行品质或性能，确定初步的控制律结构，然后应用自动控制的设计方法确定具体的控制律参数。通过非线性全量仿真、半物理仿真及飞行试验，验证或调整控制律结构及参数，使飞行品质或性能达到要求。控制律设计过程是一个迭代回归的过程。

传统的比例微分积分(PID)控制律结构简单、参数整定方便、结构改变灵活、鲁棒性强、易于操作，是控制系统中应用最广泛、最成熟的设计方法，具有很强的生命力。

1）俯仰通道控制律设计

(1) 发射爬升阶段。

在4.2.4节已经讲到，反辐射无人机俯仰通道在发射爬升阶段要控制俯仰角，因此，反辐射无人机俯仰通道在发射爬升阶段的控制律结构为俯仰角稳定与控制回路，一般需要俯仰角及俯仰角速度反馈信号，其一般控制律结构如图4-2所示。

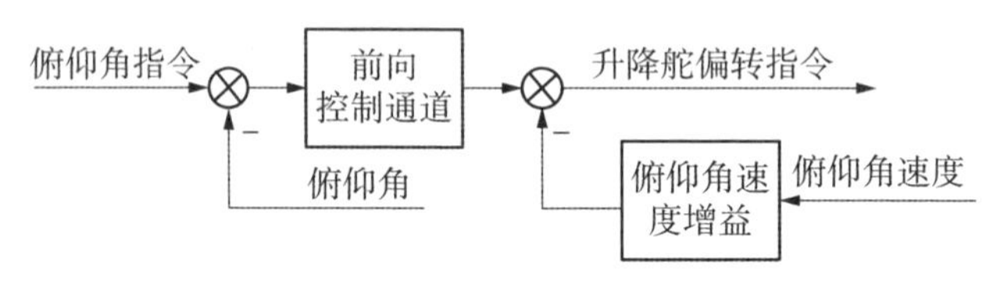

图4-2 俯仰通道控制律结构图

图4-2中前向控制通道一般可采用比例+积分的形式，此时控制没有静差，俯仰角速度反馈用于增加短周期阻尼，这是一个典型的比例微分积分(PID)控制律结构。

(2) 巡航与待机搜索、调姿定位阶段。

反辐射无人机俯仰通道在巡航与待机搜索阶段要进行俯仰角控制和高度控制，控制律结构由俯仰内回路及高度控制外回路组成。俯仰内回路一般由俯仰角和俯仰角速度反馈组成，高度控制外回路一般采用比例+积分+微分的形式，如图4-3所示。

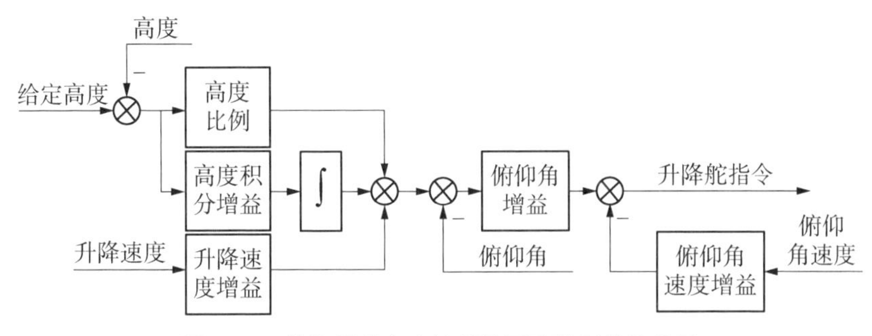

图 4-3 俯仰通道高度控制外回路控制律结构图

(3) 俯冲攻击阶段。

反辐射无人机在俯冲攻击阶段姿态会大幅度变化,因此不能进行俯仰角稳定和控制,需要稳定和控制俯仰角速度,且需要俯仰角速度反馈信号,其一般控制律结构如图 4-4 所示。

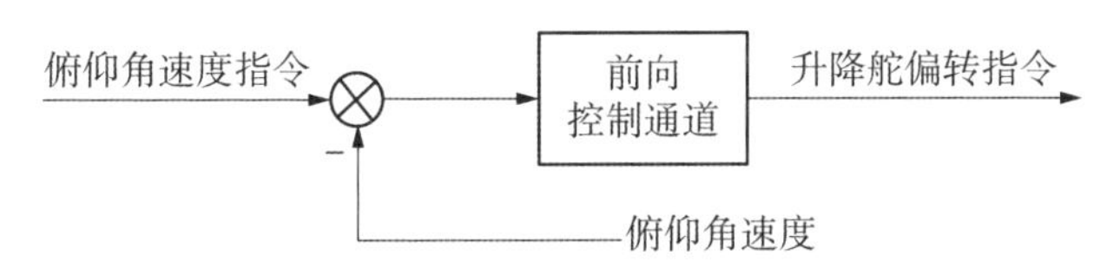

图 4-4 俯仰通道角速度控制律结构图

2) 滚转通道控制律设计

(1) 发射爬升阶段和调姿定位阶段。

从表 4-1 可知,在发射爬升阶段和调姿定位阶段,滚转通道控制滚转角稳定,其控制回路一般需要滚转角及滚转角速度反馈信号,其一般控制律结构如图 4-5 所示。

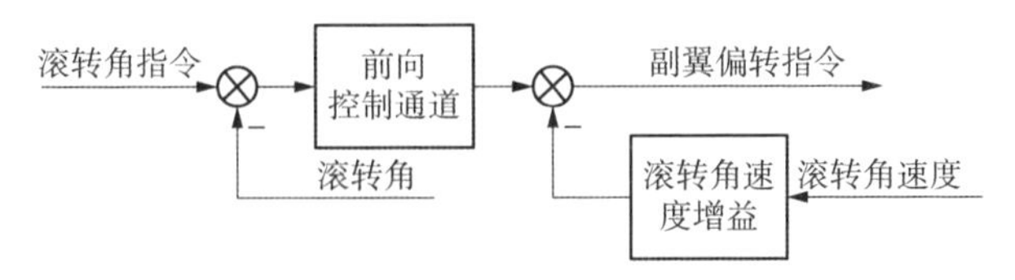

图 4-5 滚转角稳定与控制结构

图 4-5 中前向控制通道一般采用比例+积分的形式,滚转角速度反馈用于增加滚转阻尼。

(2) 巡航与待机搜索阶段。

在反辐射无人机巡航与待机搜索阶段,滚转通道主要起航向协调控制和滚转姿态稳定作用,其与偏航通道协调控制的控制律结构如图 4-6 所示。

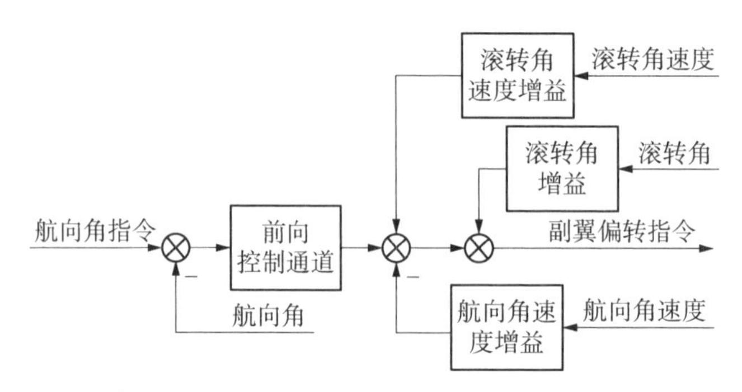

图 4-6 滚转通道航向协调控制和滚转姿态稳定控制回路控制律结构图

(3) 俯冲攻击阶段。

在反辐射无人机俯冲攻击阶段,滚转通道主要稳定和控制俯仰角速度,需要俯仰角速度反馈信号,其一般控制律结构如图 4-7 所示。

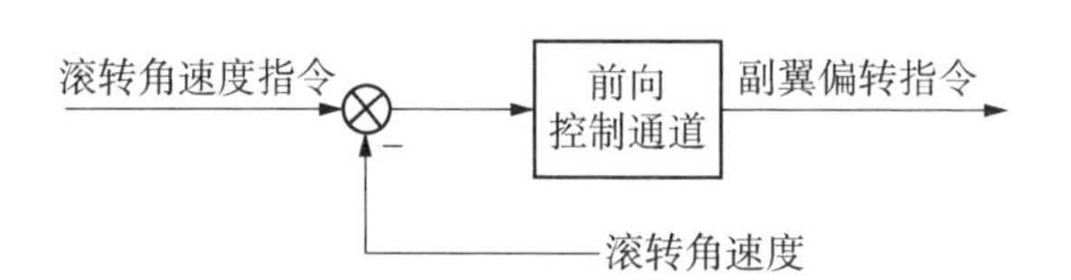

图 4-7 滚转通道角速度控制律结构图

3) **偏航通道控制律设计**

(1) 发射爬升阶段。

反辐射无人机偏航通道在发射爬升阶段主要控制航向角,因此,控制律结构为航向角控制回路,一般需要航向角及航向角速度反馈信号,其一般控制律结构如图 4-8 所示。

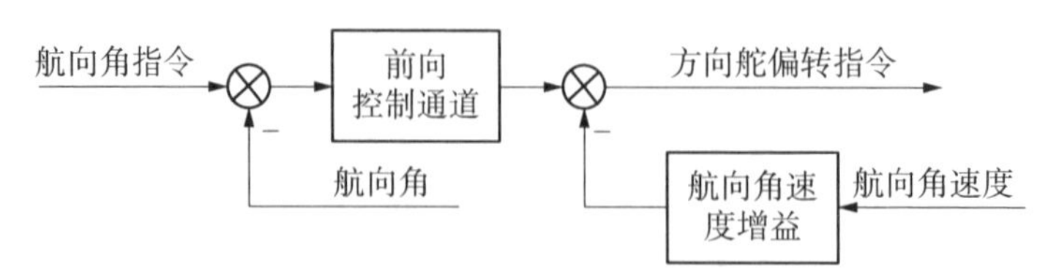

图 4-8 航向通道控制律结构图

(2) 巡航与待机搜索阶段。

反辐射无人机在巡航与待机搜索阶段，航向通道主要控制航向协调、稳定偏航姿态，其控制律结构如图 4-6 所示。

(3) 调姿定位阶段和俯冲攻击阶段。

在反辐射无人机调姿定位和俯冲攻击阶段，航向通道主要实现航向水平转弯控制和姿态稳定，其控制律结构如图 4-9 所示。此时，将制导系统侧向指令作为控制输入指令，控制回路将航向角速度作为反馈信号，前向控制通道一般采用比例+积分的形式，以消除静差。

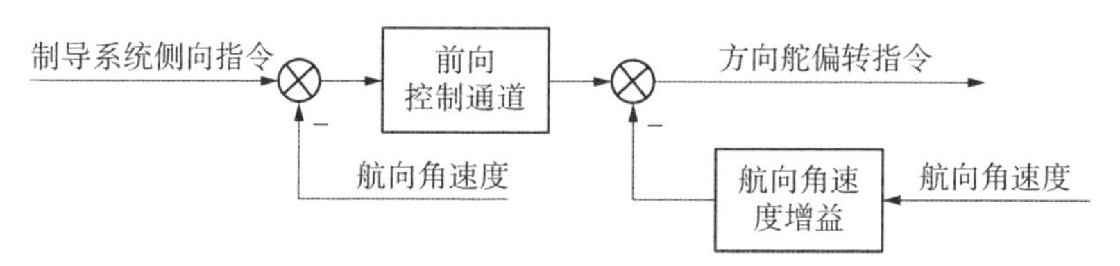

图 4-9　调姿定位阶段和俯冲攻击阶段航向通道控制律结构图

4) 飞行速度控制通道控制律设计

以活塞发动机控制为例，反辐射无人机在整个飞行任务剖面内，飞行速度控制通道主要通过控制发动机转速而控制飞行速度，一般控制律为

$$\delta_f = k_V \cdot k_n (V_g - V) + k_n (n_g - n) \tag{4-9}$$

式中，δ_f 为发动机节气门位置控制量；k_V 为飞行速度控制系数；k_n 为发动机转速控制系数；V_g 为飞行速度控制量；n_g 为发动机转速控制量。

控制律结构如图 4-10 所示。

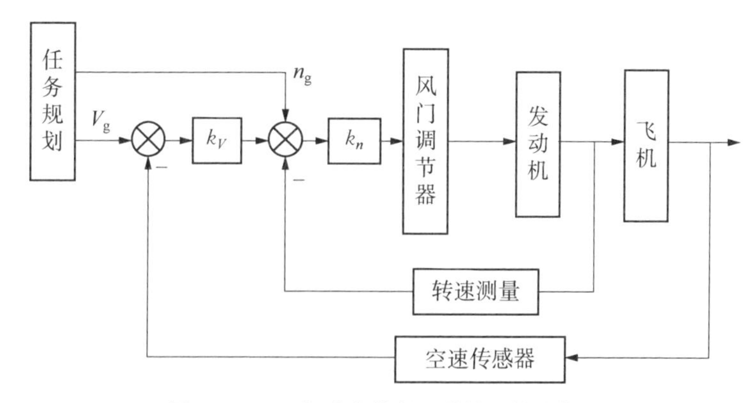

图 4-10　飞行速度控制通道控制律结构图

实际设计中，考虑发动机存在个体差异，对发动机转速的控制可以用节气门位置的百分比代替。也可根据不同飞行阶段采取不同控制策略，如在反辐射无人机发射爬升阶段，不控制飞行速度，只控制发动机节气门位置为100%，以全功率飞行，让无人机尽快爬升到巡航高度。

5）控制律参数设计

无人机控制律参数的设计是在确定控制结构的基础上进行的，具体方法及步骤如下[1]。

（1）首先建立反辐射无人机的小扰动线性化模型。

（2）采用经典控制理论设计方法进行参数设计，应满足事先规定的系统性能指标要求。经典控制理论主要有时域、频域和根轨迹设计方法。

（3）进行非线性全量仿真。在非线性全量仿真中考虑实际系统的非线性因素及各种滤波器。若在非线性全量仿真中性能不满足指标要求，则需要对设计的控制律参数进行针对性修改，甚至调整控制结构，直至所设计的控制律结构及参数使系统满足性能指标要求。

（4）进行半物理仿真试验。半物理仿真试验中飞机仍由非线性全量模型描述，引入如机载计算机、传感器、执行机构等实物，具有实时性。半物理仿真主要验证部分实物对系统性能的影响，若该影响超过可接受的范围，则需要审查控制律的设计，再次进行控制律结构或参数修改。

（5）飞行试验是控制律设计的最终验证手段。若飞行试验结果不满足规定的性能要求，则需要检查、调整控制律的设计。控制律设计过程实际上是一个由简单到全面的设计和试验的迭代过程。

所设计的控制律参数必须在整个反辐射无人机飞行包线和任务剖面内均满足飞行品质和导航制导要求。在进行具体设计前，必须将战术技术指标转化为经典控制理论所要求的指标形式，如控制系统的频带、阶跃上升时间、超调量、稳定裕度等。所采用的经典控制理论包括频域法和根轨迹法。满足要求的控制律参数可能有多组，设计时应考虑实际系统的限制，如执行机构功率及位置限制，传感器信号质量等，排除不符合实际的控制律参数组。设计时应尽量考虑执行机构和传感器的动态特性，也可暂不考虑这些特性，在设计后进行数字仿真和半物理仿真，检验引入这些特性对系统的影响，分析试验结果后适当调整控制律参数。

6）控制律的切换

反辐射无人机在不同的飞行阶段可能采用不同的控制律，这必然存在不同控制律之间的切换问题。为了抑制控制律切换引起的舵面跳变，避免由此引起的大过载，须采用适当的瞬变抑制措施。常用的有双模态同步运算瞬变抑制及单模态运算瞬变拟制，详见参考文献[1]。

4.3.3 反辐射无人机二自由度比例微分积分飞行控制系统设计

传统的比例微分积分(PID)控制技术虽然鲁棒性强，是控制系统中应用最广泛、最成熟的设计方法，但是这种控制技术也存在明显的缺陷，即它所设计的控制器是单自由度的，只有一组可调的 PID 参数。若按干扰抑制特性整定 PID 参数，则参考信号跟踪特性就会相对较差；反之，若按参考信号跟踪特性整定 PID 参数，则干扰抑制特性就会相对较差。在实际的设计过程中，不得不采用折中的方法来整定 PID 参数，以取得参考信号跟踪特性与干扰抑制特性的平衡。若要使高速攻击型无人机的飞行自动控制系统的干扰抑制能力和指令信号跟踪性能均达到最佳，则采用传统的 PID 控制器显然无法实现。

为了解决这一问题，学者 Horowitz 提出了二自由度控制的设计思想。二自由度控制的优点是能兼顾参考信号跟踪特性和干扰抑制特性的控制要求，使控制系统在这两个方面同时达到最优。鉴于此，该设计思想在过程控制、伺服系统、机器人等许多领域中得到了广泛应用。二自由度控制器的结构有多种形式，目前易于工程实现的有给定值滤波器型、给定值前馈型、反馈补偿型以及回路补偿型等四种形式，这四种结构形式之间可进行等价变换。

采用二自由度控制器结构的 PID 控制器称为“二自由度 PID 控制器”，常见的有 I-PD、PI-D 以及 PD-PID 等，其特点是能独立地整定两组 PID 参数，使系统的参考信号跟踪性能和干扰抑制性能同时达到最佳。在所有二自由度 PID 控制器中，给定值滤波器型二自由度 PID 控制器简单直观、功能明确、设计较为方便，鉴于此，本节采用给定值滤波器型二自由度 PID 控制技术进行无人机飞行自动控制系统设计，以获得最佳的指令信号跟踪性能和抗干扰能力[2]。

工程实践中，控制器的实现通常有模拟和数字两种方式，如果控制器用模拟方式实现，则模拟器件本身存在一定的容差，以及环境温度的变化引起的元器件老化，会造成元件参数的变化；如果控制器用数字方式实现，则字长限制、数模和模数转换的精度限制以及数值运算中的截断误差等因素同样会造成控制器参数发生一定程度的变化。特别是随着采样频率和控制器阶数的增加，有限字长对控制器的影响会更加显著。另外，出于对安全、实现代价以及运算速度等因素的考虑，控制器通常是由定点算法处理器而不是浮点算法处理器实现的，这样一来，由舍入误差带来的影响就更加突出。总之，实际应用中控制器不可避免地会存在一些摄动。由于控制器参数偏离设计值会使控制回路的稳定性和控制品质变差，因此设计控制系统时考虑控制器的脆弱性是非常必要的。本节引入控制器脆弱性指标以及控制器脆弱性程度标准，对所设计的控制器的脆弱性进行分析，以了解其对自身参数的摄动是否具有鲁棒性，即确定其是否为非脆弱的控制器，如果不是，则需重新进行设计。

1）给定值滤波器型二自由度测量值微分先行 PID 控制算法

单自由度测量值微分先行 PID 算法为

$$\mathrm{MV}=K_{\mathrm{p}}\left(1+\frac{1}{T_{\mathrm{i}}s}\right)(\mathrm{SV}-\mathrm{PV})-\frac{K_{\mathrm{p}}T_{\mathrm{d}}s}{1+\eta T_{\mathrm{d}}s}\mathrm{PV} \tag{4-10}$$

式中，MV、SV、PV 为操作量、设定值和过程变量；$\eta(0.1\leqslant\eta\leqslant1)$ 为微分增益，一般 η 取 0.1；K_{p} 为比例增益；T_{i} 为积分时间常数；T_{d} 为微分时间常数。

其结构如图 4-11 所示，微分项的特点是微分作用仅对过程变量 PV 有效，可以避免设定值 SV 变更时因微分作用带给操作端的冲击，同时引入了一个低通滤波器 $G_{\mathrm{r}}(s)=\frac{1}{(1+\eta T_{\mathrm{d}}s)}$，该滤波器可以减小因微分项输出剧烈变化（由测量值急剧变化造成）引起的控制过程振荡。这种引入了低通滤波器的微分通常称为“不完全微分”。具有这种微分项的 PID 控制器称为“不完全 PID 控制器”（或“实用型 PID 控制器”）。

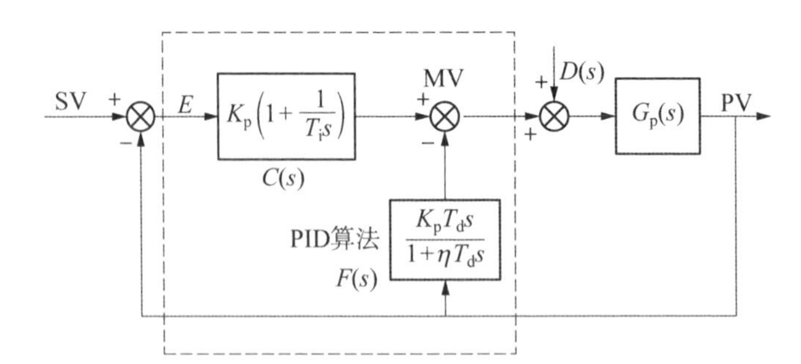

图 4-11 单自由度测量值微分先行 PID 控制器

给定值滤波器型二自由度测量值微分先行 PID 控制器的结构如图 4-12 所示，其中，$G_{\mathrm{p}}(s)$ 为受控对象，$G_{\mathrm{c}}(s)$ 为控制器，$H(s)$ 为设定值滤波器。其算法如下[3]：

（1）干扰抑制算法。

$$G_c(s)=\frac{-\mathrm{MV}}{\mathrm{PV}}=C(s)+F(s)=K_p\left(1+\frac{1}{T_i s}+\frac{T_d s}{1+\eta T_d s}\right) \tag{4-11}$$

（2）设定值跟踪算法。

$$C^*(s)=\frac{\mathrm{MV}}{\mathrm{SV}}=H(s)G_c(s)=K_p\left\{\alpha+\left[\frac{1}{T_i s}-\frac{(1-\alpha)(\beta-1)}{1+\beta T_i s}\right]+\frac{\alpha\gamma T_d s}{1+\eta T_d s}\right\} \tag{4-12}$$

式中，α 为比例增益二自由度化系数，通常 $0\leqslant\alpha\leqslant1$；$\beta$ 为积分时间二自由度化系数，通常 $1\leqslant\beta<2$；γ 为微分时间二自由度化系数，通常 $0\leqslant\gamma<2$；η 为微分增益。

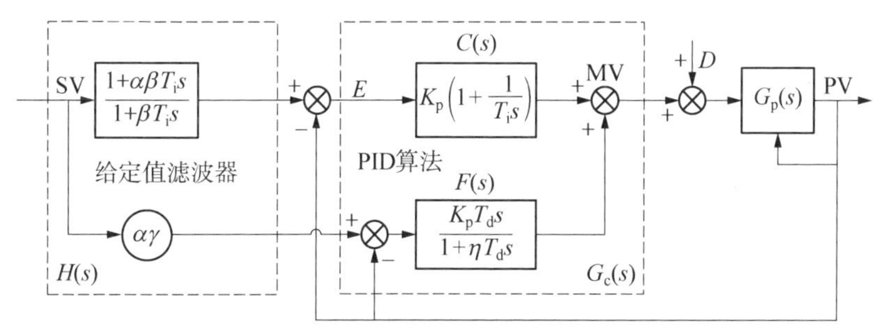

图 4-12 给定值滤波器型二自由度测量值微分先行 PID 控制器结构图(最简型)

干扰抑制算法为常规的 PID 算法，通过调节 K_p、T_i 和 T_d，可使系统扰动抑制特性最佳。设定值跟踪算法也符合 PID 调节规律，只是将比例增益乘以 α 倍；微分时间乘以 $\alpha\gamma$ 倍；积分项减去时间常数为 βT_i，大小为 $(1-\alpha)(\beta-1)$ 的一阶惯性环节，改变 β 可以等效地使其改变。于是，独立地调整 α、β 和 γ，保证了系统跟踪特性最佳，并且不影响系统的扰动抑制性能。

考虑在稳定状态下，设给定值滤波器的输入和输出必须相等，即 $\lim\limits_{s\to0}H(s)=1$，以避免出现稳态偏差，则可得到给定值滤波器 $H(s)=\frac{C^*(s)}{G_c(s)}$，经整理可得 $H(s)$，如图 4-12 所示。

从图 4-12 可以看出，为了实现二自由度化，只需在常规的 PID 控制器的基础上增加一个超前滞后环节 $\frac{1+\alpha\beta T_i s}{1+\beta T_i s}$，故称为“最简型”。尽管图 4-12 所示算法结构是最简单的，但因设定值有两个通道，所以对实现某些系统用功能块组态并不方便。为此，可将图 4-12 等效变换成图 4-13 所示结构。虽然多了两个环节，但是完全在设定值通道，实现起来比较方便。

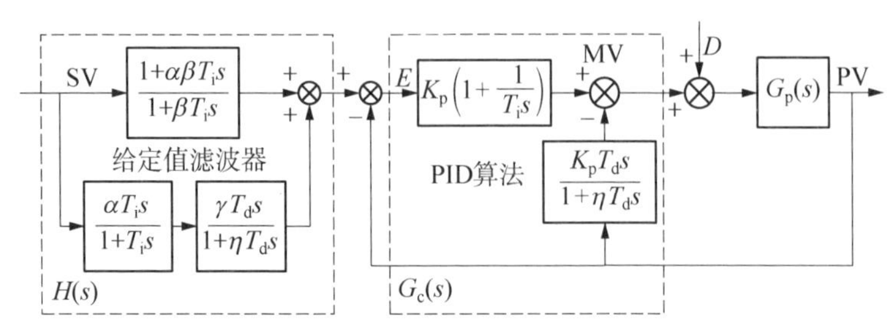

图 4-13 给定值滤波器型二自由度测量值微分先行型 PID 控制器结构图(改进型)

通过设定二自由度化系数 α、β 以及 γ，可以形成各种形式的二自由度 PID 结构，如表 4-2 所示。在实际应用中，一般二自由度化系数 α、β 以及 γ 是半固定的，根据大量的仿真实验，建议取 $\alpha=0.4$，$\beta=1.35$，$\gamma=1.25$。因为 α、β 以及 γ 是一次取定的，所以要整定的参数仅为 K_p、T_i 和 T_d，与常规 PID 一样多，整定的方法也相同。

表 4-2 依据二自由度化系数实现的 PID 算法一览表

序号	α	β	γ	综合控制算法	诠释
1	α	1	0	P-I-PD 控制(仅 P 为二自由度)	不完全二自由度 PID
2	α	1	γ	PD-I-PD 控制(仅 PD 为二自由度)	不完全二自由度 PID
3	α	β	0	PI-PID 控制(仅 PI 为二自由度)	不完全二自由度 PID
4	α	β	γ	PID-PID 控制(PID 完全为二自由度)	完全二自由度 PID

2) 基于倾斜转弯控制方式的反辐射无人机飞行自动控制系统设计(巡航段)

(1) 反辐射无人机飞行自动控制系统的基本功能及控制模态。

反辐射无人机飞行自动控制系统具有以下基本功能：纵向增稳控制、横航向增稳控制、自动驾驶仪倾斜转弯(BTT)或侧滑转弯(STT)控制、自动油门控制以及航迹控制(自动导航与制导控制)等；基本控制模态有纵向增稳，横航向增稳，姿态保持与控制(俯仰、滚转及偏航)，高度保持与控制，侧向偏离控制以及飞行速度(Ma)保持与控制等。这些基本控制模态可构成无人机的平飞、直飞、爬升、下滑、转弯等飞行控制功能。

为了使无人机在巡航段更好地满足飞行品质要求，首先，对无人机增稳控制系统进行设计。

(2) 纵向增稳控制系统。

不考虑惯性、滤波器以及非线性等因素，纵向积分式增稳控制系统基本控制律为

$$\delta_{\mathrm{e}}=K_{q}q+K_{a_{z}}a_{z}+\int(K_{q\mathrm{i}}q+K_{a_{z}\mathrm{i}}a_{z})\mathrm{d}t \tag{4-13}$$

式中，K_q、$K_{q\mathrm{i}}$ 和 K_{a_z}、$K_{a_z\mathrm{i}}$ 为俯仰角速度和法向加速度反馈增益。

(3) 横航向增稳控制系统。

不考虑惯性、滤波器以及非线性等因素，横航向增稳控制系统基本控制律为

$$\begin{aligned}\delta_{\mathrm{a}}&=-K_{aa_{y}}a_{y}+K_{p}p\\ \delta_{\mathrm{r}}&=K_{rp}(r\cos\alpha_{*}+p\sin\alpha_{*})-K_{\delta_{\mathrm{a}}}\delta_{\mathrm{a}}+K_{a_{y}}a_{y}\end{aligned} \tag{4-14}$$

式中，K_{rp}、K_{a_y}、和 $K_{\delta_{\mathrm{a}}}$ 为斜置速率陀螺、侧向加速度传感器以及副翼到方向舵的传动比；K_p 和 K_{aa_y} 为滚转速率陀螺和侧向加速度传感器到副翼的传动比；α_* 为工作点处的配平迎角。

横向通道引入滚转速率反馈的目的是增加无人机横向阻尼，但由于其对荷兰滚模态影响不大，并且会使螺旋模态特性变差，因此，必须同时引入别的反馈信号加以补偿。引入侧向加速度负反馈信号（$-K_{aa_y}$）与引入侧滑角正反馈作用类似，相当于增加了反辐射无人机的横向静稳定性，同时可以改善荷兰滚模态和螺旋模态的阻尼特性，提高荷兰滚模态的自振频率，而由此带来的滚转模态衰减变弱，可反过来得到滚转速率反馈的补偿，不过侧向加速度反馈信号不能过大，否则会引起滚转-螺旋耦合。航向通道引入侧向加速度反馈是为了提高航向静稳定性和改善滚转模态特性，至于对由此产生的增加荷兰滚模态的振荡频率、阻尼特性改善不大以及螺旋模态特性变差等缺点，可引入交叉的滚转角速度反馈进行补偿。引入交叉的滚转角速度反馈是为了对无人机侧滑角振荡产生阻尼，改善荷兰滚阻尼特性，使滚转模态进一步改善，将螺旋模态发散程度控制在允许的范围内。无人机在高空中以小马赫数飞行时，滚转机动性较差，引入与副翼偏转同极性的正反馈比例信号 $-K_{\delta_{\mathrm{a}}}\delta_{\mathrm{a}}$，可以减小侧滑角，改善飞行品质。

(4) 姿态保持与控制系统。

a. 纵向自动驾驶仪设计——俯仰角保持/控制模态控制律设计。

俯仰姿态控制系统用于保持与控制飞机的俯仰角，根据爬升、平飞或下滑等飞行状态的需求，将无人机保持在给定的姿态角。为了使俯仰姿态控制系统能

够在俯仰角保持以及俯仰角扰动抑制方面均具有很好的控制品质，在控制器设计中采用给定值滤波器型二自由度测量值微分先行 PID 控制器结构。出于同样的理由，本章其他的控制模态设计也采用上述控制器结构以及相应的变形，即不完全二自由度 PID 控制器结构。

不考虑惯性、滤波器以及非线性等因素，以纵向增稳控制系统为内回路，基于给定值滤波器型二自由度测量值微分先行 PID 控制的俯仰角保持/控制模态的控制律为

$$\delta_e = K_\theta\left(1+\frac{1}{T_{\theta i}s}\right)\cdot\left[\theta-\left(\frac{1+\alpha\beta T_{\theta i}s}{1+\beta T_{\theta i}s}+\frac{\gamma T_{\theta d}s}{1+\eta T_{\theta d}s}\cdot\frac{\alpha T_{\theta i}s}{1+T_{\theta i}s}\right)\cdot\theta_g\right]+ \frac{K_\theta T_{\theta d}s}{1+\eta T_{\theta d}s}\cdot\theta+\left(K_q+K_{qi}\frac{1}{s}\right)q+\left(K_{a_z}+K_{a_z i}\frac{1}{s}\right)a_z \tag{4-15}$$

俯仰角保持/控制系统如图 4-14 所示。

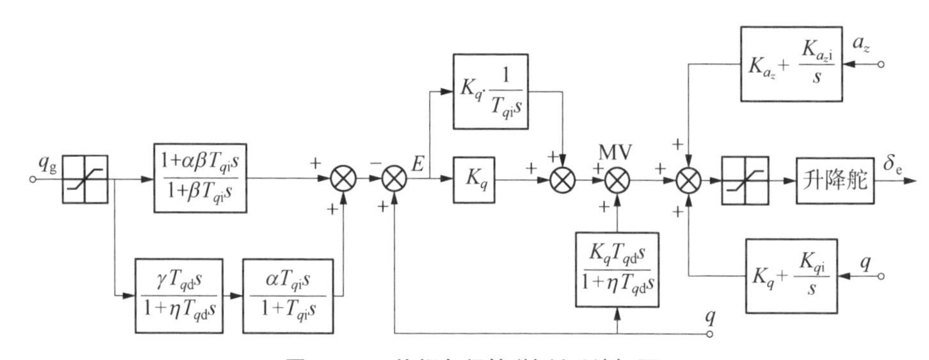

图 4-14 俯仰角保持/控制系统框图

给定值滤波器型二自由度测量值微分先行 PID 控制器的设计方法如下：首先，采用基于实数编码遗传的 PID 参数整定方法[4]设计测量值微分先行 PID 控制器的控制参数 $[K_p\ \ T_i\ \ T_d\ \ \eta]$，使得俯仰角保持/控制回路的扰动抑制性能达到最佳，参数选取的最优指标为

$$J = w_1 M_p + w_2 t_r + w_3 t_s + \int_0^\infty [w_5|e(t)|+w_6 u^2(t)]\,dt + \frac{w_7}{PM}+\frac{w_8}{GM} \tag{4-16}$$

式中，M_p 为超调量；t_r 为上升时间；t_s 为调节时间；GM 为增益裕度；PM 为相位裕度；$e(t)$ 为系统误差；$u(t)$ 为控制器输出；w_1、w_2、w_3、w_4、w_5、w_6、w_7 和

w_8 分别为相应的加权值。

然后，选择二自由度化系数的推荐值，使俯仰角信号跟踪性能达到最佳。如果仍不满意，则可对二自由度化系数进行微调（$0<\alpha<1$，$1<\beta<2$，$0<\gamma<2$），直到跟踪性能达到最佳。其他回路的控制器设计方法同上。

b. 侧向自动驾驶仪设计。

a）滚转角保持/控制模态控制律设计。

当无人机做直线平飞时，要求稳定滚转角，使之不受干扰力矩的影响；当无人机转弯时，需要无人机滚转产生的侧力来改变航向。这些通过滚转角保持/控制系统来实现。在方向舵通道中引入滚转角协调控制指令以减小侧滑。不考虑惯性、滤波器以及非线性等因素，以横航向增稳控制回路为内回路，基于给定值滤波器型不完全二自由度 PID 控制的滚转角保持/控制模态的控制律为

$$
\begin{aligned}
\delta_a &= K_\phi\left(1+\frac{1}{T_{\phi i}s}\right)\cdot\left(\phi-\frac{1+\alpha\beta T_{\phi i}s}{1+\beta T_{\phi i}s}\phi_g\right)-K_{aa_y}a_y+K_p p \\
\delta_r &= K_r(r-r_g)+K_{rp}(r\cos\alpha_*+p\sin\alpha_*)+K_{a_y}a_y-K_{\delta_a}\delta_a \\
r_g &= K_{\phi r}\left(\phi-\frac{1+\alpha\beta T_{\phi i}s}{1+\beta T_{\phi i}s}\phi_g\right)
\end{aligned}
\tag{4-17}
$$

滚转角保持/控制系统如图 4-15 所示。

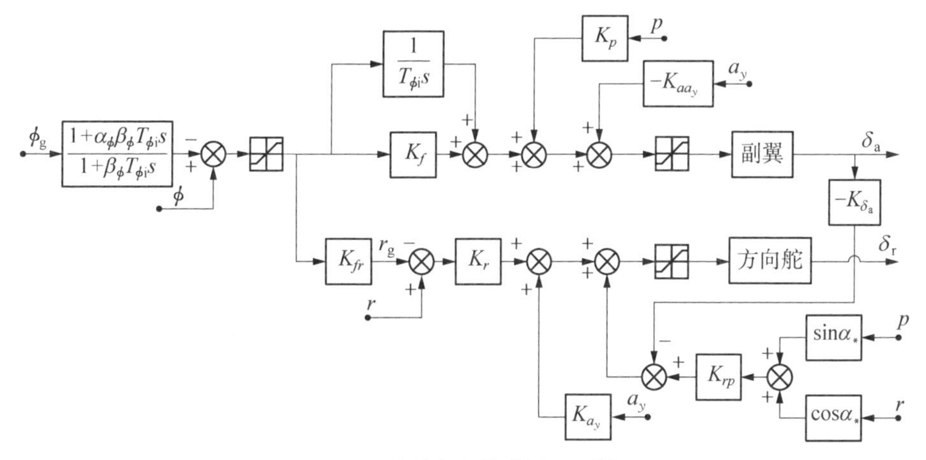

图 4-15 滚转角保持/控制系统框图

b）偏航角保持/控制模态控制律设计。

无人机主要靠滚转角改变航向，因此，航向保持/控制系统以滚转角保持与

控制系统作为内回路，在巡航阶段，通过将航向角指令同时引入副翼和方向舵通道的协调控制方式来稳定与控制航向，以及减小侧滑角。不考虑惯性、滤波器以及非线性等因素，基于给定值滤波器型不完全二自由度 PID 控制的偏航角保持/控制模态的控制律为

$$\begin{aligned}
\delta_{\mathrm{a}} &= K_{\psi a}\left(1+\frac{1}{T_{\psi a\mathrm{i}}s}\right)\cdot\left(\psi-\frac{1+\alpha\beta T_{\psi a\mathrm{i}}s}{1+\beta T_{\psi a\mathrm{i}}s}\cdot\psi_{\mathrm{g}}\right)+K_{\phi}\left(1+\frac{1}{T_{\phi\mathrm{i}}s}\right)\cdot\phi-K_{aa_y}a_y+K_p p \\
\delta_{\mathrm{r}} &= K_{\psi r}\left(\psi-\frac{1+\alpha\beta T_{\psi a\mathrm{i}}s}{1+\beta T_{\psi a\mathrm{i}}s}\cdot\psi_{\mathrm{g}}\right)+K_r(r-r_{\mathrm{g}})+K_{rp}(r\cos\alpha_*+p\sin\alpha_*)+ \\
&\quad K_{a_y}a_y-K_{\delta_{\mathrm{a}}}\delta_{\mathrm{a}} \\
r_{\mathrm{g}} &= K_{\phi r}\phi
\end{aligned} \tag{4-18}$$

偏航角保持/控制系统如图 4-16 所示。

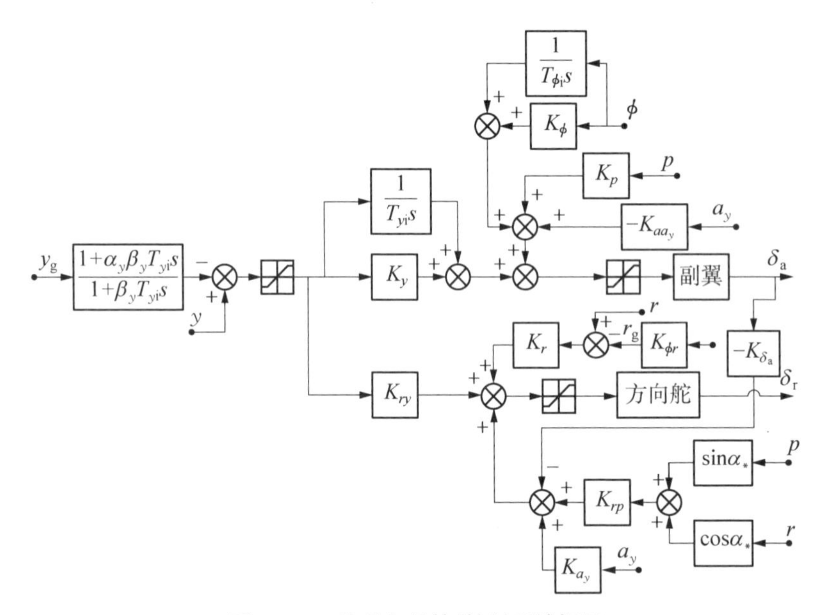

图 4-16 偏航角保持/控制系统框图

c) 协调转弯控制律设计。

为了实现协调转弯(即无侧滑定常转弯)，需要保证空速矢量与机体纵轴重合，稳态侧滑角为零，过渡过程侧滑角尽可能小；稳态滚转角为常量；稳态偏航角速度为常量；稳态升降速度为零，以保持高度不变。

协调转弯公式如下：

$$\dot{\psi}_g = \frac{g\tan\phi_g}{V} \tag{4-19}$$

协调转弯控制系统如图 4-17 所示。不考虑惯性、滤波器以及非线性等因素,基于给定值滤波器型不完全二自由度 PID 控制的协调转弯的控制律为

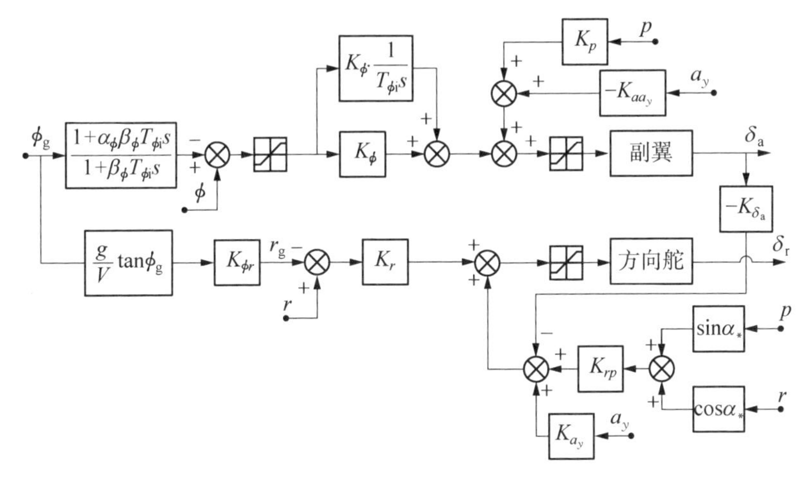

图 4-17 协调转弯控制系统框图

$$\begin{aligned}
\delta_a &= K_\phi\left(1+\frac{1}{T_{\phi i}s}\right)\cdot\left(\phi-\frac{1+\alpha\beta T_{\phi i}s}{1+\beta T_{\phi i}s}\cdot\phi_g\right)+K_p p-K_{aa_y}a_y \\
\delta_r &= K_\psi(\dot{\psi}-\dot{\psi}_g)+K_{rp}(r\cos\alpha_*+p\sin\alpha_*)+K_{a_y}a_y-K_{\delta_a}\delta_a \\
\dot{\psi}_g &= K_{\phi r}\frac{g}{V}\tan\phi_g
\end{aligned} \tag{4-20}$$

在巡航段,无人机在协调转弯飞行时,存在滚转角将会损失飞行高度。要保持飞行高度,必须操纵升降舵产生附加舵偏角,增大迎角,增加升力,使得滚转后升力的垂直分量仍等于无人机的重力。因此,需要在纵向通道引入高度补偿,高度补偿纵向通道控制律为

$$\Delta\theta_c = \left(\frac{1}{\cos\phi_g}-1\right)(\theta_{cmem}-\alpha_0) \approx 0.5\phi_g^2(\theta_{cmem}-\alpha_0) \tag{4-21}$$

式中,θ_{cmem} 为记忆模块输出,为进入协调转弯前一时刻的近似高度保持/控制模态的输出俯仰角指令;α_0 为零升迎角。

协调转弯高度补偿回路如图 4-18 所示。

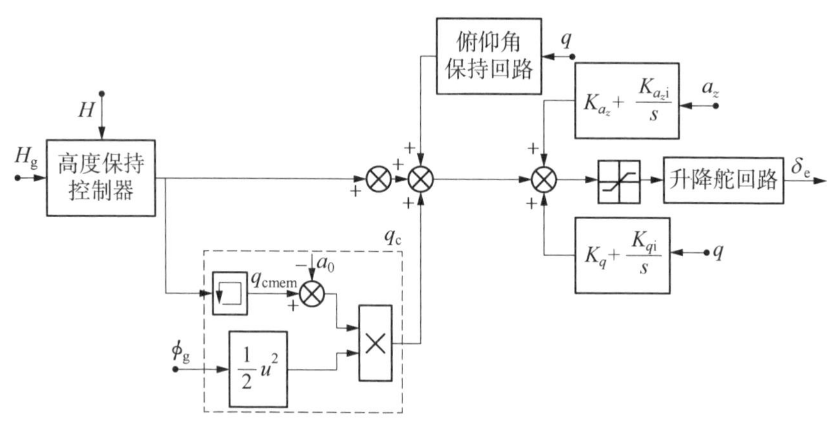

图 4-18　协调转弯高度补偿回路框图

（5）高度保持/控制模态控制律设计。

飞行高度的稳定与控制在无人机巡航飞行中具有十分重要的作用。在飞行高度的稳定与控制系统中，使用气压高度表或无线电高度表等高度差传感器测量飞行高度，与给定高度比较得到高度差信号，根据高度差信号直接控制无人机的飞行姿态，从而改变航迹倾角，以实现对飞行高度的闭环稳定与控制。

不考虑外干扰所产生的升降舵偏角以及惯性和滤波器等因素，以俯仰角控制系统为内回路，基于给定值滤波器型二自由度测量值微分先行 PID 控制的高度保持/控制模态控制律为

$$\delta_e = K_H\left(1+\frac{1}{T_{Hi}s}\right)\cdot\left[H-\left(\frac{1+\alpha\beta T_{Hi}s}{1+\beta T_{Hi}s}+\frac{\gamma T_{Hd}s}{1+\eta T_{Hd}s}\cdot\frac{\alpha T_{Hi}s}{1+T_{Hi}s}\right)H_g\right]+ \frac{K_H T_{Hd}s}{1+\eta T_{Hd}s}\cdot H+K_\theta\left(1+\frac{1}{T_{\theta i}s}+\frac{T_{\theta d}s}{1+\eta T_{\theta d}s}\right)\theta+\left(K_q+K_{qi}\frac{1}{s}\right)q+ \left(K_{a_z}+K_{a_z i}\frac{1}{s}\right)a_z \tag{4-22}$$

高度保持/控制系统如图 4-19 所示。

（6）侧向偏离自动控制律设计。

无人机重心运动可分为沿垂直方向、沿航迹切线方向和侧向偏离三种。侧向偏离自动控制与高度自动控制在原理上有很多相似之处。高度自动控制系统以俯仰角自动控制系统为内回路，侧向偏离自动控制系统则以偏航角及滚转角自动控制系统为内回路。侧向偏离一般通过无人机转弯的方式来修正。

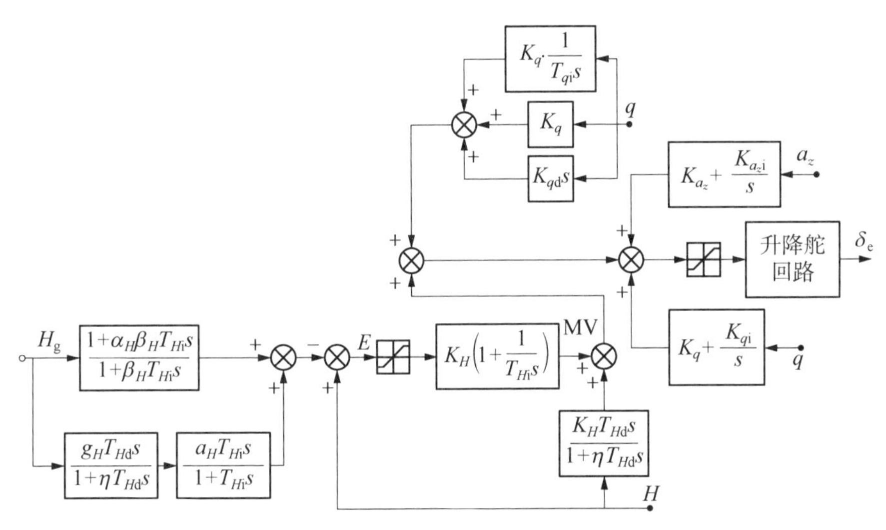

图 4-19　高度保持/控制系统框图

根据 BTT 控制方式的特点，侧向偏离控制律可采用三种方案：①通过副翼控制滚转转弯以修正侧向偏离，方向舵只起阻尼与辅助协调作用；②同时通过副翼与方向舵两通道协调转弯控制侧向偏离；③利用方向舵控制转弯修正侧向偏离，副翼通道起辅助协调作用。

对侧向偏离自动控制系统，采用第二种方案，不计惯性以及滤波器等因素，以偏航角和滚转角控制系统为内回路，基于给定值滤波器型二自由度测量值微分先行 PID 控制的侧向偏离控制的控制律为

$$
\begin{aligned}
\delta_a = {} & K_y\left(1+\frac{1}{T_{yi}s}\right)\cdot\left[y-\left(\frac{1+\alpha_y\beta_y T_{yi}s}{1+\beta_y T_{yi}s}+\frac{\gamma_y T_{yd}s}{1+\eta T_{yd}s}\cdot\frac{\alpha_y T_{yi}s}{1+T_{yi}s}\right)y_g\right]+ \\
& \frac{K_y T_{yd}s}{1+\eta T_{yd}s}\cdot y+K_{a\psi}\left(1+\frac{1}{T_{a\psi i}s}\right)\cdot\left(\psi-\frac{1+\alpha_\psi\beta_\psi T_{a\psi i}s}{1+\beta_\psi T_{a\psi i}s}\cdot\psi_g\right)+ \\
& K_\phi\left(1+\frac{1}{T_{\phi i}s}\right)\cdot\phi-K_{aa_y}a_y+K_p p \\
\delta_r = {} & K_{r\psi}\left(\psi-\frac{1+\alpha_\psi\beta_\psi T_{a\psi i}s}{1+\beta_\psi T_{a\psi i}s}\cdot\psi_g\right)+K_r(r-r_g)+K_{rp}(r\cos\alpha_*+p\sin\alpha_*)+ \\
& K_{a_y}a_y-K_{\delta_a}\delta_a \\
r_g = {} & K_{\phi r}\phi
\end{aligned}
\tag{4-23}
$$

高度补偿与协调转弯相同，侧向偏离控制系统如图 4-20 所示。

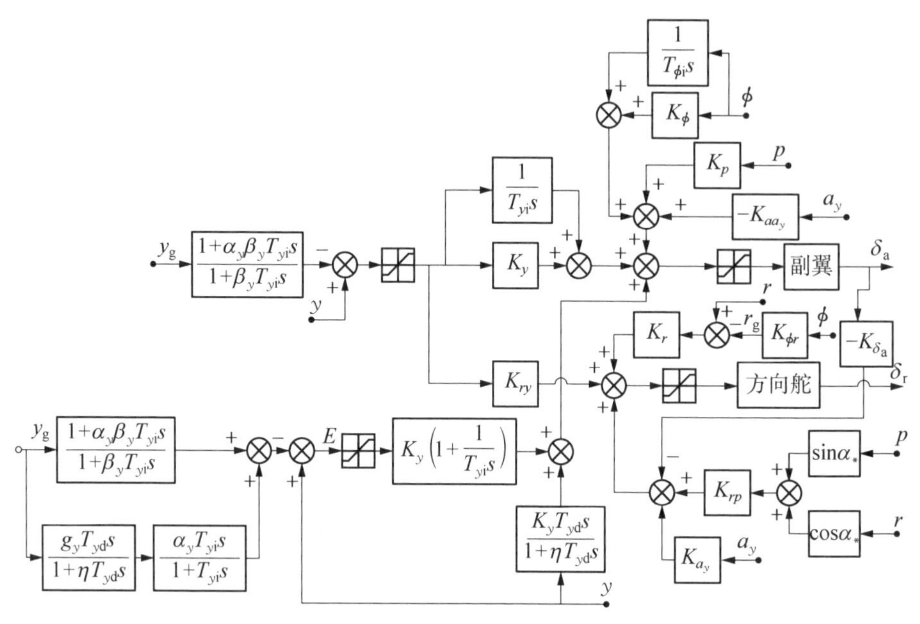

图 4-20 侧向偏离控制系统框图

向副翼引入侧向偏离距离 Δy 指令的目的是改变飞机的滚转角，从而改变飞机的航线，而引入 $\psi-\psi_g$ 起增大阻尼、减小振荡和协调修正航迹的作用。存在侧风干扰的情况下，为了消除侧向偏离稳态偏差，可加入 ψ 的稳态信号消除器，即用 $\frac{\tau s\psi}{\tau s+1}$ 信号代替 ψ 信号。

当 Δy 逐渐增大时，ψ_{max} 也随之增大。如果 $|\psi_{max}|>90°$，则修正 Δy 的过程会出现“S”形轨迹，因此，需要对侧向偏离输入 Δy 进行限幅。

$$K_y\Gamma(\Delta y)=\begin{cases}K_y\Delta y & |\Delta y|<y_{sat}\\ K_yy_{sat}\operatorname{sign}(\Delta y) & |\Delta y|\geqslant y_{sat}\end{cases} \tag{4-24}$$

式中，y_{sat} 为侧向偏离限幅值；$K_yy_{sat}\leqslant K_{\psi dy}\cdot\frac{|\Delta\psi_{max}|}{57.3}$。

通常情况下，$|\Delta\psi_{max}|\leqslant 60°$。因此，当所期望的最大修正转弯角确定后，$\Delta y$ 的限幅即可确定。同理，作为滚转角控制的合成信号 $K_{\psi dy}\Delta\psi+K_y\Gamma(\Delta y)$ 也必须限幅，以便将稳态滚转角限制在合理范围内。

(7) 自动油门控制系统控制律设计。

自动油门控制系统一般由自动油门计算机、油门杆伺服机构、飞行速度传感器等组成，其系统的控制律为

$$\delta_{\mathrm{P}}=G_{\mathrm{s}}(s)(k_1\Delta V+k_2\int\Delta V\mathrm{d}t+k_3\Delta\dot{V}) \tag{4-25}$$

式中，$G_{\mathrm{s}}(s)$ 为油门伺服机构，$G_{\mathrm{s}}(s)=\dfrac{k_{\mathrm{t}}}{T_{\mathrm{t}}s+1}$，$k_{\mathrm{t}}$ 为油门伺服机构的传动比，为每伏输入电压的输出机械行程，T_{t} 为油门伺服机构的时间常数；k_1、k_2、k_3 分别为速度信号、积分信号和微分信号的传动比。

发动机模型采用一阶惯性环节近似，$G(s)=\dfrac{k_{\mathrm{g}}}{T_{\mathrm{g}}s+1}$，阵风滤波器为一个低通滤波器，$F=\dfrac{1}{Ts+1}$，起减小阵风(速度变化的高频信号)对速度回路的影响的作用，即避免对发动机油门的频繁操纵。在稳态飞行条件下，为了避免因较小速度变化而操纵油门，需引入死区模块。自动油门控制系统如图4-21所示。

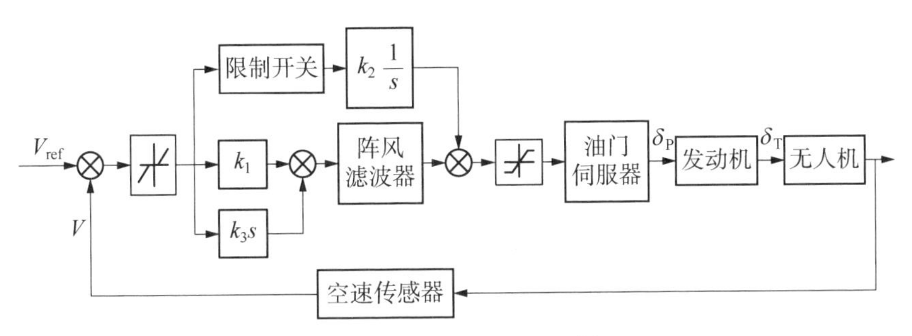

图4-21 自动油门控制系统框图

如图4-22所示，基于给定值滤波器型二自由度测量值微分先行PID控制的自动油门系统控制律为

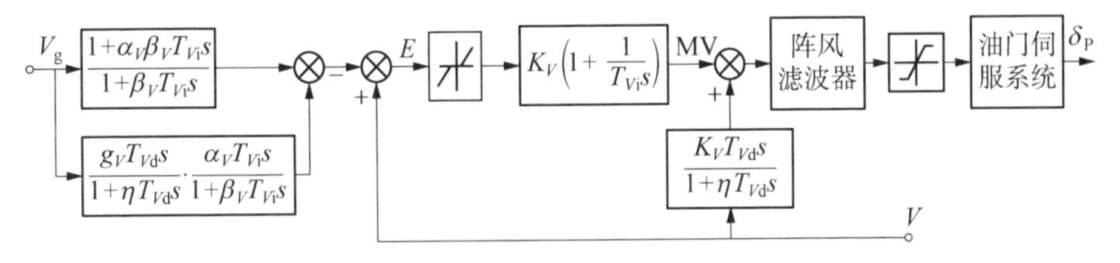

图4-22 基于二自由度PID控制的自动油门控制系统框图

$$\delta_{\mathrm{P}}=\frac{k_{\mathrm{t}}}{T_{\mathrm{t}}s+1}\left\{K_V\left(1+\frac{1}{T_{V\mathrm{i}}s}\right)\cdot\left[V-\left(\frac{1+\alpha_V\beta_VT_{V\mathrm{i}}s}{1+\beta_VT_{V\mathrm{i}}s}+\frac{\gamma_VT_{V\mathrm{d}}s}{1+\eta T_{V\mathrm{d}}s}\cdot\frac{\alpha_VT_{V\mathrm{i}}s}{1+\beta_VT_{V\mathrm{i}}s}\right)\cdot V_{\mathrm{g}}\right]+\right.$$

$$\left.\frac{K_V T_{\mathrm{Vd}} s}{1+\eta T_{\mathrm{Vd}} s} V\right\} \tag{4-26}$$

(8) 飞行速度(Ma)保持与控制系统控制律设计。

飞行速度保持与控制系统使飞机在低动压下保持平飞速度稳定,也是角运动(航迹)控制的必要前提。

飞机俯仰角的变化 $\Delta\theta$ 或者发动机油门杆角位移的变化 $\Delta\delta_{\mathrm{P}}$ 都能使飞行速度发生变化,因此,飞行速度保持与控制有两种基本方案:①通过控制升降舵,改变俯仰角(航迹倾角)以实现速度控制;②控制油门杆位移,改变发动机推力以实现速度控制。采用升降舵控制的速度控制系统多用于远距离巡航飞行,因为在远距离巡航状态下,通常对飞行速度的控制要求并不是很严格,只是希望发动机工作在最佳状态,而不希望油门杆频繁地动作。该方案亦用于升限飞行,由于此时发动机已达到最大推力状态,因此控制速度的大小只能依赖于控制飞机上仰和下俯。

a. 采用升降舵保持与控制飞行速度的方案。

当自动驾驶仪处于高度保持/控制模态时,其控制律为

$$\begin{aligned}\delta_{\mathrm{e}}=&K_V\left(1+\frac{T_{\mathrm{Vd}} s}{\eta T_{\mathrm{Vd}}+1}\right) V+K_H\left(1+\frac{1}{T_{H\mathrm{i}} s}\right) \cdot H+\frac{K_H T_{H\mathrm{d}} s}{1+\eta T_{H\mathrm{d}} s} \cdot H+\\ &K_\theta\left(1+\frac{1}{T_{\theta\mathrm{i}} s}+\frac{T_{\theta\mathrm{d}} s}{1+\eta T_{\theta\mathrm{d}} s}\right) \theta+\left(K_q+K_{q\mathrm{i}} \cdot \frac{1}{s}\right) q+\left(K_{a_z}+K_{a_z\mathrm{i}} \cdot \frac{1}{s}\right) a_z\end{aligned} \tag{4-27}$$

由于该模态的功能是扰动抑制,因此不需要采用二自由度 PID 控制器结构,向微分项中引入低通滤波器是为了减小高频信号造成的控制过程振荡。

当自动驾驶仪处于俯仰角保持/控制模态时,其控制律为

$$\begin{aligned}\delta_{\mathrm{e}}=&K_V\left(1+\frac{1}{T_{V\mathrm{i}}}+\frac{T_{\mathrm{Vd}} s}{\eta T_{\mathrm{Vd}}+1}\right) V+K_\theta\left(1+\frac{1}{T_{\theta\mathrm{i}} s}+\frac{T_{\theta\mathrm{d}} s}{1+\eta T_{\theta\mathrm{d}} s}\right) \theta+\\ &\left(K_q+K_{q\mathrm{i}} \cdot \frac{1}{s}\right) q+\left(K_{a_z}+K_{a_z\mathrm{i}} \cdot \frac{1}{s}\right) a_z\end{aligned} \tag{4-28}$$

b. 采用自动油门控制系统保持与控制飞行速度的方案。

当自动驾驶仪处于高度保持/控制模态时,基于给定值滤波器型二自由度测量值微分先行 PID 控制的控制律为

$$
\begin{aligned}
\delta_e = & K_H\left(1+\frac{1}{T_{Hi}s}\right)\cdot\left[H-\left(\frac{1+\alpha_H\beta_H T_{Hi}s}{1+\beta_H T_{Hi}s}+\frac{\gamma_H T_{Hd}s}{1+\eta T_{Hd}s}\cdot\frac{\alpha_H T_{Hi}s}{1+T_{Hi}s}\right)H_g\right]+ \\
& \frac{K_H T_{Hd}s}{1+\eta T_{Hd}s}\cdot H+K_\theta\left(1+\frac{1}{T_{\theta i}s}+\frac{T_{\theta d}s}{1+\eta T_{\theta d}s}\right)\theta+\left(K_q+K_{qi}\cdot\frac{1}{s}\right)q+ \\
& \left(K_{a_z}+K_{a_z i}\cdot\frac{1}{s}\right)a_z
\end{aligned}
$$

$$
\begin{aligned}
\delta_P = & \frac{k_t}{T_t s+1}\left\{K_V\left(1+\frac{1}{T_{Vi}s}\right)\cdot\left[V-\left(\frac{1+\alpha_V\beta_V T_{Vi}s}{1+\beta_V T_{Vi}s}+\frac{\gamma_V T_{Vd}s}{1+\eta T_{Vd}s}\cdot\frac{\alpha_V T_{Vi}s}{1+\beta_V T_{Vi}s}\right)\cdot V_g\right]+\right. \\
& \left.\frac{K_V T_{Vd}s}{1+\eta T_{Vd}s}V\right\}
\end{aligned}
\tag{4-29}
$$

当自动驾驶仪处于俯仰角保持/控制模态时，基于给定值滤波器型二自由度测量值微分先行 PID 控制的控制律为

$$
\begin{aligned}
\delta_e = & K_\theta\left(1+\frac{1}{T_{\theta i}s}\right)\cdot\left[\theta-\left(\frac{1+\alpha_\theta\beta_\theta T_{\theta i}s}{1+\beta_\theta T_{\theta i}s}+\frac{\gamma_\theta T_{\theta d}s}{1+\eta T_{\theta d}s}\cdot\frac{\alpha_\theta T_{\theta i}s}{1+T_{\theta i}s}\right)\cdot\theta_g\right]+ \\
& \frac{K_\theta T_{\theta d}s}{1+\eta T_{\theta d}s}\cdot\theta+\left(K_q+K_{qi}\cdot\frac{1}{s}\right)q+\left(K_{a_z}+K_{a_z i}\cdot\frac{1}{s}\right)a_z
\end{aligned}
$$

$$
\begin{aligned}
\delta_P = & \frac{k_t}{T_t s+1}\left\{K_V\left(1+\frac{1}{T_{Vi}s}\right)\cdot\left[V-\left(\frac{1+\alpha_V\beta_V T_{Vi}s}{1+\beta_V T_{Vi}s}+\frac{\gamma_V T_{Vd}s}{1+\eta T_{Vd}s}\cdot\frac{\alpha_V T_{Vi}s}{1+\beta_V T_{Vi}s}\right)\cdot V_g\right]+\right. \\
& \left.\frac{K_V T_{Vd}s}{1+\eta T_{Vd}s}\cdot V\right\}
\end{aligned}
\tag{4-30}
$$

3) 基于 BTT 控制方式的反辐射无人机自动驾驶仪设计（末制导段）

（1）考虑耦合的无人机三通道数学模型。

在 BTT 控制模式下，无人机末制导段的自动驾驶仪回路的去耦设计是它区别于 STT 回路设计的一个突出问题。无人机采用面对称气动布局，且需快速滚转以尽快消除 $\Delta\phi$ 误差，由于滚转角速度 p 较大，因此不可忽略地存在无人机动力学中的三种耦合：气动耦合、运动学耦合以及惯性耦合。上述耦合的存在将严重影响无人机系统的性能。

设定反辐射无人机采用面对称“一×型”布局，只有一个最大升力面，即与叉形尾翼垂直的对称面或俯仰平面，因此，侧向机动能力很差。为了始终将最大升力面对准目标，“一×型”布局的最大控制滚转角为 90°，通常称为“BTT - 90”。

为了便于对末制导段的自动驾驶仪进行设计，需在不脱离实际的前提下，对无人机数学模型进行适当简化，其简化条件如下：

a. 对采用 BTT－90 的无人机来说，$I_{xy}=I_{yx}=I_{yz}=I_{zy}=I_{xz}=I_{zx}\approx 0$，$I_z\neq I_y$。

b. 在末制导段，仅考虑无人机短周期运动，认为无人机速度变化缓慢，将速度视为常数。

c. 无人机的迎角、侧滑角均为小量，即 $\sin\alpha\approx\alpha$，$\cos\alpha\approx 1$，$\sin\beta\approx\beta$，$\cos\beta\approx 1$，忽略二阶小量，即 $\alpha^2\approx\beta^2\approx\alpha\beta\approx 0$。

d. 发动机推力与无人机纵轴重合，即 $\beta_T=0$，$l_y=0$，$\alpha_T=0$，$l_z=l_x=0$。

e. 忽略舵机的非线性，用等效的一阶环节代替实际舵机。

f. 忽略传感器的动态特性。

基于上述简化条件，忽略重力影响，仅考虑空气动力、推力的作用。在末制导段，在考虑运动学耦合、气动耦合以及惯性耦合的情况下，将各通道的耦合当作干扰项，BTT 控制模式的无人机三通道线性化数学模型的状态方程形式如下：

$$
\begin{bmatrix}\dot{\phi}\\ \dot{p}\\ \dot{\alpha}\\ \dot{q}\\ \dot{\beta}\\ \dot{r}\end{bmatrix}=
\begin{bmatrix}
0 & 1 & 0 & 0 & 0 & 0\\
0 & \dfrac{QSb^2C_{l\bar{p}}}{2I_xV} & 0 & 0 & 0 & 0\\
0 & 0 & -\dfrac{QSC_{L\alpha}+T}{mV} & 1-\dfrac{QSC_{L\bar{q}}c_A}{2mV^2} & 0 & 0\\
0 & 0 & \dfrac{QSc_AC_{m\alpha}}{I_y} & \dfrac{QSc_A^2C_{m\bar{q}}}{2I_yV} & 0 & 0\\
0 & 0 & 0 & 0 & \dfrac{QSC_{Y\beta}-T}{mV} & \dfrac{QSb}{2mV^2}C_{Y\bar{r}}-1\\
0 & 0 & 0 & 0 & \dfrac{QSbC_{n\beta}}{I_z} & \dfrac{QSb^2C_{n\bar{r}}}{2I_zV}
\end{bmatrix}
\begin{bmatrix}\phi\\ p\\ \alpha\\ q\\ \beta\\ r\end{bmatrix}+
$$

$$
\begin{bmatrix}
0 & 0 & 0 \\
\dfrac{QSbC_{l\delta_{\mathrm{a}}}}{I_x} & 0 & 0 \\
0 & -\dfrac{QSC_{L\delta_{\mathrm{e}}}}{mV} & 0 \\
0 & \dfrac{QSc_{\mathrm{A}}C_{m\delta_{\mathrm{e}}}}{I_y} & 0 \\
0 & 0 & \dfrac{QSC_{Y\delta_{\mathrm{r}}}}{mV} \\
0 & 0 & \dfrac{QSbC_{n\delta_{\mathrm{r}}}}{I_z}
\end{bmatrix}
\begin{bmatrix}
\delta_{\mathrm{a}} \\ \delta_{\mathrm{e}} \\ \delta_{\mathrm{r}}
\end{bmatrix} +
$$

$$
\begin{bmatrix}
1 & 0 & 0 & 0 & 0 & 0 \\
0 & 1 & 0 & 0 & 0 & 0 \\
0 & 0 & 1 & 0 & 0 & 0 \\
0 & 0 & 0 & 1 & 0 & 0 \\
0 & 0 & 0 & 0 & 1 & 0 \\
0 & 0 & 0 & 0 & 0 & 1
\end{bmatrix}
\begin{bmatrix}
\sqrt{r^2+q^2}\sin\left(\arctan\dfrac{r}{q}+\phi\right)\tan\theta \\
\dfrac{QSbC_{l\beta}}{I_x}\beta+\dfrac{QSb^2C_{l\bar{r}}}{2I_xV}r+\dfrac{QSbC_{l\delta_{\mathrm{r}}}}{I_x}\delta_{\mathrm{r}}-\dfrac{qr(I_z-I_y)}{I_x} \\
-p\beta \\
-\dfrac{pr(I_x-I_z)}{I_y} \\
\dfrac{QSbC_{Y\bar{p}}}{2mV^2}p+\dfrac{QSC_{Y\delta_{\mathrm{a}}}}{mV}\delta_{\mathrm{a}}+p\alpha \\
\dfrac{QSb^2C_{n\bar{p}}}{2I_zV}p+\dfrac{QSbC_{n\delta_{\mathrm{a}}}}{I_z}\delta_{\mathrm{a}}-\dfrac{pq(I_y-I_x)}{I_z}
\end{bmatrix}
\tag{4-31}
$$

如果忽略舵面偏转引起的法向过载和侧向过载的影响，则无人机法向过载和侧向过载为

$$
\begin{aligned}
n_y &= \frac{a_y}{g} \approx \frac{QS}{mg}(C_{Y\beta}-C_D)\beta \\
n_z &= \frac{a_z}{g} \approx -\frac{QS}{mg}(C_{L\alpha}+C_D)\alpha
\end{aligned}
\tag{4-32}
$$

(2) 三通道耦合分析以及解耦方法。

气动耦合包括气动力和气动力矩的耦合，而气动力矩的耦合包括稳定力矩、操纵力矩和阻尼力矩的交叉耦合。对上述耦合可采用扰动补偿以及操纵指令补

偿(针对操纵力矩交叉耦合)的方法,通过附加等效舵偏角进行解耦。

运动学耦合,尤其是俯仰偏航通道中的运动学耦合表现为附加扰动力的耦合,影响驾驶仪侧向过载控制回路对侧向过载的调节和保持 $\beta=0$ 的能力,同时也使得无人机迎角变化速度增加,从而使得法向过载产生明显的动态变化。

惯性耦合表现为扰动力矩的耦合,它将影响自动驾驶仪控制回路的动态性能,增大侧滑角和迎角的动态响应时间,降低其稳定性。对运动学交叉耦合和惯性耦合,可采用扰动补偿的方法,通过附加等效舵偏角进行解耦。

(3) 控制系统设计准则。

三通道独立控制的设计准则是三通道稳定裕度——幅值裕度不小于 8 dB,相位裕度不小于 60°;时域指标——上升时间为 0.2~0.3 s,超调量不大于 5%。

协调控制的设计准则是在俯仰通道输入所要求的最大过载指令信号的同时,滚转通道输入 90°滚转角偏差指令信号,要求航向是稳定的,同时稳态侧滑角为 0°,过渡侧滑角在±3°以内。

(4) 三通道独立设计。

a. 滚转通道。不考虑惯性和滤波器等因素,基于不完全二自由度 PID 控制的滚转角控制模态的控制律如下,引入滚转角速度负反馈用于提高滚转阻尼性能。

$$\delta_{\mathrm{a}}=K_{\phi}\left(1+\frac{1}{T_{\phi\mathrm{i}}s}\right)\cdot\left(\phi-\frac{1+\alpha_{\phi}\beta_{\phi}T_{\phi\mathrm{i}}s}{1+\beta_{\phi}T_{\phi\mathrm{i}}s}\cdot\phi_{\mathrm{g}}\right)+K_{p}p \tag{4-33}$$

b. 偏航通道。不考虑惯性和滤波器等因素,基于不完全二自由度 PID 控制的侧向过载控制模态控制律如下,引入侧滑角(不考虑舵偏引起的侧向加速度,侧滑角可用侧向加速度近似)和偏航角速度负反馈,用于增加航向静稳定性和荷兰滚模态的阻尼。

$$\delta_{\mathrm{r}}=K_{n_y}\left(1+\frac{1}{T_{n_y\mathrm{i}}s}\right)\cdot\left(n_y-\frac{1+\alpha_{n_y}\beta_{n_y}T_{n_y\mathrm{i}}s}{1+\beta_{n_y}T_{n_y\mathrm{i}}s}\cdot n_{y\mathrm{g}}\right)+K_{a_y}a_y+K_r r \tag{4-34}$$

c. 俯仰通道。不考虑惯性和滤波器等因素,基于不完全二自由度 PID 控制的法向过载控制模态的控制律如下,引入迎角(不考虑舵偏引起的法向加速度,迎角可用法向加速度近似)和俯仰角速度负反馈用于增加纵向阻尼比。

$$\delta_{\mathrm{e}}=K_{n_z}\left(1+\frac{1}{T_{n_z\mathrm{i}}s}\right)\cdot\left(n_z-\frac{1+\alpha_{n_z}\beta_{n_z}T_{n_z\mathrm{i}}s}{1+\beta_{n_z}T_{n_z\mathrm{i}}s}\cdot n_{z\mathrm{g}}\right)+K_{a_z}a_z+K_q q \tag{4-35}$$

（5）三通道耦合解耦控制律设计。

a. 滚转通道解耦控制律设计。如图4-23所示，不考虑惯性和滤波器等因素，基于解耦控制（即协调控制）的滚转角控制模态的控制律如下，δ_a^* 为等效舵偏角，用于对气动力矩的耦合、惯性耦合以及运动学耦合进行补偿，消除俯仰与偏航通道对滚转通道的影响，达到解耦的目的。

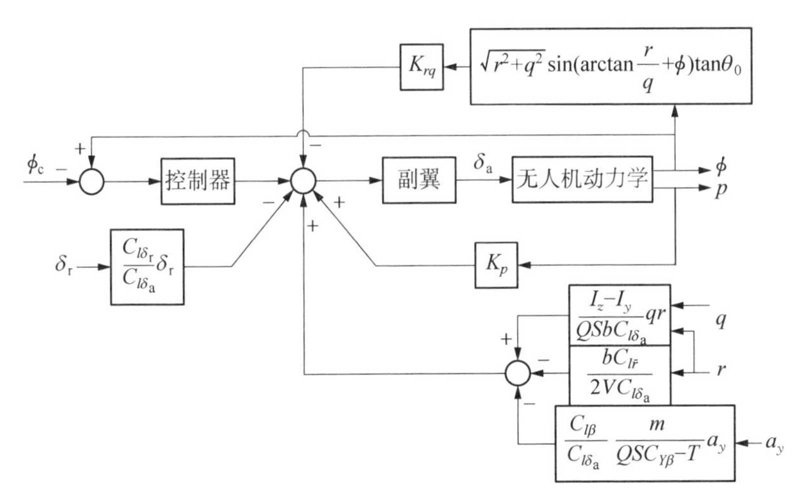

图4-23　滚转通道控制系统框图

$$\delta_a = K_\phi\left(1+\frac{1}{T_{\phi i}s}\right)\cdot\left(\phi-\frac{1+\alpha_\phi\beta_\phi T_{\phi i}s}{1+\beta_\phi T_{\phi i}s}\cdot\phi_g\right)+K_p p+\delta_a^*$$

$$\delta_a^* = -\frac{C_{l\delta_r}}{C_{l\delta_a}}\delta_{rc}-\frac{bC_{l\bar{r}}}{2VC_{l\delta_a}}r-\frac{C_{l\beta}}{C_{l\delta_a}}\cdot\frac{m}{QSC_{Y\beta}-T}a_y+\frac{I_z-I_y}{QSbC_{l\delta_a}}qr-$$
$$K_{rq}\sqrt{r^2+q^2}\sin\left(\arctan\frac{r}{q}+\phi\right)\tan\theta_0 \tag{4-36}$$

b. 偏航通道解耦控制律设计。如图4-24所示，不考虑惯性和滤波器等因素，基于协调控制的侧向过载控制模态控制律如下，δ_r^* 为等效舵偏角，用于对气动耦合、惯性耦合和运动学耦合进行补偿，消除俯仰与滚转通道对偏航通道的影响，达到解耦的目的。

$$\delta_r = K_{n_y}\left(1+\frac{1}{T_{n_y i}s}\right)\cdot\left(n_y-\frac{1+\alpha_{n_y}\beta_{n_y}T_{n_y i}s}{1+\beta_{n_y}T_{n_y i}s}\cdot n_{yg}\right)+K_{a_y}a_y+K_r r+\delta_r^*$$

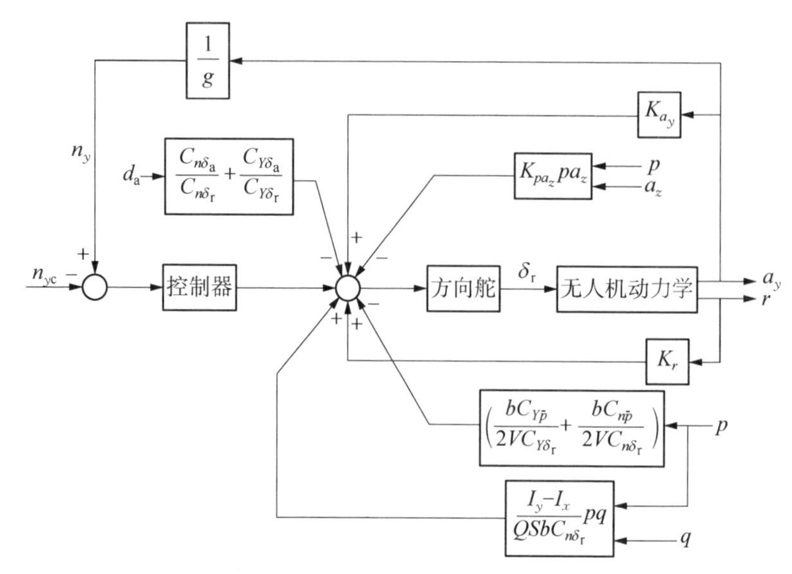

图 4-24　偏航通道控制系统框图

$$\delta_r^* = -\left(\frac{bC_{Y\bar{p}}}{2VC_{Y\delta_r}}+\frac{bC_{n\bar{p}}}{2VC_{n\delta_r}}\right)p-\left(\frac{C_{n\delta_a}}{C_{n\delta_r}}+\frac{C_{Y\delta_a}}{C_{Y\delta_r}}\right)\delta_{ac}+\frac{I_y-I_x}{QSbC_{n\delta_r}}pq-K_{pa_z}pa_z \tag{4-37}$$

c. 俯仰通道解耦控制律设计。如图 4-25 所示，不考虑惯性和滤波器等因素，基于协调控制的法向过载控制模态的控制律如下，引入迎角（不考虑舵偏引起的法向加速度，迎角可用法向加速度近似）和俯仰角速度负反馈，用于增加纵向阻尼比。δ_e^* 为等效舵偏角，用于对惯性耦合以及运动学耦合进行补偿，消除偏

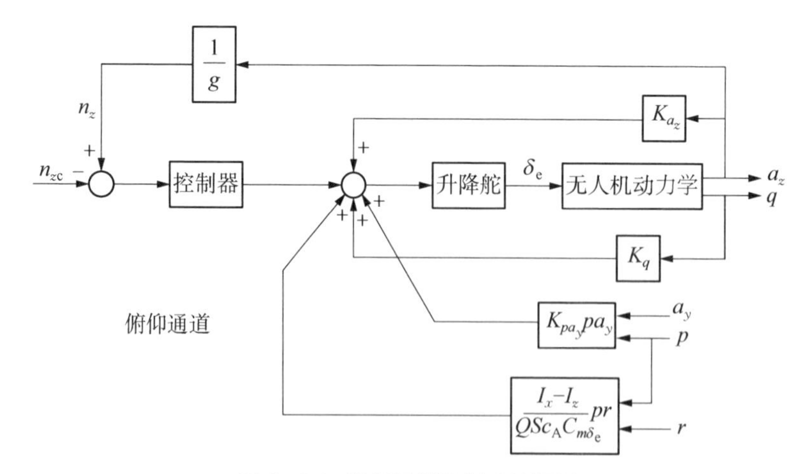

图 4-25　俯仰通道控制系统框图

航和滚转通道对俯仰通道的影响，达到解耦的目的。

$$\delta_e = K_{n_z}\left(1+\frac{1}{T_{n_z i}s}\right)\cdot\left(n_z - \frac{1+\alpha_{n_z}\beta_{n_z}T_{n_z i}s}{1+\beta_{n_z}T_{n_z i}s}\cdot n_{zg}\right) + K_{a_z}a_z + K_q q + \delta_e^*$$

$$\delta_e^* = \frac{I_x - I_z}{QSc_A C_{m\delta_e}}pr + K_{pa_y}pa_y \tag{4-38}$$

根据导引头给出的直角坐标控制指令或视线角速度，BTT 控制指令有两种，分别为

$$\phi_c = -\arctan\left(\frac{n_{yc}}{n_{zc}}\right)$$

$$n_c = \sqrt{n_{yc}^2 + n_{zc}^2}\cdot \mathrm{sign}(n_{zc})$$

或者

$$\phi_c = \arctan\left(\frac{\dot{q}_z}{\dot{q}_y}\right)$$

$$n_c = K\sqrt{\dot{q}_z^2 + \dot{q}_y^2}\left(\frac{\dot{R}}{Ts+1}\right) \tag{4-39}$$

式中，ϕ_c 为倾斜角指令；n_{yc} 为侧向过载指令；n_{zc} 为法向过载指令；n_c 为总过载指令。

(6) 控制器的脆弱性分析。

尽管目前有很多衡量控制回路鲁棒性的方法，诸如增益裕度 A_m、相位裕度 ϕ_m、最大灵敏度 M_s，增益鲁棒性指标 RI_{kp} 以及停滞时间鲁棒性指标 RI_{td}，但是还没有一个衡量控制器脆弱性的指标，也还没有定量标准来确定什么时候控制器是脆弱的。

a. 控制器的脆弱性指标。

假设 $\bar{\boldsymbol{p}} = [K_c \quad T_i \quad T_d]$ 是 PID 控制器参数矢量，$\bar{\boldsymbol{p}}_0 = [K_{c0} \quad T_{i0} \quad T_{d0}]$ 是所选用的参数整定方法获得的控制器参数矢量，称为“标称参数”，矢量 $\bar{\boldsymbol{p}}_u = [K_{cu} \quad T_{iu} \quad T_{du}]$ 是所有使得控制系统不稳定的参数，同时假设矢量 $\Delta\bar{\boldsymbol{p}} = [\delta K_c \quad \delta T_i \quad \delta T_d]$ 为控制器参数的改变量(正的或负的变化)，其中，$-K_{c0} \leqslant \delta K_c \leqslant K_{c0}$，$-T_{i0} \leqslant \delta K_i \leqslant T_{i0}$，$-T_{d0} \leqslant \delta K_d \leqslant T_{d0}$，那么控制器参数摄动为

$$\Delta\bar{\boldsymbol{p}}_{\mathrm{f}}=[\delta K_{\mathrm{cf}}\quad \delta T_{\mathrm{if}}\quad \delta T_{\mathrm{df}}]=\min_{\delta}\{\Delta\bar{\boldsymbol{p}}:\bar{\boldsymbol{p}}_{\mathrm{u}}=\bar{\boldsymbol{p}}_0+\Delta\bar{\boldsymbol{p}}\} \tag{4-40}$$

矢量 $\Delta\bar{\boldsymbol{p}}_{\mathrm{f}}$ 对应一组使控制系统不稳定的控制器参数的最小变化量或摄动量，于是，这组使得控制器达到稳定极限的参数如下：

$$\bar{\boldsymbol{p}}_{\mathrm{f}}=[K_{\mathrm{cf}}\quad T_{\mathrm{if}}\quad T_{\mathrm{df}}]=\bar{\boldsymbol{p}}_0+\Delta\bar{\boldsymbol{p}}_{\mathrm{f}}=[K_{\mathrm{c0}}+\delta K_{\mathrm{cf}}\quad T_{\mathrm{i0}}+\delta T_{\mathrm{if}}\quad T_{\mathrm{d0}}+\delta T_{\mathrm{df}}] \tag{4-41}$$

因此，PID 控制器的绝对脆弱性指标 $\mathrm{FI_a}$ 可定义为使得系统不稳定的控制器参数最小摄动矢量的 l_2 范数与控制器标称参数矢量的 l_2 范数的商，即

$$\mathrm{FI_a}=\frac{\|\Delta\bar{\boldsymbol{p}}_{\mathrm{f}}\|_2}{\|\bar{\boldsymbol{p}}_0\|_2} \tag{4-42}$$

不过这样一来，PID 控制器脆弱性的概念就与使控制系统不稳定的较小的控制器参数变化联系在一起。出于控制器的实现考虑，并不期望控制器参数的不确定性或者变化大到使整个控制系统不稳定。因此，为了研究方便，可用最大灵敏度作为鲁棒性的衡量标准，将控制器的脆弱性定义为一个控制回路鲁棒性损失的函数。在所有控制器参数发生任意不大的变化的情况下，这样的控制器脆弱性的度量将更能揭示控制系统损失鲁棒性的程度。

最大灵敏度的描述如下：

$$M_{\mathrm{s}}=\max_{\omega}\left|\frac{1}{1+G_{\mathrm{p}}(\mathrm{j}\omega)G_{\mathrm{c}}(\mathrm{j}\omega)}\right| \tag{4-43}$$

式中，G_{p} 为受控对象的传递函数；G_{c} 为控制器的传递函数。

$\dfrac{1}{M_{\mathrm{s}}}$ 表示从 $G_{\mathrm{p}}G_{\mathrm{c}}$ 的奈奎斯特图位置到（−1，j0）点的最短距离，因此，它可直接表征系统的鲁棒性。通常 M_{s} 应为 1.2～2。M_{s} 越大则系统的快速性就越好，鲁棒性也就越差；反之亦然。

定义控制器参数 $\Delta\varepsilon$ 的摄动矢量 $\Delta\varepsilon\bar{\boldsymbol{p}}=[\delta_{\varepsilon}K_{\mathrm{c0}}\quad \delta_{\varepsilon}T_{\mathrm{i0}}\quad \delta_{\varepsilon}T_{\mathrm{d0}}]$，其中，$\delta_{\varepsilon}=\pm\varepsilon$。如果对任意一组控制器参数，将系统的最大灵敏度定义为 $M_{\mathrm{sp}}=M_{\mathrm{s}}(\bar{\boldsymbol{p}})$，那么，标称控制器的最大灵敏度 $M_{\mathrm{s0}}=M_{\mathrm{s}}(\bar{\boldsymbol{p}}_0)$；以及如果一组参数存在摄动为 $\Delta\varepsilon\bar{\boldsymbol{p}}$ 的控制器的最大灵敏度 $M_{\mathrm{s\Delta\varepsilon}}=M_{\mathrm{s}}(\bar{\boldsymbol{p}}_0+\Delta\varepsilon\bar{\boldsymbol{p}})$，则带有摄动参数的极端最大灵敏度为

$$M_{\mathrm{s\Delta\varepsilon m}}=\max_{\Delta\varepsilon\bar{\boldsymbol{p}}}\{M_{\mathrm{s\Delta\varepsilon}}:\Delta\varepsilon\bar{\boldsymbol{p}}=[\pm\varepsilon K_{\mathrm{c0}}\quad \pm\varepsilon T_{\mathrm{i0}}\quad \pm\varepsilon T_{\mathrm{d0}}]\} \tag{4-44}$$

极端最大灵敏度表示当控制器所有参数存在相同程度的摄动(考虑摄动参数值的所有可能组合)时,控制系统鲁棒性的最大损失。

控制器的 $\Delta\varepsilon$ 脆弱性指标 $\mathrm{FI}_{\Delta\varepsilon}$ 可定义为一个将控制系统的极端最大灵敏度 $M_{\mathrm{s}\Delta\varepsilon\mathrm{m}}$ 与其最大标称灵敏度 $M_{\mathrm{s}0}$ 联系在一起的指标,其描述如下[5]:

$$\mathrm{FI}_{\Delta\varepsilon}=\frac{M_{\mathrm{s}\Delta\varepsilon\mathrm{m}}}{M_{\mathrm{s}0}}-1 \tag{4-45}$$

理想情况下,一个具有完全恢复性的(绝对非脆弱)控制器的脆弱性指标 $\mathrm{FI}_{\Delta\varepsilon}=0$,当其参数 $\bar{\boldsymbol{p}}_0$ 发生摄动 $\Delta\varepsilon\bar{\boldsymbol{p}}$ 时,控制回路完全不损失鲁棒性。如果脆弱性指标 $\mathrm{FI}_{\Delta\varepsilon}=0.1$,则当所有控制器参数发生指定量的摄动时,控制系统将损失10%的鲁棒性。

控制器的每个参数在脆弱性上的相对影响都可由脆弱性指标 $\mathrm{FI}_{\delta_\varepsilon p}$ 获得。$\mathrm{FI}_{\delta_\varepsilon p}$[5] 表示当只有控制器参数 p 的标称值发生摄动 δ_ε 时,控制回路的鲁棒性才损失。

$$\mathrm{FI}_{\delta_\varepsilon p}=\frac{M_{\mathrm{s}\delta_\varepsilon p}}{M_{\mathrm{s}0}}-1 \tag{4-46}$$

以上关于控制器脆弱性的论述中,没有明确控制器参数摄动 δ_ε 的大小。但是基于控制器的实现考虑,PID 控制器参数不确定性不应超过合理水平,通常取10%或 20%。

b. 脆弱控制器、非脆弱控制器以及具有恢复性的控制器。

当标称控制器参数中的一个或多个发生 20%的摄动时,可定义由 Δ20 脆弱性指标($\mathrm{FI}_{\Delta20}$)衡量控制回路鲁棒性的最大损失。

基于 $\mathrm{FI}_{\Delta20}$,控制器脆弱性程度定义如下[5]:

a) 脆弱 PID 控制器:如果 $\mathrm{FI}_{\Delta20}>0.5$,那么 PID 控制器是脆弱的。

b) 非脆弱 PID 控制器:如果 $\mathrm{FI}_{\Delta20}\leqslant 0.5$,那么 PID 控制器是非脆弱的。

c) 具有恢复性的 PID 控制器:如果 $\mathrm{FI}_{\Delta20}\leqslant 0.1$,那么 PID 控制器是具有恢复性的。

当控制器的参数摄动达到 20%时,如果控制回路的鲁棒性损失大于 50%,那么该控制器是脆弱的,否则它便是非脆弱的。另外,当控制器的参数摄动达到20%时,如果控制回路的鲁棒性损失不大于 10%,那么该控制器是具有恢复性的。也就是说,这种情况下的控制器将允许调节其参数达到标称值的±20%,而没有显著的鲁棒性损失(不到10%)。应该指出的是,$\mathrm{FI}_{\Delta20}$ 指标还可作为衡量其他类型控制器脆弱性的指标。

c. 案例分析。

以基于给定值滤波器型二自由度测量值微分先行 PID 控制的俯仰角保持/控制回路为例，采用基于实数编码遗传的 PID 参数整定方法，设计的 PID 控制器的控制参数如下：$K_\theta = 0.6935$，$T_{\theta i} = 1.205$，$T_{\theta d} = 8.1864$，$\eta = 0.8744$，给定值滤波器中相应的二自由度化系数 $\alpha = 0.78$，$\beta = 1.34$，$\gamma = 1.4$。

不考虑二自由度化系数的摄动，当 PID 控制器的控制参数中的一个发生±20%的摄动时，$FI_{\Delta 20K_\theta} = 0.2065$，$FI_{\Delta 20T_{\theta i}} = 0.0194$，$FI_{\Delta 20T_{\theta d}} = 0.0129$，$FI_{\Delta 20\eta} = 0.0968$；当 PID 控制器的控制参数 K_θ、$T_{\theta i}$、$T_{\theta d}$ 以及 η 同时发生±20%的摄动时，$FI_{\Delta 20} = 0.3677$，此时的极端最大灵敏度 $M_{s\Delta 20m} = 2.12$。控制器的 $\Delta\varepsilon$ 脆弱性指标的变化如图 4-26 所示。根据对控制器脆弱程度的定义，该 PID 控制器为非脆弱控制器，具有非脆弱鲁棒性。

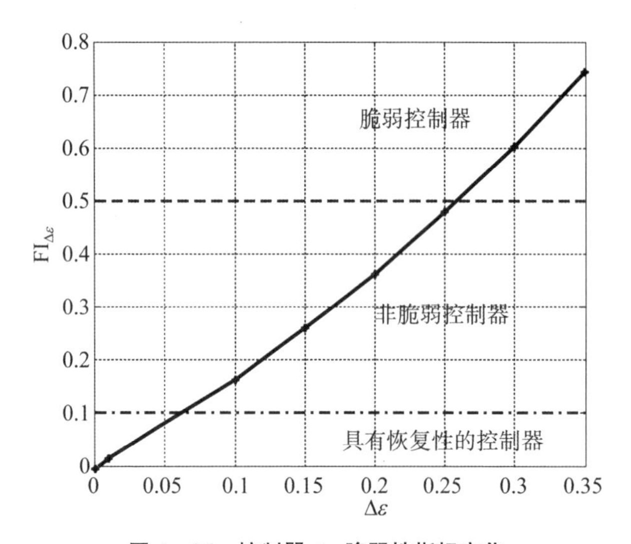

图 4-26 控制器 $\Delta\varepsilon$ 脆弱性指标变化

当俯仰角增加 5°时，PID 控制器的控制参数以及二自由度化系数同时发生±20%摄动的过渡过程如图 4-27 所示，可以看出，与没有发生摄动相比，俯仰角响应的上升时间略微增加，稍微有一些超调，稳态精度变化不明显，总之，控制品质变化不大。

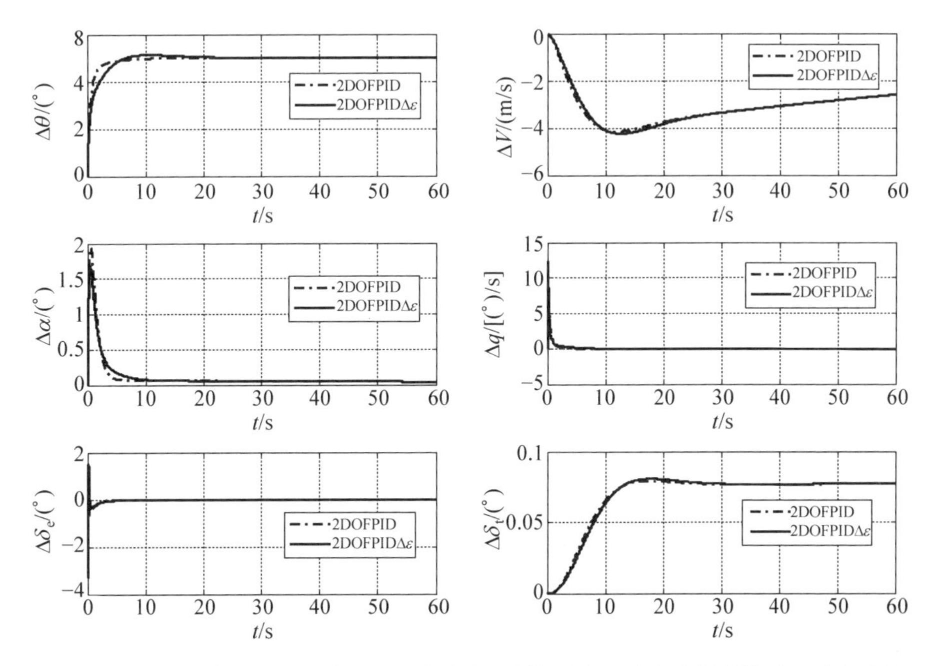

图 4-27　$\Delta\theta=5°$时，控制器参数同时发动±20%摄动与没有发生摄动的过渡过程对比

4.3.4　反辐射无人机分数阶比例微分积分飞行控制系统设计

分数阶比例微分积分控制器是由 Podludny 教授提出来的，其一般格式简记为“$PI^{\lambda}D^{\mu}$”。它的出现是分数阶控制理论历史上的一个里程碑，为分数阶控制理论的发展奠定了基础。$PI^{\lambda}D^{\mu}$ 控制器的主要优点如下：

(1) 由于整个控制器多了两个可调参数，控制器参数的整定范围变大，设计自由度增加，控制器能够更灵活地控制受控对象，因此与传统整数阶 PID 控制器相比，能取得更好的控制品质。

(2) 根据分数阶微积分的特点，控制器的微分项也具有积分的功能；控制器本身也是一种滤波器(采用滤波器近似算法计算分数阶微积分)，能有效抑制噪声，不需另外引入滤波器。

(3) 控制器对模型不确定性具有更好的鲁棒性，因此对被控系统建模的准确性要求不高。

(4) $PI^{\lambda}D^{\mu}$ 控制器不仅能很好地控制分数阶系统，还能很好地控制整数阶系统。

鉴于 $PI^{\lambda}D^{\mu}$ 控制的上述优点，以下反辐射无人机飞行自动控制系统设计尝试采用该项技术。

1）分数阶微积分定义

对分数阶微积分，有如下表示：

$$
{}_aD_t^\alpha = \begin{cases} \dfrac{d^\alpha}{dt^\alpha} & \mathrm{Re}\,\alpha > 0 \\ 1 & \mathrm{Re}\,\alpha = 0,\ \mathrm{Im}\,\alpha = 0 \\ \int_a^t (d\tau)^{-\alpha} & \mathrm{Re}\,\alpha < 0 \end{cases} \tag{4-47}
$$

式中，α 为任意复数；a、t 为积分运算的上下限。

如果 α 为整数，则表示整数阶微积分。如果设 $\alpha > 0$ 为实数，则 ${}_aD_t^{-\alpha}$ 表示分数阶积分，${}_aD_t^\alpha$ 表示分数阶微分。如果微积分运算的下限 $a = 0$，则用 $D_t^{-\alpha}$ 和 D_t^α 表示分数阶积分和微分。

为了便于区分，用 ${}_aJ_t^\alpha$ 和 ${}_aD_t^\alpha$ 分别表示分数阶积分和微分。如果 $a = 0$，则用 J_t^α 和 D_t^α 表示在 $[0, t]$ 上的分数阶积分和分数阶微分。

在分数阶微积分理论发展的进程中，学者们提出了多种分数阶微积分的定义形式[6-10]，著名的有 Riemann-Liouville 定义，Caputo 定义以及 Grünwald-Letnikov 定义，此外，还有基于广义函数法定义的分数阶微积分等。

（1）Riemann-Liouville 分数阶微积分定义。

a. Riemann-Liouville 分数阶积分定义。

定义 4.1 Riemann-Liouville 分数阶积分为

$$
{}_a^{R}J_t^\alpha f(t) = \frac{1}{\Gamma(\alpha)} \int_a^t (t-\tau)^{\alpha-1} f(\tau)\, d\tau \qquad t > 0, \mathrm{Re}\,\alpha \in \mathbf{R}^+ \tag{4-48}
$$

式中，$\Gamma(\alpha) = \int_0^\infty e^{-x} x^{\alpha-1} dx$；$\mathbf{R}^+$ 为正实数集。

Riemann-Liouville 定义为目前最常用的分数阶微积分定义。定义 ${}^{R}J^0 = I$，则 ${}^{R}J^0 f(t) = f(t)$。注意，这里的积分是一般 Riemann 意义上的积分，因此要求函数在 $\mathbf{R}^+$ 上是局部绝对可积的。

b. Riemann-Liouville 分数阶微分定义。

对 Riemann-Liouville 分数阶微分的定义包括左定义和右定义两种。Riemann-Liouville 分数阶微分左定义如下。

定义 4.2 分数阶 $\alpha > 0$ 的微分为

$$
{}^{R}D^{\alpha}f(t)=D^{n}J^{n-\alpha}f(t)=\begin{cases}\dfrac{\mathrm{d}^{n}}{\mathrm{d}t^{n}}\left[\dfrac{1}{\Gamma(n-\alpha)}\displaystyle\int_{0}^{t}\dfrac{f(\tau)}{(t-\tau)^{\alpha-n+1}}\mathrm{d}\tau\right] & 0\leqslant n-1<\alpha<n\\ \dfrac{\mathrm{d}^{n}}{\mathrm{d}t^{n}}f(t) & \alpha=n\end{cases}
$$

(4 - 49)

式中，$n\in\mathbf{Z}$，$\mathbf{Z}$ 为整数集。关于左定义的几何解释如图 4 - 28 所示。

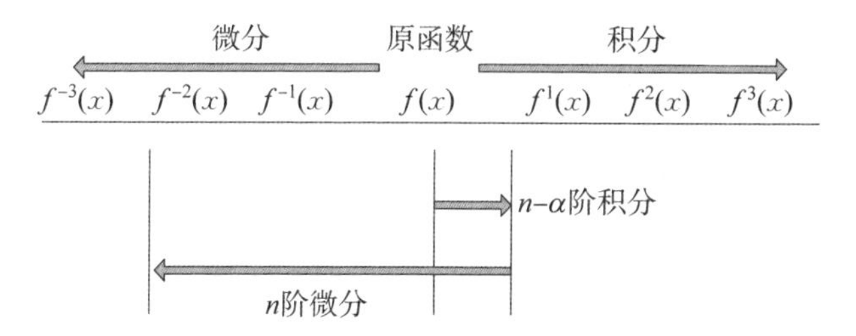

图 4 - 28　Riemann-Liouville 分数阶微分左定义的几何解释

Riemann-Liouville 分数阶微分右定义与左定义结果相同。由于 Riemann-Liouville 分数阶微分右定义最早是由 Caputo 给出定义公式的，因此，其又称作 Caputo 分数阶微分，具体表达式见以下关于 Caputo 分数阶微分的定义。

(2) Caputo 分数阶微积分定义。

a. Caputo 分数阶积分定义。

定义 4.3　Caputo 分数阶积分的数学表达式如下：

$$
{}_{a}^{C}J_{t}^{\alpha}f(x)=\frac{1}{\Gamma(-\alpha)}\int_{0}^{t}\frac{f(t)}{(x-t)^{1-\alpha}}\mathrm{d}t\qquad \alpha<0,\ t>0 \tag{4-50}
$$

b. Caputo 分数阶微分定义。

定义 4.4　分数阶微分为

$$
{}^{C}D^{\alpha}f(t)=J^{n-\alpha}D^{n}f(t)=\begin{cases}\dfrac{1}{\Gamma(n-\alpha)}\displaystyle\int_{0}^{t}\dfrac{f^{(n)}(\tau)}{(t-\tau)^{\alpha-n+1}}\mathrm{d}\tau & n-1<\alpha<n\\ \dfrac{\mathrm{d}^{n}}{\mathrm{d}t^{n}}f(n) & \alpha=n\end{cases}
$$

(4 - 51)

式中，$n\in\mathbf{Z}$。

上述定义是由研究线性黏弹性问题发展而来的，其主要优点是它的 Laplace

变换的初值只要用到整数阶导数,但它对函数 $f(x)$ 的要求比 Riemann-Liouville 分数阶微分严格得多,它要求函数 $f(x)$ 的 n 阶导数绝对可积。在上述定义下,常数的分数阶微分为 0,即 ${}^{C}D^{\alpha}1 \equiv 0$, $\alpha > 0$。

(3) Grünwald-Letnikov 分数阶微积分定义。

a. Grünwald-Letnikov 分数阶微分定义。

定义 4.5 Grünwald-Letnikov 分数阶微分的极限定义形式为

$$ {}_{a}^{G}D_{t}^{\alpha}f(t) = \lim_{h\to 0}\frac{1}{h^{\alpha}}\sum_{j=0}^{\frac{t-a}{h}}(-1)^{j}\binom{\alpha}{j}f(t-jh) \qquad \alpha > 0 \tag{4-52}$$

式中, $\binom{\alpha}{j}$ 为二项式系数, $\binom{\alpha}{j} = \frac{\Gamma(\alpha+1)}{\Gamma(k+1)\Gamma(\alpha-k+1)}$。

定义 4.6 Grünwald-Letnikov 分数阶微分为

$$ {}_{a}^{G}D_{t}^{\alpha}f(t) = \sum_{k=0}^{n}\frac{f^{(k)}(a)(t-a)^{k-\alpha}}{\Gamma(k-\alpha+1)} + \frac{1}{\Gamma(n-\alpha+1)}\int_{a}^{t}(t-\tau)^{n-\alpha}f^{(n)}(\tau)\mathrm{d}\tau \tag{4-53}$$

式中, $f^{(k)}$ 在 $[0, t]$ 上连续, $n-1 < \alpha < n$。

b. Grünwald-Letnikov 分数阶积分定义。

定义 4.7 Grünwald-Letnikov 分数阶积分的极限定义形式为

$$ {}_{a}^{G}J_{t}^{\alpha}f(t) = \lim_{h\to 0}h^{\alpha}\sum_{j=0}^{\frac{t-a}{h}}(-1)^{j}\binom{-\alpha}{j}f(t-jh) \qquad \alpha > 0 \tag{4-54}$$

式中, $\binom{-\alpha}{j}$ 为二项式系数, $\binom{-\alpha}{j} = \frac{(-1)^{j}\Gamma(\alpha+j)}{\Gamma(j+1)\Gamma(\alpha)}$。

定义 4.8 Grünwald-Letnikov 分数阶积分为

$$ {}_{a}^{G}J_{t}^{\alpha}f(t) = \sum_{k=0}^{n}\frac{f^{(k)}(a)(t-a)^{k+\alpha}}{\Gamma(k+\alpha+1)} + \frac{1}{\Gamma(n+\alpha+1)}\int_{0}^{t}(t-\tau)^{n+\alpha}f^{(n)}(\tau)\mathrm{d}\tau \tag{4-55}$$

式中, $f^{(k)}$ 在 $[0, t]$ 上连续, $n-1 < \alpha < n$, $n \in \mathbf{N}$, $\mathbf{N}$ 为自然数集。

(4) 分数阶微积分的广义函数法定义。

广义函数为

$$\Phi_{-k}(t)=\frac{t^{-k-1}}{\Gamma(-k)}=\delta^{(k)}(t)\qquad k=0,1,2,\cdots \tag{4-56}$$

式中，$\delta^{(k)}(t)$ 表示 Dirac Delta 函数，该函数常用于描述冲击负载（或冲击力）的应用问题。

δ 函数的 k 阶导数和函数 $g(t)$ 的卷积分为

$$\int_{-\infty}^{\infty}g(\tau)\delta^{(k)}(t-\tau)\mathrm{d}\tau=g^{(k)}(t) \tag{4-57}$$

因此，可得 Causal 函数 $f(t)$ 的 k 阶导数为

$$\frac{\mathrm{d}^k}{\mathrm{d}t^k}f(t)=f^{(k)}(t)=\Phi_{-k}(t)\cdot f(t)=\int_0^t f(\tau)\delta^{(k)}(t-\tau)\mathrm{d}\tau\qquad t>0 \tag{4-58}$$

从分数阶积分（**定义 4.1**）可知，分数阶积分可定义为

$$J^{\alpha}f(t)=\Phi_{\alpha}\cdot f(t) \tag{4-59}$$

分数阶微分可定义为

$$D^{\alpha}f(t)=\Phi_{-\alpha}(t)\cdot f(t) \tag{4-60}$$

对分数 α，若 $n-1<\alpha<n$ 且 $n\in\mathbf{N}$，令 $-\alpha=-n+(n-\alpha)$，则可得

$$\begin{aligned}
&[\Phi_{-n}(t)\cdot\Phi_{n-\alpha}(t)]\cdot f(t)=\Phi_{-n}(t)\cdot[\Phi_{n-1}(t)\cdot f(t)]=D^nJ^{n-\alpha}f(t)\\
&[\Phi_{n-\alpha}(t)\cdot\Phi_{-n}(t)]\cdot f(t)=\Phi_{n-\alpha}(t)\cdot[\Phi_{-n}(t)\cdot f(t)]=J^{n-\alpha}D^nf(t)
\end{aligned} \tag{4-61}$$

2）分数阶微积分的频域计算方法

分数阶微积分的计算是分数阶微积分应用的一项重要内容。分数阶微积分的计算方法可分为直接计算方法以及间接计算方法。

直接计算方法就是直接利用分数阶微积分定义进行解析计算或数值计算，以求得分数阶微积分的解析解和数值解；间接计算方法是一种近似计算方法。分数阶微积分的频域滤波算法以及分数阶微积分的数字滤波算法就是间接计算方法。

分数阶微积分的直接计算方法主要用于分数阶控制理论的研究，诸如分数阶系统模型的建立，分数阶系统的稳定性判据、能控性和能观测性等方面。在 $\mathrm{PI}^{\lambda}\mathrm{D}^{\mu}$ 控制器的设计中，也有学者采用直接计算方法来计算分数阶微积分的，但

是由于其要求信号函数 $f(t)$ 的解析表达式精确已知，这在大多数情况下是做不到的，且当前 Matlab 所提供的分析与设计工具都是针对整数阶系统的，因此，这些都给采用直接计算方法计算分数阶微积分的 $PI^{\lambda}D^{\mu}$ 控制器设计带来了很大的困难。

目前，在 $PI^{\lambda}D^{\mu}$ 控制器的设计中，大多采用频域滤波近似算法（连续近似）和 z 域数字滤波近似算法（离散近似）来近似计算分数阶微积分。典型的频域滤波近似计算方法[11]有 Carlson 算法、连分式展开式有理近似算法、Matsuda 算法以及 Oustaloup 递归滤波算法等，其中，Oustaloup 递归滤波算法[11-12]在指定频段内的近似效果最佳。

（1）Oustaloup 递归滤波算法。

a. 频带实分数阶微分器的近似。

实分数阶为 n，过渡频率分别为 ω_b 和 ω_h，围绕单位增益频率 ω_u（$\omega_u = \sqrt{\omega_b \omega_h}$）呈几何分布的频带实分数阶微分器的综合传递函数 $D_N(s)$ 定义如下：

$$D_N(s) = \left(\frac{\omega_u}{\omega_h}\right)^n \prod_{k=-N}^{N} \frac{1+\dfrac{s}{\omega'_k}}{1+\dfrac{s}{\omega_k}} \tag{4-62}$$

$$\omega'_k = \left(\frac{\omega_h}{\omega_b}\right)^{\frac{k+N+\frac{1}{2}(1-n)}{2N+1}} \omega_b$$

$$\omega_k = \left(\frac{\omega_h}{\omega_b}\right)^{\frac{k+N+\frac{1}{2}(1+n)}{2N+1}} \omega_b \tag{4-63}$$

式中，ω'_k 为零点；ω_k 为极点；$2N+1$ 为零极点数，$N = \dfrac{\lg\left(\dfrac{\omega_N}{\omega_0}\right)}{\lg(\alpha\eta)}$。

N 越大，$D_N(s)$ 对 $D(s)$ 的近似效果越好，当 $N \to \infty$ 时，有

$$D(s) = \lim_{N\to\infty} D_N(s) \tag{4-64}$$

b. 频带复分数阶微分器的近似。

复分数微分阶 $n = a + ib$，复平面 $\mathbb{C}_i$ 内的纯虚数单位 i 与复平面 $\mathbb{C}_j$（$s = \sigma + j\omega$）内的纯虚数单位 j 相互独立。综合传递函数 $D_N(s)$ 如下：

$$D_N(s)=\mu^{\frac{-n}{2}}\prod_{k=-N}^{N}\frac{1+\dfrac{q}{\mu^{\frac{k+N+\frac{1}{2}-\frac{n}{2}}{2N+1}}}}{1+\dfrac{q}{\mu^{\frac{k+N+\frac{1}{2}+\frac{n}{2}}{2N+1}}}}\qquad n\in\mathbb{C}_{\mathrm{i}}\tag{4-65}$$

$$\mu=\frac{\omega_h}{\omega_b},\ \mu^{-\frac{1}{2}}=\frac{\omega_u}{\omega_b},\ q=\frac{s}{\omega_b}。$$

利用上述 Oustaloup 递归滤波算法可以很好地近似分数阶微分算子 s^{γ}。当信号 $y(t)$ 通过此滤波器时，滤波器的输出可以近似地看成 $D_t^{\gamma}y(t)$ 信号的近似。这里举例加以说明，选取 $\gamma=0.5$，即分数阶微分算子为 $s^{0.5}$，选取 $n=0.5$，$\omega_b=0.001\ \mathrm{rad/s}$，$\omega_h=1\,000\ \mathrm{rad/s}$，$N=4$，则利用 Oustaloup 递归滤波算法设计的滤波器为

$$G(s)=\frac{\begin{array}{l}31.62s^9+1.275\times10^4s^8+9.106\times10^5s^7+1.35\times10^7s^6+4.278\times10^7s^5+\\2.915\times10^7s^4+4.269\times10^6s^3+1.337\times10^5s^2+868.4s+1\end{array}}{\begin{array}{l}s^9+868.4s^8+1.337\times10^5s^7+4.269\times10^6s^6+2.915\times10^7s^5+4.278\times\\10^7s^4+1.35\times10^7s^3+9.106\times10^5s^2+1.275\times10^4s+31.62\end{array}}$$

从分数阶微分算子 $s^{0.5}$ 和 Oustaloup 递归滤波器 $G(s)$ 的伯德图(见图 4-29)可以看出，在频段 [0.001, 1 000] 内，Oustaloup 递归滤波器 $G(s)$ 有较好的近似效

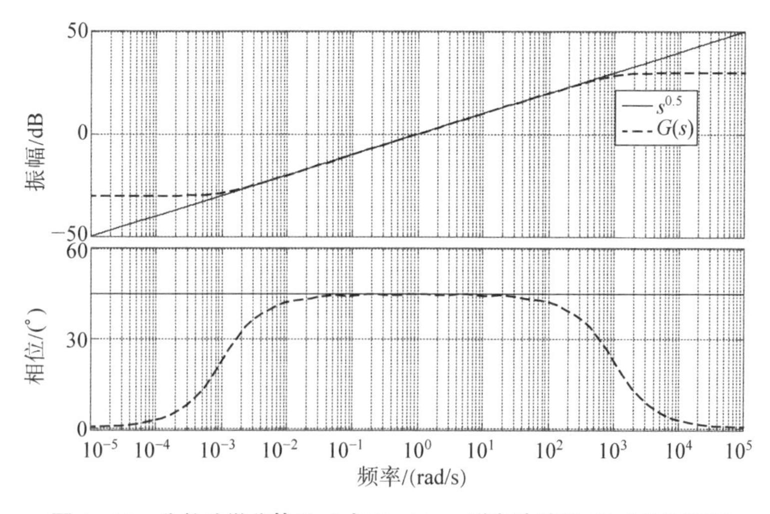

图 4-29　分数阶微分算子 s^{γ} 与 Oustaloup 递归滤波器 $G(s)$ 的伯德图

果，不足之处在于，在 $\omega_b = 0.001\ \text{rad/s}$ 和 $\omega_h = 1\,000\ \text{rad/s}$ 处的近似效果不理想，尤其是相位的近似偏差较大。

(2) 一种新的 Oustaloup 递归滤波改进算法。

学者薛定宇等[13]提出的改进的滤波算法如下：

$$s^{\alpha} \approx K\left[\frac{ds^2 + b\omega_h s}{d(1-\alpha)s^2 + b\omega_h s + d\alpha}\right]\prod_{k=-N}^{N}\frac{s+\omega_k'}{s+\omega_k} \tag{4-66}$$

式中，$K=\left(\frac{d\omega_b}{b}\right)^{\alpha}\prod_{k=-N}^{N}\frac{\omega_k}{\omega_k'}$；$\omega_k'=\left(\frac{d\omega_b}{b}\right)^{\frac{\alpha-2k}{2N+1}}$；$\omega_k=\left(\frac{b\omega_h}{d}\right)^{\frac{\alpha+2k}{2N+1}}$；$0<\alpha<1$；$s=j\omega$；$b>0$，$d>0$，并建议取 $b=10$，$d=9$。

对薛定宇等提出的算法进一步改进，改进后的滤波器算法在频段两端的近似效果更加理想。具体推导如下：

在拟合的频段 $[\omega_b,\omega_h]$ 内，分数阶微分算子 s^{α} 可由分数阶传递函数近似如下：

$$D(s)=\left(\frac{1+\dfrac{s}{\dfrac{m}{n}\omega_b}}{1+\dfrac{s}{\dfrac{n}{m}\omega_h}}\right)^{\alpha}=\left(\frac{ns}{m\omega_b}\right)^{\alpha}\left(1+\frac{-ms^2+m\omega_b\omega_h}{ms^2+n\omega_h s}\right)^{\alpha} \tag{4-67}$$

式中，分数阶次 α 为实数；$s=j\omega$；$m>0$，$n>0$，m、$n\in\mathbf{N}$。

在频段 $[\omega_b,\omega_h]$ 内，对式(4-67)进行 Taylor 展开，可得

$$D(s)=\left(\frac{ns}{m\omega_b}\right)^{\alpha}\left[1+\alpha\left(\frac{-ms^2+m\omega_b\omega_h}{ms^2+n\omega_h s}\right)+\frac{\alpha(\alpha-1)}{2}\left(\frac{-ms^2+m\omega_b\omega_h}{ms^2+n\omega_h s}\right)^2+\cdots\right] \tag{4-68}$$

于是有

$$s^{\alpha}=\frac{\left(\dfrac{m}{n}\omega_b\right)^{\alpha}}{\left[1+\alpha\left(\dfrac{-ms^2+m\omega_b\omega_h}{ms^2+n\omega_h s}\right)+\dfrac{\alpha(\alpha-1)}{2}\left(\dfrac{-ms^2+m\omega_b\omega_h}{ms^2+n\omega_h s}\right)^2+\cdots\right]}\left(\frac{1+\dfrac{s}{\dfrac{m}{n}\omega_b}}{1+\dfrac{s}{\dfrac{n}{m}\omega_h}}\right)^{\alpha} \tag{4-69}$$

取 Taylor 展开式的第一项，有

$$s^{\alpha} \approx \frac{\left(\frac{m}{n}\omega_b\right)^{\alpha}}{\left[1+\alpha\left(\frac{-ms^2+m\omega_b\omega_h}{ms^2+n\omega_h s}\right)\right]}\left(\frac{1+\frac{s}{\frac{m}{n}\omega_b}}{\frac{s}{\frac{n}{m}\omega_h}}\right)^{\alpha} \tag{4-70}$$

$$= \left(\frac{m}{n}\omega_b\right)^{\alpha}\left[\frac{ms^2+n\omega_h s}{m(1-\alpha)s^2+n\omega_h s+m\omega_b\omega_h\alpha}\right]\left(\frac{1+\frac{s}{\frac{m}{n}\omega_b}}{1+\frac{s}{\frac{n}{m}\omega_h}}\right)^{\alpha}$$

上式中的三个极点如下：

a. $s_1 = -\frac{n}{m}\omega_h$，由于 $m>0$，$n>0$，$\omega_h>0$，所以 s_1 恒为负的实极点。

b. $s_{2,3} = \frac{-n\omega_h \pm \sqrt{n^2\omega_h^2 - 4m^2\omega_b\omega_h(1-\alpha)\alpha}}{2m(1-\alpha)}$，如果 $|\alpha|<1$，$m>0$，$n>0$，$\omega_h>0$，则 $s_{2,3}$ 为负实极点或极点实部为负；如果 $|\alpha|>1$，则不能保证 $s_{2,3}$ 均在复平面的左半平面内。

因此，只有当 $|\alpha|<1$ 且 $m>0$，$n>0$，$\omega_h>0$ 时，上述关于 s^{α} 的近似表达式在频段 $[\omega_b, \omega_h]$ 内才是稳定的。s^{α} 的近似表达式中的非有理部分可以近似为

$$\left(\frac{1+\frac{s}{\frac{m}{n}\omega_b}}{1+\frac{s}{\frac{n}{m}\omega_h}}\right)^{\alpha} = \lim_{N\to\infty}\prod_{k=-N}^{N}\frac{s+\omega'_k}{s+\omega_k} \tag{4-71}$$

于是，关于 s^{α} 的近似表达式可改写为

$$s^{\alpha} \approx \left[\left(\frac{m}{n}\omega_b\right)^{\alpha}\prod_{k=-N}^{N}\frac{\omega_k}{\omega'_k}\right]\cdot\left[\frac{ms^2+n\omega_h s}{m(1-\alpha)s^2+n\omega_h s+m\omega_b\omega_h\alpha}\right]\cdot\prod_{k=-N}^{N}\frac{s+\omega'_k}{s+\omega_k} \tag{4-72}$$

式中，$\omega'_k = \left(\frac{\frac{n}{m}\omega_h}{\frac{m}{n}\omega_b}\right)^{\frac{k+N+\frac{1}{2}(1-\alpha)}{2N+1}}\cdot\frac{m}{n}\omega_b$；$\omega_k = \left(\frac{\frac{n}{m}\omega_h}{\frac{m}{n}\omega_b}\right)^{\frac{k+N+\frac{1}{2}(1+\alpha)}{2N+1}}\cdot\frac{m}{n}\omega_b$。

选取 $\alpha=0.5$，即分数阶微分算子为 $s^{0.5}$，选取 $\omega_b=0.001\ \mathrm{rad/s}$，$\omega_h=1\,000\ \mathrm{rad/s}$，$N=6$，$m=1$，$n=6$，则利用改进的 Oustaloup 递归滤波算法设计的滤波器为

$$G(s)=\frac{\begin{array}{l}223.6s^{15}+4.024\times10^{6}s^{14}+1.665\times10^{10}s^{13}+1.663\times10^{13}s^{12}+3.767\times10^{15}s^{11}+\\2.038\times10^{17}s^{10}+2.583\times10^{18}s^{9}+7.672\times10^{18}s^{8}+5.337\times10^{18}s^{7}+8.697\times\\10^{17}s^{6}+3.318\times10^{16}s^{5}+2.959\times10^{14}s^{4}+6.12\times10^{11}s^{3}+2.839\times10^{8}s^{2}+2.5\times\\10^{4}s+1\end{array}}{\begin{array}{l}s^{15}+3.636\times10^{4}s^{14}+3.084\times10^{8}s^{13}+6.238\times10^{11}s^{12}+2.972\times10^{14}s^{11}+3.322\\\times10^{16}s^{10}+8.699\times10^{17}s^{9}+5.337\times10^{18}s^{8}+7.671\times10^{18}s^{7}+2.583\times10^{18}s^{6}+\\2.037\times10^{17}s^{5}+3.759\times10^{15}s^{4}+1.618\times10^{13}s^{3}+1.601\times10^{10}s^{2}+3.41\times10^{6}s+\\111.8\end{array}}$$

图 4-30 为分数阶微分算子 $s^{0.5}$ 与薛定宇等提出的改进的 Oustaloup 递归滤波器（$N=6$，$b=10$，$d=9$）的伯德图，从相频曲线可以看出，在 $\omega_b=0.001\ \mathrm{rad/s}$ 和 $\omega_h=1\,000\ \mathrm{rad/s}$ 处，薛定宇等提出的改进的 Oustaloup 递归滤波器的近似效果不佳。图 4-31 为分数阶微分算子 $s^{0.5}$ 与本书提出的改进的 Oustaloup 递归滤波器的伯德图，从相频曲线可以看出，在 $\omega_b=0.001\ \mathrm{rad/s}$ 和

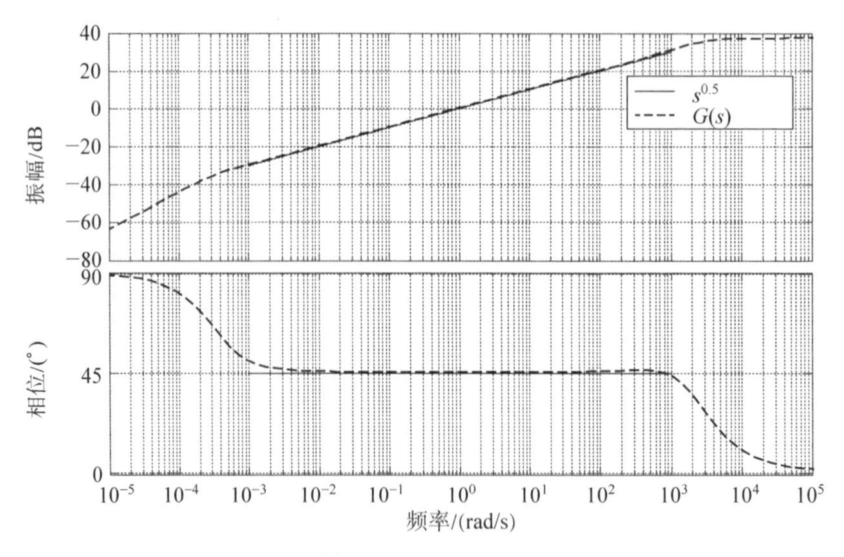

图 4-30 分数阶微分算子 $s^{0.5}$ 与改进的 Oustaloup 递归滤波器 $G(s)$ 的伯德图

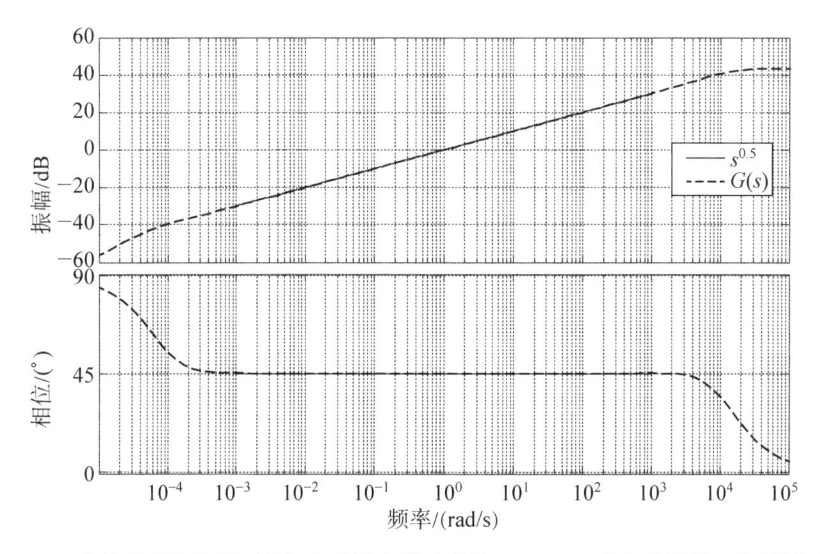

图 4-31　分数阶微分算子 $s^{0.5}$ 与本书提出的改进的 Oustaloup 递归滤波器 $G(s)$ 的伯德图

$\omega_h = 1000$ rad/s 处，本书提出的改进的 Oustaloup 递归滤波器 $G(s)$ 的近似效果非常理想。对于分数阶次 $|\alpha| > 1$ 的分数阶微分算子情况，可通过 $s^n \cdot s^\lambda$ 的形式实现，其中，n 为整数，$|\lambda| < 1$，$\alpha = n + \lambda$。

3) $PI^\lambda D^\mu$ 控制器及其参数整定方法

(1) $PI^\lambda D^\mu$ 控制器与整数阶 PID 控制器的联系及其优势。

a. $PI^\lambda D^\mu$ 控制器与整数阶 PID 控制器的联系。

$PI^\lambda D^\mu$ 控制器[14-15]是整数阶 PID 控制器的推广，其典型结构如图 4-32 所示。

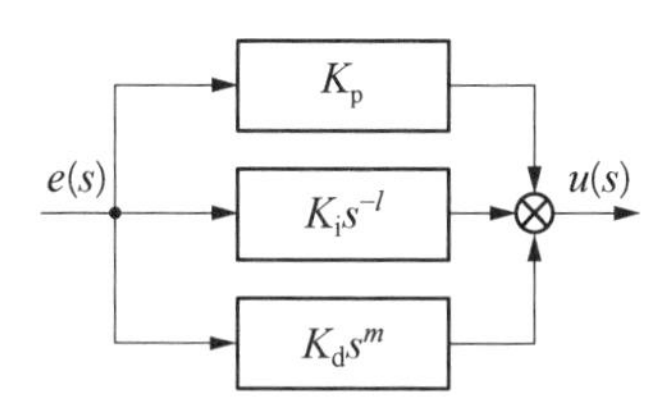

图 4-32　$PI^\lambda D^\mu$ 控制结构框图

与整数阶 PID 控制器相似，$PI^\lambda D^\mu$ 控制器的微分方程可表示为

$$u(t) = K_p e(t) + K_i J^\lambda e(t) + K_d D^\mu e(t) \tag{4-73}$$

式中，$\lambda > 0$，$\mu > 0$，为任意实数，是 $PI^\lambda D^\mu$ 控制器的阶次；K_p、K_i 和 K_d 为控制

器的控制增益。

$PI^{\lambda}D^{\mu}$ 控制器的传递函数形式为

$$G_{fc}(s)=K_{p}+K_{i}s^{-\lambda}+K_{d}s^{\mu} \tag{4-74}$$

当 λ 和 μ 取不同的值时，$PI^{\lambda}D^{\mu}$ 控制器具有不同的结构。不难看出，当 $\lambda=\mu=0$ 时，$G_{fc}(s)=K_{p}$，此时的分数阶控制器即为常规的比例 P 控制器；当 $\lambda=1$，$\mu=0$ 时，$G_{fc}(s)=K_{p}+\dfrac{K_{i}}{s}$，此时的分数阶控制器即为整数阶 PI 控制器；当 $\lambda=0$，$\mu=1$ 时，$G_{fc}(s)=K_{p}+K_{d}s$，此时的分数阶控制器即为整数阶 PD 控制器；当 $\lambda=1$，$\mu=1$ 时，$G_{fc}(s)=K_{p}+\dfrac{K_{i}}{s}+K_{d}s$，此时的分数阶控制器即为常规的整数阶 PID 控制器。

为更形象，可参见图 4-33，横轴为积分阶次，纵轴为微分阶次，整数阶 PID 控制器(P、PI、PD 和 PID 控制器)只是该平面上 4 个孤立的点，若 λ 和 μ 可任选，则可以覆盖图中的整个平面，因此，$PI^{\lambda}D^{\mu}$ 控制器具有比整数阶 PID 控制器更灵活的控制结构(即 $PI^{\lambda}D^{\mu}$、$PI^{\lambda}D^{\mu_1}D^{\mu_2}$、$PI^{\lambda_1}I^{\lambda_2}D^{\mu}$、$PI^{\lambda_1}I^{\lambda_2}D^{\mu_1}D^{\mu_2}$、$PI^{\lambda_1}I^{\lambda_2}$、$I^{\lambda}D^{\mu}$、$I^{\lambda_1}I^{\lambda_2}$、$D^{\mu_1}D^{\mu_2}$ 等)，更适合不同控制系统的动态特性。

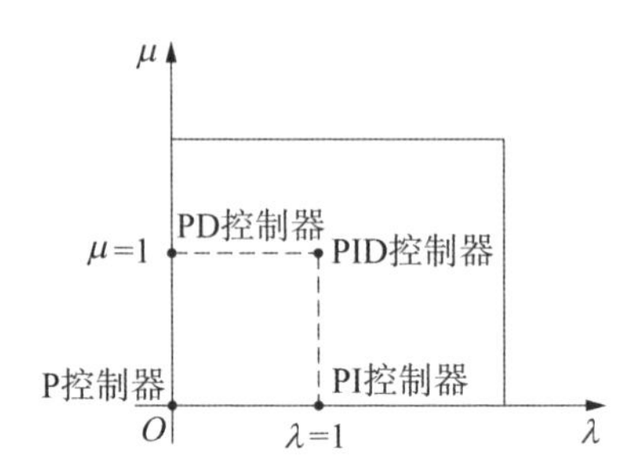

图 4-33　$PI^{\lambda}D^{\mu}$ 控制器示意图

b. $PI^{\lambda}D^{\mu}$ 控制器的优势。

分数阶单位反馈控制系统如图 4-34 所示，其中，$G_{fc}(s)$ 为 $PI^{\lambda}D^{\mu}$ 控制器的传递函数，$G(s)$ 为被控系统的传递函数。

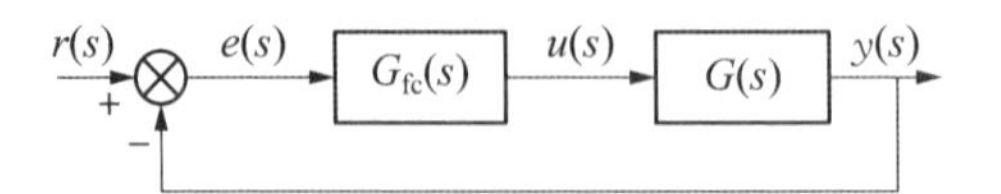

图 4-34　分数阶单位反馈控制系统框图

设某一分数阶被控系统的传递函数为$G(s)=\dfrac{1}{s^{2.9}+2.2s^{1.9}+3.32s^{0.9}+1}$，在系统性能指标约束条件下，对 $PI^{\lambda}D^{\mu}$ 控制器进行参数整定，得到 G_{fc} 的控制增益以及控制器阶次为 $K_p=1.79$，$K_i=1.74$，$K_d=1.78$，$\lambda=0.85$，$\mu=0.9$。在分数阶控制器 G_{fc} 作用下的分数阶闭环控制系统的单位阶跃响应如图 4-35 所示。

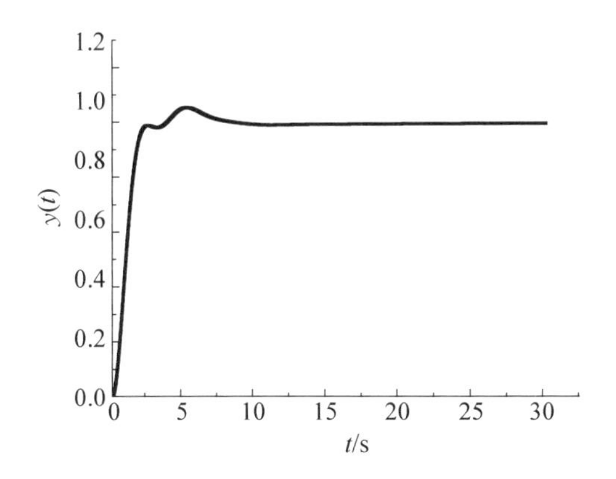

图 4-35　分数阶闭环控制系统单位阶跃响应

在相同的性能指标约束条件下，对整数阶 PID 控制器进行参数整定，可得到整数阶 PID 器的参数如下：$K_p=1.91$，$K_i=0.77$，$K_d=0.62$，则基于整数阶 PID 控制和基于 $PI^{\lambda}D^{\mu}$ 控制的分数阶闭环控制系统单位阶跃响应如图 4-36 所示，可见 $PI^{\lambda}D^{\mu}$ 控制的控制性能要优于整数阶 PID 控制的控制性能。

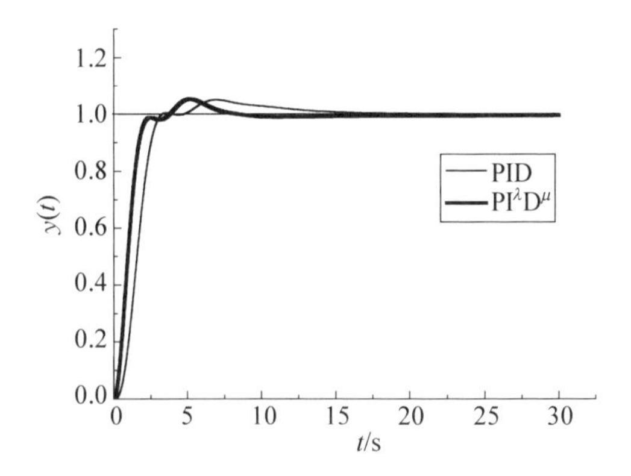

图 4-36　$PI^{\lambda}D^{\mu}$ 与整数阶 PID 闭环控制系统单位阶跃响应(一)对比

设某一整数阶被控系统的传递函数为 $G(s)=\dfrac{1}{s^2+2.2s+1}$，分数阶 $PI^\lambda D^\mu$ 控制器 G_{fc} 的控制增益以及阶次如下：$K_p=18.23$，$K_i=10.72$，$K_d=13.15$，$\lambda=0.75$，$\mu=0.9$。对整数阶 PID 控制器进行参数整定，可得到整数阶 PID 的控制增益如下：$K_p=37.87$，$K_i=2.48$，$K_d=6.39$，则基于整数阶 PID 控制和基于 $PI^\lambda D^\mu$ 控制的整数阶闭环控制系统单位阶跃响应如图 4-37 所示，可见 $PI^\lambda D^\mu$ 控制的控制性能优于整数阶 PID 控制的控制性能。

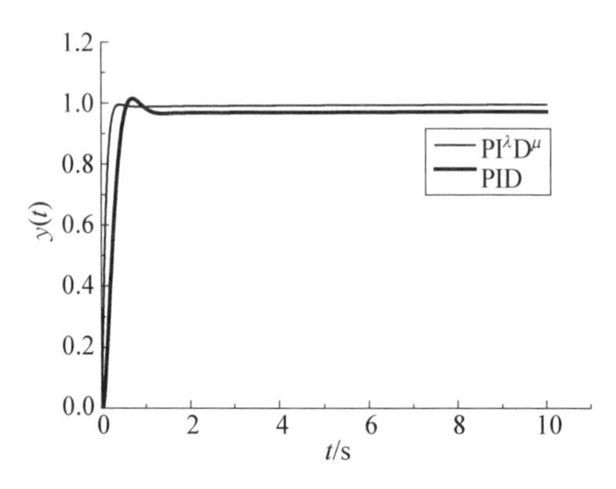

图 4-37　$PI^\lambda D^\mu$ 和整数阶 PID 闭环控制系统单位阶跃响应(二)对比

综上所述，$PI^\lambda D^\mu$ 控制器不仅能控制分数阶系统，还可以控制整数阶系统；而在相同的系统性能指标约束条件下，无论是控制分数阶系统还是整数阶系统，$PI^\lambda D^\mu$ 控制器的控制品质都要优于整数阶 PID 控制器的控制品质。

(2) $PI^\lambda D^\mu$ 控制器参数变化对系统的影响。

整数阶 PID 控制器的一阶微分环节 $K_d s$ 表征系统误差的变化规律，它的相角超前 90°可以产生有效的早期修正信号来增加系统的阻尼，从而改善系统的稳定性，提高系统的动态性能。然而，不是所有被控系统都可以通过调节一阶微分环节 $K_d s$ 取得较好的稳定性和动态性能。相对于整数阶 PID 控制器的一阶微分环节，$PI^\lambda D^\mu$ 控制器的微分环节 $K_d s^\mu$ 的优点是可以任意调节 μ 的值，使微分环节的超前角度在 0°～180°之间变化，适当地增加系统的阻尼，从而达到系统的性能要求。

整数阶 PID 控制器的积分环节 $K_i s^{-1}$ 可提高系统的型别，它的相角滞后 90°有利于系统稳态性能的提高，但会对系统的稳定性以及动态性能产生不利影响。相对于整数阶 PID 控制器的积分环节，$PI^\lambda D^\mu$ 控制器的积分环节 $K_i s^{-\lambda}$ 的优点

是可以任意调节 λ 的值，使积分环节的滞后相角在 $-180^{\circ}\sim 0^{\circ}$ 之间变化，从而可以在兼顾系统稳定性和动态性能不变的情况下，进一步提高系统的稳态性能。

分数阶控制器的比例环节 K_p 对控制系统的影响与整数阶 PID 控制器是一致的。总之，由于 $PI^{\lambda}D^{\mu}$ 控制器相对于整数阶 PID 控制器多了两个可以为任意实数的参数 λ 和 μ，因此 $PI^{\lambda}D^{\mu}$ 控制器较整数阶 PID 控制器具有更大的灵活性，通过选择不同的 λ 和 μ 的值，可使系统具有更好的动态特性、稳定性和稳态精度。

(3) $PI^{\lambda}D^{\mu}$ 控制器对系统参数摄动的鲁棒性。

设被控分数阶系统的传递函数为

$$G(s)=\frac{1}{a_3 s^{\lambda_1}+a_2 s+a_1 s^{\lambda_2}+1} \tag{4-75}$$

式中，$a_3=1$；$a_2=1.3$；$a_1=2.1$；$\lambda_1=2.1$；$\lambda_2=0.9$。$PI^{\lambda}D^{\mu}$ 控制器 $G_{fc}(s)$ 的控制增益以及控制器阶次分别如下：$K_p=6.7103$，$K_i=4.8852$，$K_d=4.6039$，$\lambda=0.8445$，$\mu=0.62315$。

当分数阶系统参数 a_3、a_2 以及 a_1 分别同时摄动 $\pm 30\%$ 和 $\pm 50\%$ 时，保持控制器 $G_{fc}(s)$ 的参数和阶数不变，闭环控制系统 $G(s)$ 的单位阶跃响应如图 4-38 和图 4-39 所示。

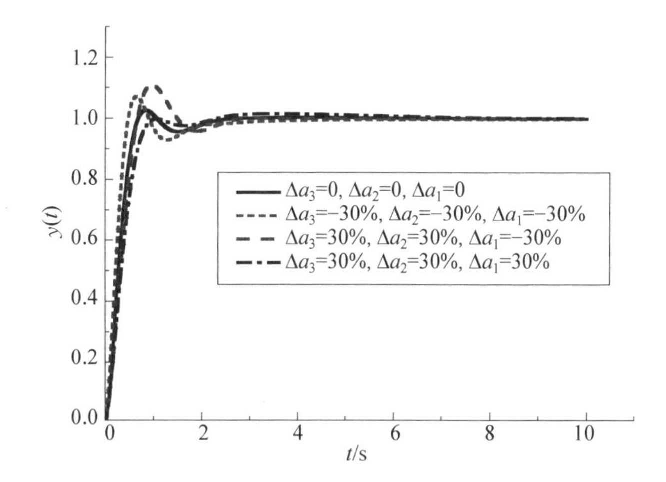

图 4-38 系统参数 a_3、a_2、a_1 分别同时摄动 $\pm 30\%$ 时闭环控制系统 $G(s)$ 的单位阶跃响应

当分数阶系统的阶数 λ_1 摄动 $\pm 15\%$ 以及 λ_2 摄动 $\pm 50\%$ 时，闭环控制系统 $G_{fc}(s)$ 的单位阶跃响应如图 4-40 和图 4-41 所示。不难看出，分数阶控制器

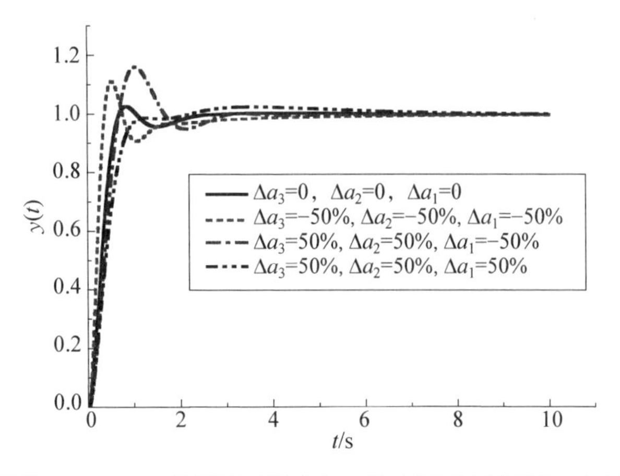

图 4-39　系统参数 a_3、a_2、a_1 分别同时摄动±50%时闭环控制系统 $G(s)$ 的单位阶跃响应

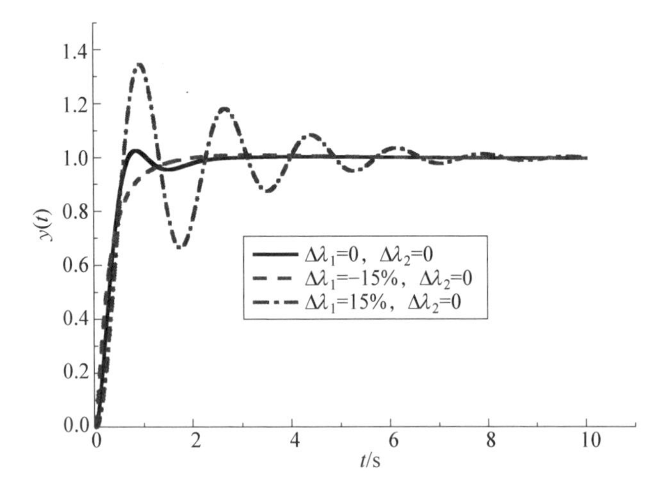

图 4-40　分数阶系统阶数 λ_1 摄动±15%时闭环控制系统 $G(s)$ 的单位阶跃响应

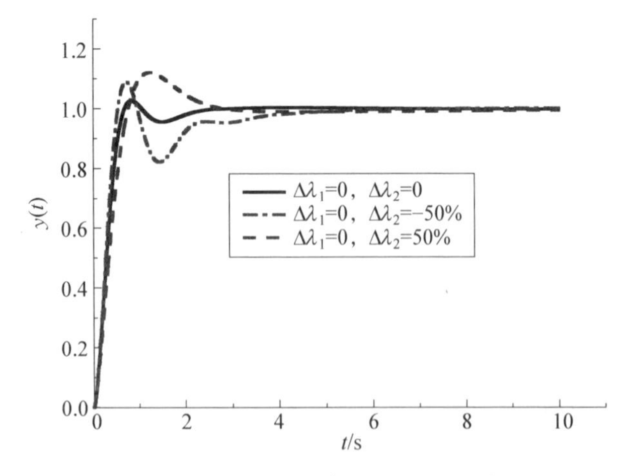

图 4-41　分数阶系统阶数 λ_2 摄动±50%时闭环控制系统 $G(s)$ 的单位阶跃响应

对系统参数的摄动不敏感，仍能达到很好的控制效果；对系统最高阶数的正的摄动，仍能进行稳定控制，对负的摄动不敏感，仍能达到很好的控制品质；对系统非最高阶数的摄动不敏感，仍能达到很好的控制品质。因此，分数阶控制器具有很好的鲁棒性。

(4) 基于改进的粒子群优化算法的 $PI^{\lambda}D^{\mu}$ 控制器 H_{∞} 参数整定方法。

a. 改进的粒子群优化算法。

在粒子群优化中，首先生成初始种群粒子，每个粒子的位置代表问题的一个可行解，并由适应度函数（即评价函数）确定一个适应值。每个粒子在解空间中运动，追寻两个极值，一个是粒子本身的历史最优位置（个体极值），一个是种群当前最优位置（群体极值），每个粒子通过调整自己的速度和位置，追随最优粒子运动，逐次迭代搜索，达到最优值。

假设搜索空间是 D 维的，由 n 个粒子组成的粒子群可表示为 $\boldsymbol{X}=[x_1, x_2, \cdots, x_n]$，粒子群中每个粒子都有一个位置，第 i 个粒子的位置可用 D 维位置矢量 $\boldsymbol{X}_i=[x_{i1}, x_{i2}, \cdots, x_{iD}]$ 表示，其相应的速度（位置变化率）用速度矢量 $\boldsymbol{V}_i=[v_{i1}, v_{i2}, \cdots, v_{iD}]$ 表示，第 i 个粒子运动历史中的最佳位置用矢量 $\boldsymbol{P}_i=[p_{i1}, p_{i2}, \cdots, p_{iD}]$ 表示（局部最优），整个粒子群中最好的粒子位置（如具有最小函数值）下标记作 g，即 $\boldsymbol{P}_{\mathrm{g}}=[p_{\mathrm{g}1}, p_{\mathrm{g}2}, \cdots, p_{\mathrm{g}D}]$（全局最优）。第 i 个粒子的速度和位置更新方程如下[16-17]：

$$
\begin{aligned}
& v_{id}^{\mathrm{iter}+1}=wv_{id}^{\mathrm{iter}}+c_1\mathrm{rand}_1(\cdot)(p_{id}^{\mathrm{iter}}-x_{id}^{\mathrm{iter}})+c_2\mathrm{rand}_2(\cdot)(p_{\mathrm{g}d}^{\mathrm{iter}}-x_{id}^{\mathrm{iter}}) \\
& \qquad v_{id}\in[v_{d\min}, v_{d\max}] \\
& x_{id}^{\mathrm{iter}+1}=x_{id}^{\mathrm{iter}}+v_{id}^{\mathrm{iter}+1} \\
& \qquad x_{id}\in[x_{d\min}, x_{d\max}],\ i=1, 2, \cdots, n,\ d=1, 2, \cdots, D
\end{aligned}
\tag{4-76}
$$

式中，iter 为当前迭代次数；w 为惯性加权因子，起平衡算法全局搜索和局部搜索的作用，其值过大时，局部搜索能力较差，算法后期收敛速度缓慢且求解精度低；c_1 和 c_2 为加速度因子，$c_1, c_2\in[0, 2]$，影响每个粒子的收敛速度，合适的加速度因子可以加快收敛且不易陷入局部最优，通常取 $c_1=c_2=2$；$\mathrm{rand}_1(\cdot)$ 和 $\mathrm{rand}_2(\cdot)$ 为介于 $[0, 1]$ 的随机数；粒子的最大速度可表示为 $\boldsymbol{v}_{\max}=[v_{1\max}, v_{2\max}, \cdots, v_{D\max}]$，由设计者决定其大小。当粒子的最大速度 $\boldsymbol{v}_{\max}$ 太大时，粒子将飞离最优解；太小时，将会陷入局部最优，通常，$v_{D\max}=x_{D\max}$。在迭代过程中，粒子的当前速度如果大于最大速度，则取最大速度为当前速度；如果当前速度小于最小速度，则选择最小速度为当前速度。

为了在迭代的早期加快惯性加权因子的递减速度，以便更快地进入局部搜索，可构造自适应非线性惯性加权递减函数[18]：

$$w=(w_{\max}-w_{\min})\left(\frac{\text{iter}}{\text{iter}_{\max}}\right)^{2}+(w_{\max}-w_{\min})\frac{2\text{iter}}{\text{iter}_{\max}}+w_{\max} \tag{4-77}$$

式中，$w_{\max}$ 为最大权重，$w_{\max}\in[0.8,\ 1.2]$，通常 $w_{\max}=0.9$；$w_{\min}$ 为最小权重，通常 $w_{\min}=0.4$；iter 为当前迭代次数，$\text{iter}_{\max}$ 为最大允许迭代次数。

b. 评价函数选择。

评价函数应考虑对模型摄动的鲁棒稳定性以及扰动抑制性能的要求，假设标称受控对象 G 的摄动边界为 $\bar{\sigma}[\Delta G(\mathrm{j}\omega)]\leqslant\bar{\sigma}[W_1(\mathrm{j}\omega)]$，$\forall\omega\in[0,\ \infty)$，其中，$W_1$ 为已知的稳定函数。

设计的控制器 K 应达到如下要求：标称闭环系统是渐进稳定的；鲁棒稳定性能应满足不等式 $\|W_1(s)T(s)\|_\infty<1$；扰动抑制性能应满足不等式 $\|W_2(s)S(s)\|_\infty<1$，从而在受控对象摄动以及外干扰下，闭环系统也是渐进稳定的。其中，W_2 是由设计者指定的稳定加权函数，T 和 S 分别为系统的灵敏度函数和补灵敏度函数：

$$\begin{aligned}S(s)&=[1+G(s)K(s)]^{-1}\\T(s)&=G(s)K(s)[1+G(s)K(s)]^{-1}\end{aligned} \tag{4-78}$$

则平衡评价函数[19-20]为

$$J_\infty=\sqrt{\sup_{\forall\omega\in[0,\ \infty)}\{\bar{\sigma}^2[W_1(\mathrm{j}\omega)T(\mathrm{j}\omega)]+\bar{\sigma}^2[W_2(\mathrm{j}\omega)S(\mathrm{j}\omega)]\}}<1 \tag{4-79}$$

为了满足控制系统的时域以及频域设计指标要求，评价函数还应考虑超调量 M_p、上升时间 t_r、调节时间 t_s、稳态误差 E_ss、增益裕度 GM、相位裕度 PM、绝对误差积分(IAE)。为防止控制能量过大，引入控制输入的平方项，对高阶系统积分的计算必须采用数值计算，积分到无穷大是不现实的，因此用 T 代替∞。T 应充分大，以便使 $\boldsymbol{e}(t)$ 可以被忽略，$u(t)$ 尽可能小。T 通常根据调节时间 t_s 估计得到，或者取调节时间的倍数。

综上所述，总的性能指标(评价函数)可以表示为

$$J(k)=w_1 J_{\infty}+w_2 M_{\mathrm{p}}+w_3 t_{\mathrm{r}}+w_4 t_{\mathrm{s}}+w_5 E_{\mathrm{ss}}+\int_0^T [w_6 |\boldsymbol{e}(t)|+ w_7 u^2(t)]\mathrm{d}t+\frac{w_8}{\mathrm{PM}}+\frac{w_9}{\mathrm{GM}} \tag{4-80}$$

式中，$k \in (K_{\mathrm{p}}, K_{\mathrm{i}}, K_{\mathrm{d}}, \lambda, \mu)$；选取加权 $w_1=10$，$w_2=w_3=w_4=w_5=w_6=w_7=1$，$w_8=100$，$w_9=10$。

于是，粒子群优化中每个粒子 $k_i \in (K_{\mathrm{p}i}, K_{\mathrm{i}i}, K_{\mathrm{d}i}, \lambda_i, \mu_i)$，$(i=1, 2, \cdots, n)$ 的适应度可通过以下适应度函数计算[17]：

$$F(k_i)=J(k_i)+P(k_i) \tag{4-81}$$

式中，$P(k_i)$ 为罚函数，如果 k_i 是不稳定个体，则引入一个很大的罚值 $P_i>0$，这样在迭代过程中，k_i 会自动被去除掉；如果 k_i 是稳定个体，则罚值 $P_i=0$。

c. $\mathrm{PI}^{\lambda}\mathrm{D}^{\mu}$ 控制器参数整定流程。

第 1 步：初始化，设定粒子群数目为 n，随机初始化粒子群，包括粒子的位置矢量和速度矢量以及粒子历史最优位置 P_i 和全局最优位置 P_{g}；设置迭代次数 $\mathrm{iter}_{\max}$、粒子群的搜索空间、各种加权值。

第 2 步：根据适应度函数[式(4-81)]计算粒子群中每个粒子 k_i 的适应度。

第 3 步：将每个粒子的适应度与其最优位置 P_i 的适应度相比较，若优于 P_i，则更新 P_i，将所有 P_i 中适应度最佳的那一个设为全局最优位置 P_{g}。

第 4 步：根据式(4-76)更新粒子的速度与位置。

第 5 步：如果迭代次数未达到最大值，则返回第 2 步，否则进入下一步。

第 6 步：输出最后结果 P_{g}（控制器参数的最佳值）。

4) 基于 $\mathrm{PI}^{\lambda}\mathrm{D}^{\mu}$ 控制的 BTT 飞行自动控制系统设计（巡航段）

在进行巡航段 BTT 飞行自动控制系统设计之前需要说明的是：$\mathrm{PI}^{\lambda}\mathrm{D}^{\mu}$ 控制器中的积分项和微分项采用 Oustaloup 递归滤波器的改进算法进行计算。$\mathrm{PI}^{\lambda}\mathrm{D}^{\mu}$ 控制器结构采用与基于给定值滤波器型二自由度 PID 控制器相同的结构，控制器的设计采用基于粒子群优化的 $\mathrm{PI}^{\lambda}\mathrm{D}^{\mu}$ 控制器 H_{∞} 参数整定方法，使控制系统达到最佳扰动抑制性能，然后，在推荐值的基础上对二自由度化系数进行微调，以实现指令信号跟踪性能最优。对末制导段 BTT 自动驾驶仪的设计同上，之后不再赘述。

(1) 俯仰角保持/控制模态控制律设计。

不考虑惯性以及非线性等因素，以纵向增稳控制系统为内回路，基于给定值滤波器型二自由度 $PI^{\lambda}D^{\mu}$ 控制的俯仰角保持/控制模态的控制律为

$$\delta_e = K_\theta\left(1+\frac{1}{T_{\theta i}}s^{-\lambda_\theta}\right)\cdot\left[\theta-\left(\frac{1+\alpha_\theta\beta_\theta T_{\theta i}s}{1+\beta_\theta T_{\theta i}s}\right)\cdot\theta_g\right]+K_{\theta d}s^{\mu_\theta}(\theta-\alpha_\theta\gamma_\theta\theta_g)+ K_q\left(1+\frac{1}{s}\right)q+K_{a_z}\left(1+\frac{1}{s}\right)a_z \tag{4-82}$$

其控制系统如图 4-42 所示。

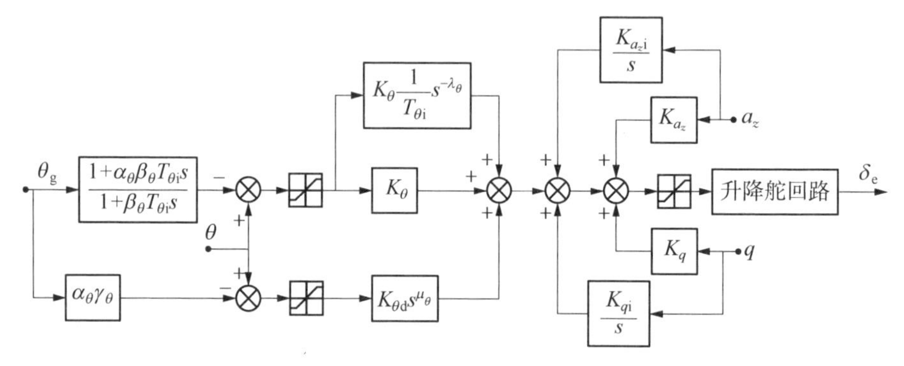

图 4-42 基于给定值滤波器型二自由度 $PI^{\lambda}D^{\mu}$ 控制的俯仰角保持/控制系统框图

(2) 滚转角保持/控制模态控制律设计。

不考虑惯性以及非线性等因素，以横航向增稳控制回路为内回路，基于不完全二自由度 $PI^{\lambda}D^{\mu}$ 控制的滚转角保持/控制模态的控制律为

$$\begin{aligned}
\delta_a &= K_\phi\left(1+\frac{1}{T_{\phi i}}s^{-\lambda_\phi}\right)\left[\phi-\left(\frac{1+\alpha_\phi\beta_\phi T_{\phi i}s}{1+\beta_\phi T_{\phi i}s}\right)\phi_g\right]-K_{aa_y}a_y+K_p p\\
\delta_r &= K_r(r-r_g)+K_{rp}(r\cos\alpha_*+p\sin\alpha_*)+K_{a_y}a_y-K_{\delta_a}\delta_a\\
r_g &= K_{\phi r}\left[\phi-\left(\frac{1+\alpha_\phi\beta_\phi T_{\phi i}s}{1+\beta_\phi T_{\phi i}s}\right)\phi_g\right]
\end{aligned} \tag{4-83}$$

其控制系统如图 4-43 所示。

(3) 偏航角保持/控制模态控制律设计。

不考虑惯性以及非线性等因素，基于不完全二自由度分数阶 $PI^{\lambda}D^{\mu}$ 控制的

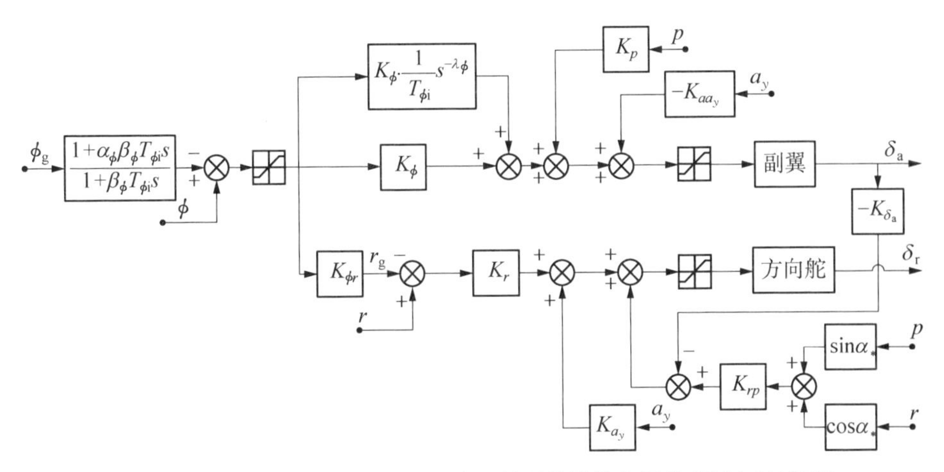

图 4 - 43　基于不完全二自由度 $\mathrm{PI}^{\lambda}\mathrm{D}^{\mu}$ 控制的滚转角保持/控制系统框图

偏航角保持/控制模态的控制律为

$$
\begin{aligned}
\delta_{a} &= K_{a\psi}\left(1+\frac{1}{T_{a\psi i}}s^{-\lambda_{\psi}}\right)\left[\psi-\left(\frac{1+\alpha_{\psi}\beta_{\psi}T_{a\psi i}s}{1+\beta_{\psi}T_{a\psi i}s}\right)\cdot\psi_{g}\right]+K_{\phi}\left(1+\frac{1}{T_{\phi i}}s^{\lambda_{\phi}}\right)\cdot\phi- \\
&\quad K_{aa_{y}}a_{y}+K_{p}p \\
\delta_{r} &= K_{r\psi}\left[\psi-\left(\frac{1+\alpha_{\psi}\beta_{\psi}T_{a\psi i}s}{1+\beta_{\psi}T_{a\psi i}s}\right)\cdot\psi_{g}\right]+K_{r}(r-r_{g})+K_{rp}(r\cos\alpha_{*}+p\sin\alpha_{*})+ \\
&\quad K_{a_{y}}a_{y}-K_{\delta_{a}}\delta_{a} \\
r_{g} &= K_{\phi r}\phi
\end{aligned}
\tag{4-84}
$$

其控制系统如图 4 - 44 所示。

(4) 协调转弯控制律设计。

不考虑惯性以及非线性等因素，基于不完全二自由度 $\mathrm{PI}^{\lambda}\mathrm{D}^{\mu}$ 控制的协调转弯控制律为

$$
\begin{aligned}
\delta_{a} &= K_{\phi}\left(1+\frac{1}{T_{\phi i}}s^{-\lambda_{\phi}}\right)\cdot\left[\phi-\left(\frac{1+\alpha_{\phi}\beta_{\phi}T_{\phi i}s}{1+\beta_{\phi}T_{\phi i}s}\right)\cdot\phi_{g}\right]+K_{p}p-K_{aa_{y}}a_{y} \\
\delta_{r} &= K_{\dot{\psi}}(\dot{\psi}-\dot{\psi}_{g})+K_{rp}(r\cos\alpha_{*}+p\sin\alpha_{*})+K_{ra_{y}}a_{y}-K_{\delta_{a}}\delta_{a} \\
\dot{\psi}_{g} &= K_{\phi r}\frac{g}{V}\tan\phi_{g}
\end{aligned}
\tag{4-85}
$$

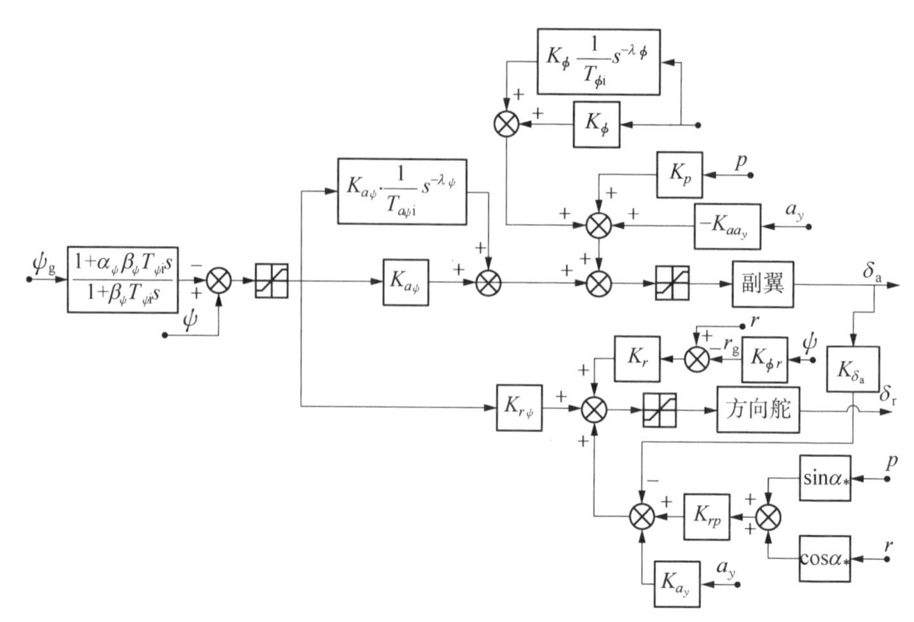

图 4-44 基于不完全二自由度 $PI^{\lambda}D^{\mu}$ 控制的偏航角保持/控制系统框图

其控制系统如图 4-45 所示。

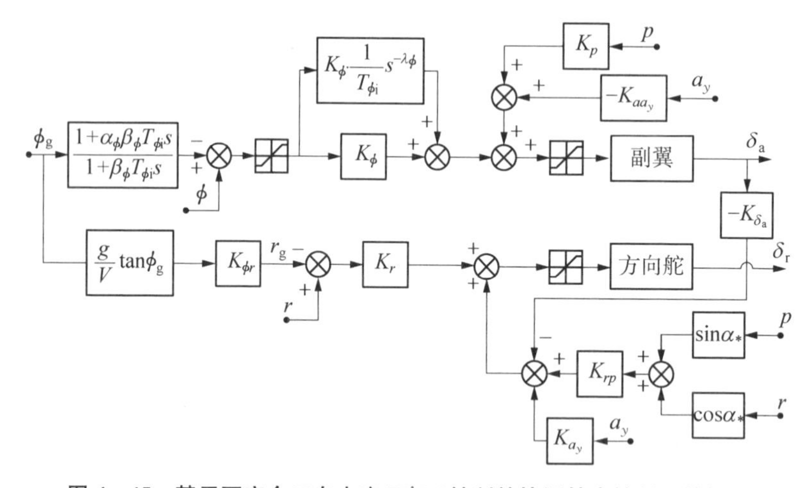

图 4-45 基于不完全二自由度 $PI^{\lambda}D^{\mu}$ 控制的协调转弯控制系统框图

高度补偿纵向通道控制律如式(4-21)所示。

(5) 高度保持/控制模态控制律设计。

不考虑惯性以及非线性等因素，以俯仰角控制系统为内回路，基于给定值滤

波器型二自由度 $PI^{\lambda}D^{\mu}$ 控制的高度保持/控制模态控制律为

$$\delta_e = K_H\left(1+\frac{1}{T_{Hi}}s^{-\lambda_H}\right)\cdot\left[H-\left(\frac{1+\alpha_H\beta_H T_{Hi}s}{1+\beta_H T_{Hi}s}\right)H_g\right]+K_{Hd}s^{\mu_H}(H-\alpha_H\gamma_H H_g)+ K_\theta\left(1+\frac{1}{T_{\theta i}}s^{-\lambda_\theta}\right)\theta+K_{\theta d}s^{\mu_\theta}\theta+K_q\left(1+\frac{1}{s}\right)q+K_{a_z}\left(1+\frac{1}{s}\right)a_z \tag{4-86}$$

其控制系统如图 4-46 所示。

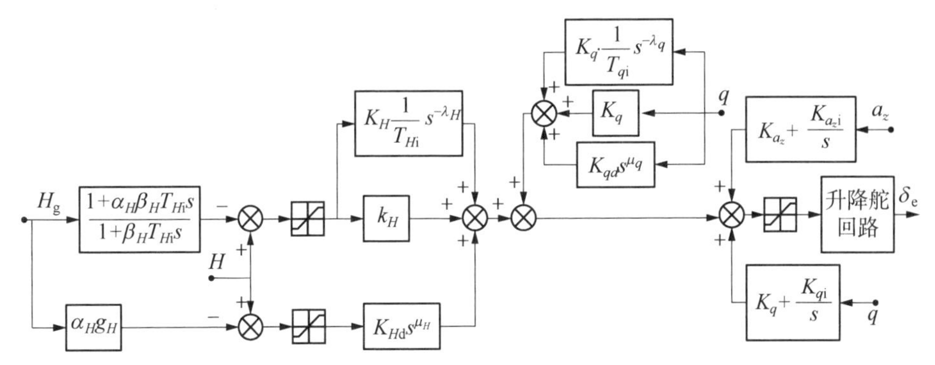

图 4-46 基于给定值滤波器型二自由度 $PI^{\lambda}D^{\mu}$ 控制的高度保持/控制系统框图

(6) 侧向偏离自动控制律设计。

不考虑惯性以及非线性等因素,以偏航角和滚转角控制系统为内回路,基于给定值滤波器型二自由度 $PI^{\lambda}D^{\mu}$ 控制的侧向偏离自动控制律如下,高度补偿与协调转弯相同。

$$\begin{aligned}
\delta_a &= K_y\left(1+\frac{1}{T_{yi}}s^{-\lambda_y}\right)\cdot\left[y-\left(\frac{1+\alpha_y\beta_y T_{yi}s}{1+\beta_y T_{yi}s}\right)y_g\right]+K_{yd}s^{\mu}(y-\alpha_y\gamma_y y_g)K_{\psi a}\left(1+\frac{1}{T_{\psi ai}}s^{-\lambda_\psi}\right)\cdot \\
&\quad \left[\psi-\left(\frac{1+\alpha_\psi\beta_\psi T_{\psi i}s}{1+\beta_\psi T_{\psi i}s}\right)\psi_g\right]+K_\phi\left(1+\frac{1}{T_{\phi i}}s^{-\lambda_\phi}\right)\phi-K_{aa_y}a_y+K_p p \\
\delta_r &= K_{\psi r}\left[\psi-\left(\frac{1+\alpha_\psi\beta_\psi T_{\psi i}s}{1+\beta_\psi T_{\psi i}s}\right)\psi_g\right]+K_r(r-r_g)+K_{rp}(r\cos\alpha_*+p\sin\alpha_*)+ \\
&\quad K_{a_y}a_y-K_{\delta_a}\delta_a \\
r_g &= K_{\phi r}\phi
\end{aligned} \tag{4-87}$$

其控制系统如图 4-47 所示。

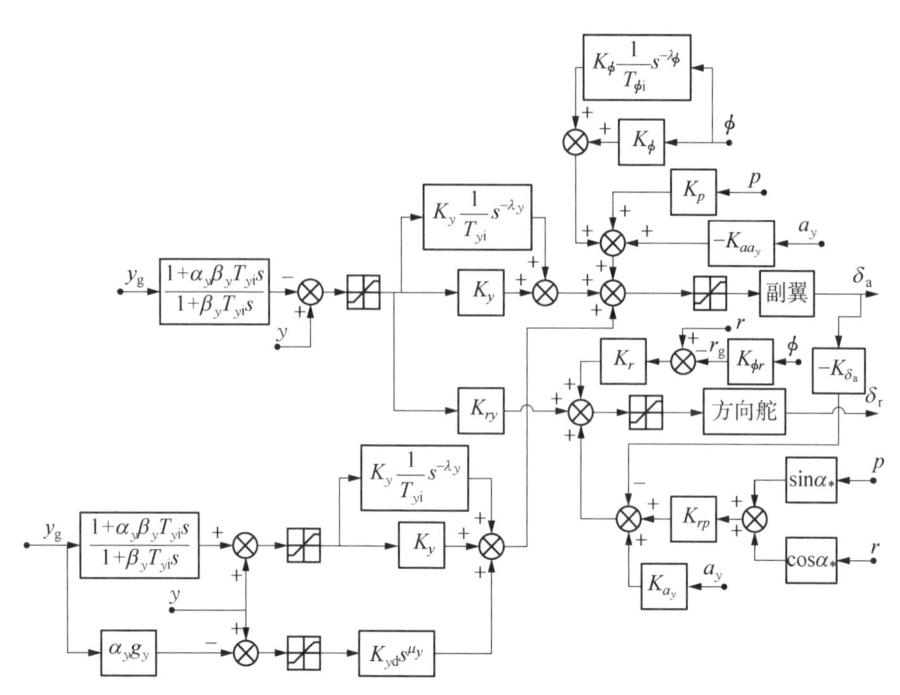

图 4-47　基于给定值滤波器型二自由度 $PI^\lambda D^\mu$ 控制的侧向偏离自动控制系统框图

（7）自动油门控制系统控制律设计。

基于给定值滤波器型二自由度 $PI^\lambda D^\mu$ 控制的自动油门控制系统控制律为

$$\delta_P=\frac{k_t}{T_ts+1}\left[K_V\left(1+\frac{1}{T_{Vi}}s^{-\lambda_V}\right)\cdot\left(V-\frac{1+\alpha_V\beta_VT_{Vi}s}{1+\beta_VT_{Vi}s}\cdot V_g\right)+K_{Vd}s^{\mu_V}(V-\alpha_V\gamma_VV_g)\right] \tag{4-88}$$

其控制系统如图 4-48 所示。

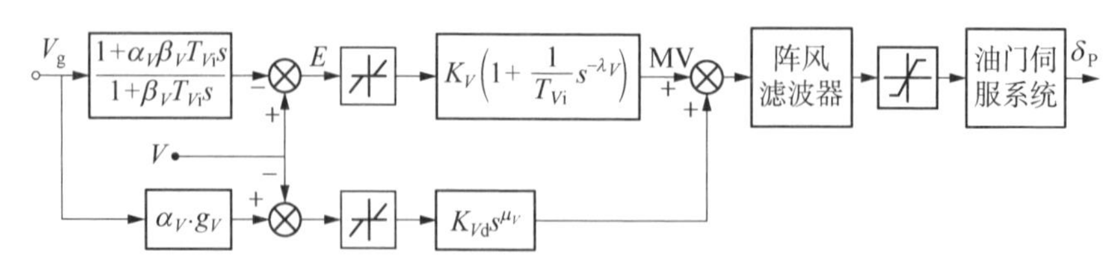

图 4-48　基于给定值滤波器型二自由度 $PI^\lambda D^\mu$ 控制的自动油门控制系统框图

（8）飞行速度保持/控制模态控制律设计。

a. 采用升降舵保持与控制飞行速度的方案。

自动驾驶仪处于高度保持/控制模态时，其控制律为

$$\delta_e = K_V V + K_{Vd} s^{\mu_V} V + K_H H + K_{Hi} s^{-\lambda_H} H + K_{Hd} s^{\mu_H} H + K_\theta \theta + K_{\theta i} s^{-\lambda_\theta} \theta + K_q \left(1+\frac{1}{s}\right) q + K_{a_z} \left(1+\frac{1}{s}\right) a_z \tag{4-89}$$

其回路如图 4-49 所示。

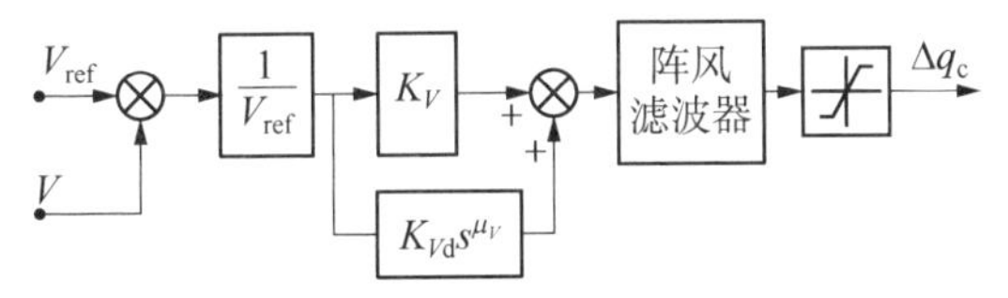

图 4-49 升降舵控制飞行速度回路框图(高度保持/控制模态下)

自动驾驶仪处于俯仰角保持/控制模态时，其控制律为

$$\delta_e = K_V V + K_{Vi} s^{-\lambda_V} V + K_{Vd} s^{\mu_V} V + K_\theta \theta + K_{\theta i} s^{-\lambda_\theta} \theta + K_{\theta d} s^{\mu_\theta} \theta + K_q \left(1+\frac{1}{s}\right) q + K_{a_z} \left(1+\frac{1}{s}\right) a_z \tag{4-90}$$

其回路如图 4-50 所示。

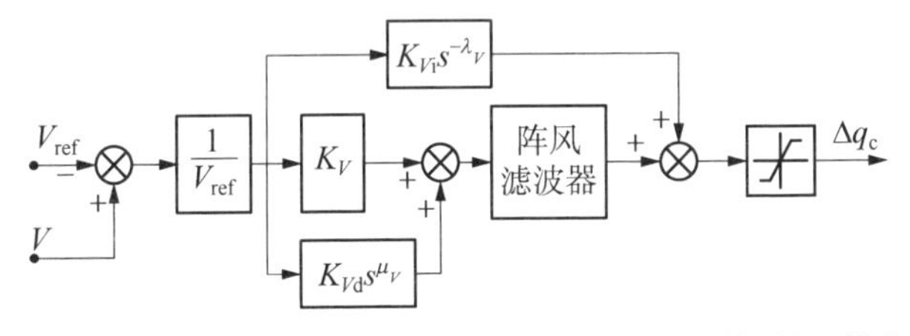

图 4-50 升降舵控制飞行速度回路框图(俯仰角保持/控制模态下)

b. 采用自动油门控制系统保持与控制飞行速度的方案。

自动驾驶仪处于高度保持/控制模态时，基于给定值滤波器型二自由度 $PI^\lambda D^\mu$ 控制的控制律为

$$\delta_e = K_H \left(1+\frac{1}{T_{Hi}} s^{-\lambda_H}\right) \cdot \left[H - \left(\frac{1+\alpha_H \beta_H T_{Hi} s}{1+\beta_H T_{Hi} s}\right) H_g\right] + K_{Hd} s^{\mu_H} (H - \alpha_H \gamma_H H_g) + K_\theta \theta + K_{\theta i} s^{-\lambda_\theta} \theta + K_{\theta d} s^{\mu_\theta} \theta + K_q \left(1+\frac{1}{s}\right) q + K_{a_z} \left(1+\frac{1}{s}\right) a_z$$

$$\delta_{\mathrm{P}}=\frac{k_{\mathrm{t}}}{T_{\mathrm{t}}s+1}\left[K_V\left(1+\frac{1}{T_{V\mathrm{i}}}s^{-\lambda_V}\right)\cdot\left(V-\frac{1+\alpha_V\beta_V T_{V\mathrm{i}}s}{1+\beta_V T_{V\mathrm{i}}s}\cdot V_{\mathrm{g}}\right)+K_{V\mathrm{d}}s^{\mu_V}(V-\alpha_V\gamma_V V_{\mathrm{g}})\right] \tag{4-91}$$

自动驾驶仪处于俯仰角保持/控制模态时，基于给定值滤波器型二自由度 $\mathrm{PI}^{\lambda}\mathrm{D}^{\mu}$ 控制的控制律为

$$\begin{aligned}\delta_{\mathrm{e}}&=K_\theta\left(1+\frac{1}{T_{\theta\mathrm{i}}}s^{-\lambda_\theta}\right)\cdot\left[\theta-\left(\frac{1+\alpha_\theta\beta_\theta T_{\theta\mathrm{i}}s}{1+\beta_\theta T_{\theta\mathrm{i}}s}\right)\cdot\theta_{\mathrm{g}}\right]+K_{\dot\theta}s^{\mu_\theta}(\theta-\alpha_\theta\gamma_\theta\theta_{\mathrm{g}})+\\&\quad K_q\left(1+\frac{1}{s}\right)q+K_{a_z}\left(1+\frac{1}{s}\right)a_z\\\delta_{\mathrm{P}}&=\frac{k_{\mathrm{t}}}{T_{\mathrm{t}}s+1}\left[K_V\left(1+\frac{1}{T_{V\mathrm{i}}}s^{-\lambda_V}\right)\cdot\left(V-\frac{1+\alpha_V\beta_V T_{V\mathrm{i}}s}{1+\beta_V T_{V\mathrm{i}}s}\cdot V_{\mathrm{g}}\right)+\right.\\&\quad\left.K_{V\mathrm{d}}s^{\mu_V}(V-\alpha_V\gamma_V V_{\mathrm{g}})\right]\end{aligned} \tag{4-92}$$

5）基于 $\mathrm{PI}^{\lambda}\mathrm{D}^{\mu}$ **控制的末制导段 BTT 自动驾驶仪设计**

（1）三通道独立设计。

a. 滚转通道。

不考虑惯性以及非线性等因素，基于不完全二自由度 $\mathrm{PI}^{\lambda}\mathrm{D}^{\mu}$ 控制的滚转通道控制律为

$$\delta_{\mathrm{a}}=K_\phi\left(1+\frac{1}{T_{\phi\mathrm{i}}}s^{-\lambda_\phi}\right)\cdot\left(\phi-\frac{1+\alpha\beta T_{\phi\mathrm{i}}s}{1+\beta T_{\phi\mathrm{i}}s}\cdot\phi_{\mathrm{g}}\right)+K_p p \tag{4-93}$$

b. 偏航通道。

不考虑惯性以及非线性等因素，基于不完全二自由度 $\mathrm{PI}^{\lambda}\mathrm{D}^{\mu}$ 控制的偏航通道控制律为

$$\delta_{\mathrm{r}}=K_{n_y}\left(1+\frac{1}{T_{n_y\mathrm{i}}}s^{-\lambda_{n_y}}\right)\cdot\left(n_y-\frac{1+\alpha\beta T_{n_y\mathrm{i}}s}{1+\beta T_{n_y\mathrm{i}}s}\cdot n_{y\mathrm{g}}\right)+K_\beta\beta+K_r r \tag{4-94}$$

c. 俯仰通道。

不考虑惯性以及非线性等因素，基于不完全二自由度 $\mathrm{PI}^{\lambda}\mathrm{D}^{\mu}$ 控制的俯仰通道控制律为

$$\delta_{e}=K_{n_z}\left(1+\frac{1}{T_{n_z i}}s^{-\lambda_{n_z}}\right)\cdot\left(n_z-\frac{1+\alpha\beta T_{n_z i}s}{1+\beta T_{n_z i}s}\cdot n_{zg}\right)+K_{\alpha}\alpha+K_{q}q \tag{4-95}$$

(2) 三通道耦合解耦控制律设计。

a. 滚转通道解耦控制律设计。

不考虑惯性以及非线性等因素，基于协调控制（即解耦控制）的滚转通道控制律如下：

$$\begin{aligned}&\delta_{a}=K_{\phi}\left(1+\frac{1}{T_{\phi i}}s^{-\lambda_{\phi}}\right)\cdot\left(\phi-\frac{1+\alpha\beta T_{\phi i}s}{1+\beta T_{\phi i}s}\cdot\phi_{g}\right)+K_{p}p+\delta_{a}^{*}\\&\delta_{a}^{*}=\frac{C_{l\delta_r}}{C_{l\delta_a}}\delta_{rc}+\frac{bC_{l\bar{r}}}{2VC_{l\delta_a}}r+\frac{C_{l\beta}}{C_{l\delta_a}}\cdot\beta-\frac{I_z-I_y}{QSbC_{l\delta_r}}qr-K_{rq}\sqrt{r^2+q^2}\sin\left(\arctan\frac{r}{q}+\phi\right)\tan\theta\end{aligned} \tag{4-96}$$

b. 偏航通道解耦控制律设计。

不考虑惯性以及非线性等因素，基于协调控制的偏航通道控制律如下：

$$\begin{aligned}&\delta_{r}=K_{n_y}\left(1+\frac{1}{T_{n_y i}}s^{-\lambda_{n_y}}\right)\cdot\left(n_y-\frac{1+\alpha\beta T_{n_y i}s}{1+\beta T_{n_y i}s}\cdot n_{yg}\right)+K_{\beta}\beta+K_{r}r+\delta_{r}^{*}\\&\delta_{r}^{*}=-\left(\frac{bC_{Y\bar{p}}}{2VC_{Y\delta_r}}+\frac{bC_{n\bar{p}}}{2VC_{n\delta_r}}\right)p-\left(\frac{C_{n\delta_a}}{C_{n\delta_r}}+\frac{C_{Y\delta_a}}{C_{Y\delta_r}}\right)\delta_{ac}-K_{p\alpha}p\alpha-\frac{I_y-I_x}{QSbC_{n\delta_r}}pq\end{aligned} \tag{4-97}$$

c. 俯仰通道解耦控制律设计。

不考虑惯性以及非线性等因素，基于协调控制的俯仰通道控制律如下：

$$\begin{aligned}&\delta_{e}=K_{n_z}\left(1+\frac{1}{T_{n_z i}}s^{-\lambda_{n_z}}\right)\cdot\left(n_z-\frac{1+\alpha\beta T_{n_z i}s}{1+\beta T_{n_z i}s}\cdot n_{zg}\right)+K_{\alpha}\alpha+K_{q}q+\delta_{e}^{*}\\&\delta_{e}^{*}=-\frac{I_x-I_z}{QSc_{A}C_{m\delta_e}}pr+K_{p\alpha}p\beta\end{aligned} \tag{4-98}$$

6) $PI^{\lambda}D^{\mu}$ 控制器非脆弱性分析

以基于给定值滤波器型二自由度 $PI^{\lambda}D^{\mu}$ 控制的俯仰角保持/控制回路为例，采用基于粒子群优化的 $PI^{\lambda}D^{\mu}$ 控制器 H_{∞}参数整定方法设计的 $PI^{\lambda}D^{\mu}$ 控制器的控制参数如下：$K_\theta=0.8846$，$T_{\theta i}=1.1837$，$K_{\theta d}=1.7895$，$\lambda_\theta=0.8893$，$\mu_\theta=0.0095$。给定值滤波器中相应的二自由度化系数如下：$\alpha_\theta=0.98$，$\beta_\theta=0.2359$，$\gamma_\theta=1.0508$。

当二自由度 $PI^\lambda D^\mu$ 俯仰角控制器的全部参数(不考虑给定值滤波器中参数的摄动)中的一个发生±20%的摄动时，参数 Δ20 脆弱性指标如下：$FI_{\Delta 20\lambda}=0.0777$，$FI_{\Delta 20\mu}=0$，$FI_{\Delta 20T_{\theta i}}=0.0135$，$FI_{\Delta 20K_\theta}=0.0608$，$FI_{\Delta 20K_{\theta d}}=0.1216$。当控制器的全部参数 K_θ、$T_{\theta i}$、$K_{\theta d}$、λ_θ 以及 μ_θ 发生±20%的摄动时，控制器的 Δ20 脆弱性指标如下：$FI_{\Delta 20}=0.3677$。控制器的 $\Delta\varepsilon$ 脆弱性指标的变化如图 4-51 所示。根据控制器脆弱度的定义，该控制器为非脆弱控制器。当俯仰角增加5°时，控制器参数(包括二自由度化系数)同时发生±20%摄动与无摄动的过渡过程如图 4-52 所示，可以看出，控制器参数发生±20%摄动对过渡过程的影响不显著，控制器仍能保证很好的控制品质。从图 4-51 还可以看出，当控制器的参数同时发生±35%摄动时，控制器仍然属于非脆弱控制器，控制系统的鲁棒性损失仍小于 50%。

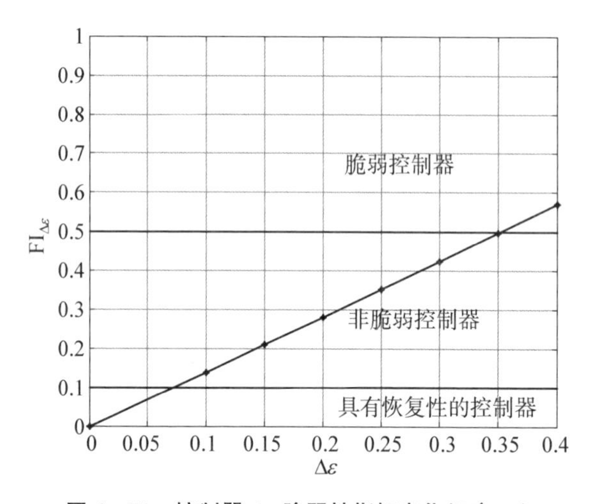

图 4-51 控制器 $\Delta\varepsilon$ 脆弱性指标变化($PI^\lambda D^\mu$)

7) 分数阶 $PI^\lambda D^\mu$ 控制器降阶

无论是采用 Oustaloup 递归滤波算法还是采用本章提出的改进算法近似计算分数阶微分算子，都会增加控制器的阶次，使得控制器的阶次高达数十甚至上百，而控制器的阶次过高会使其在工程中难以实现。为了克服这一缺陷，需要对控制器进行降阶。本章采用最优 Hankel 最小度近似(OHMDA)的方法[21-22]进

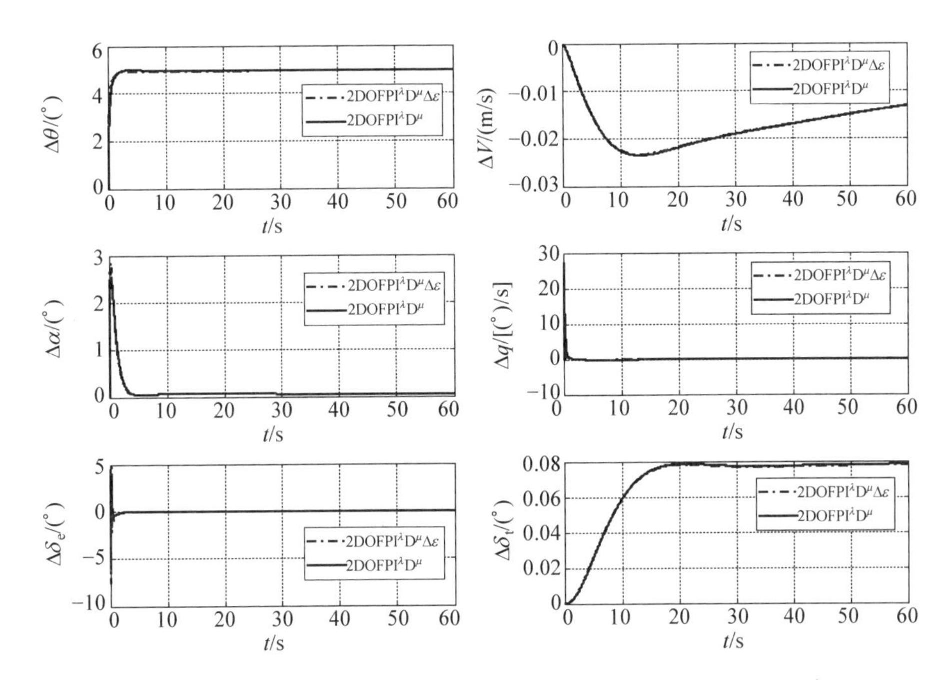

图 4-52　$\Delta\theta=5°$时，控制器参数摄动 Δ20 与无摄动的过渡过程对比($PI^{\lambda}D^{\mu}$)

行控制器降阶。

如果非最小 n 阶稳定系统$\boldsymbol{G}(s)=\boldsymbol{C}(\boldsymbol{I}s-\boldsymbol{A})^{-1}\boldsymbol{B}+\boldsymbol{D}$ 的k 阶最优 Hankel 最小度近似(OHMDA)为$\boldsymbol{G}_x(s)=\boldsymbol{C}_x(\boldsymbol{I}s-\boldsymbol{A}_x)^{-1}\boldsymbol{B}_x+\boldsymbol{D}_x$，那么$\boldsymbol{G}_x(s)$是稳定的，并且满足[23]：

$$\|\boldsymbol{G}-\boldsymbol{G}_x\|_{\infty}\leqslant \mathrm{totbnd},$$

式中，$\mathrm{totbnd}=2\sum_{i=k+1}^{n}\sigma_i$，$\sigma_1\geqslant\sigma_2\geqslant\cdots\geqslant\sigma_i$ 表示$\boldsymbol{G}(s)$的 Hankel 奇异值，也就是矩阵 $\boldsymbol{P}\cdot\boldsymbol{Q}$ 的特征值的平方根，矩阵 $\boldsymbol{P}$ 和$\boldsymbol{Q}$ 分别是$(\boldsymbol{A}, \boldsymbol{B}, \boldsymbol{C}, \boldsymbol{D})$的可控 Gramian 矩阵和可观测 Gramian 矩阵。

4.3.5　反辐射无人机 H_{∞}回路成形飞行控制系统设计

以往的鲁棒控制器设计仅仅针对被控对象的不确定性展开，假设控制器总是可以精确实现的，而没有考虑被控对象和控制器同时发生摄动时的控制器设计问题。本节在针对被控对象不确定性进行控制器设计时，同时考虑控制器摄动问题，引入非脆弱鲁棒控制理论，提出了基于 H_{∞}回路成形的二自由度模型匹配非脆弱鲁棒控制器设计方法。

基于正规化互质因式摄动的 H_∞ 回路成形技术[24]是由 McFarlane 和 Glover 提出的一种基于 H_∞ 控制的鲁棒控制器设计方法。它充分结合了传统 H_∞ 控制方法和经典回路成形设计方法的优点，首先，利用回路成形的设计思想，通过恰当地选择成形函数，改善系统开环回路奇异值频率特性；其次，采用 H_∞ 优化方法设计控制器，使得在正规化互质因式摄动——最严厉的摄动(乘性摄动和逆乘性摄动的综合)下，闭环系统的鲁棒性能和鲁棒稳定性之间达到理想折中。

H_∞ 回路成形设计是一种基于频域的解耦设计方法。该方法的不足之处是有时很难将时间响应指标完美地转换成理想的回路形状(奇异值频率特性)。为了在获得满意的鲁棒稳定性的同时进一步提高时域性能，可在 H_∞ 回路成形设计的基础上引入二自由度模型匹配控制结构。

二自由度模型匹配控制就是将控制器分成前置控制器(或称前置滤波器)和反馈控制器两部分。反馈控制器的作用是使闭环系统满足关于内稳定、鲁棒稳定、干扰抑制、测量噪声衰减以及灵敏度最小化的要求；而前置控制器(前置滤波器)的作用是减小对指定参考信号的跟踪误差。此外，该控制器可以使得存在摄动的受控系统与引入的理想模型(稳定且具有理想的时间响应特性，即满足系统设计所要求的时域指标，包括超调量、调节时间等)更好地匹配，即具有更好的鲁棒匹配性能。

在传统的二自由度模型匹配控制器设计中，存在这样一个矛盾：考虑到控制输入约束，需要为加权函数选择高通滤波器；而考虑到减小跟踪误差，又需要选择低通滤波器提高稳态精度。为解决这一问题，学者 Lee 和 Hwang[25]在控制器结构上稍加改进，即将前置控制器置于闭合回路内，类似于回路补偿型二自由度控制器结构，分别引入两个加权函数以同时满足鲁棒控制与鲁棒性能的要求。

针对被控对象的不确定性或闭环性能进行优化而得到的鲁棒控制器，均需要控制器精确实现。但是实际中，在控制器的实现方面，控制器参数不可避免地存在一些偏差，从而导致控制系统的鲁棒稳定性以及控制品质下降。非脆弱控制的目标是为给定的被控对象寻找非脆弱控制器，在被控对象所允许的不确定性和控制器参数所允许的变化范围内，仍能保证闭环系统稳定以及满足部分性能指标要求。

1) H_∞ 回路成形技术

H_∞ 回路成形设计方法是一种基于正规化互质因式摄动鲁棒镇定的设计方法，其基本原理是通过恰当地选取加权，使得加权的受控对象的开环系统频率响应再成形，以满足闭环性能要求，而后综合鲁棒控制器以实现稳定性。

(1) 正规化互质因式的鲁棒镇定问题。

令 $(\widetilde{\boldsymbol{N}}\quad \widetilde{\boldsymbol{M}})$ 为标称对象 $\boldsymbol{G}$ 的正规化左互质因式分解，$\boldsymbol{G}=\widetilde{\boldsymbol{M}}^{-1}\widetilde{\boldsymbol{N}}$，当且仅当最大严格正范数 $e_{\max}$ 满足下式时[26-27]：

$$e_{\max}=(\gamma_{\min})^{-1}=(\inf_{K}\|F_l(\boldsymbol{P},\ \boldsymbol{K})\|_{\infty})^{-1}=\left(\inf_{K}\left\|\begin{bmatrix}\boldsymbol{K}\\ \boldsymbol{I}\end{bmatrix}(\boldsymbol{I}+\boldsymbol{GK})^{-1}\widetilde{\boldsymbol{M}}^{-1}\right\|_{\infty}\right)^{-1} \tag{4-99}$$

对所有 $\boldsymbol{\Delta}\in\boldsymbol{D}_{C_e}$，$\boldsymbol{D}_{C_e}\triangleq\{\boldsymbol{\Delta}=[\boldsymbol{\Delta}_{\widetilde{N}}\quad \boldsymbol{\Delta}_{\widetilde{M}}]；\boldsymbol{\Delta}\in \boldsymbol{RH}_{\infty}^{p\times(m+p)}；\|\boldsymbol{\Delta}\|_{\infty}<e\}$，存在唯一的控制器 $\boldsymbol{K}$ 使得左互质因式摄动受控对象 $\boldsymbol{G}_{\boldsymbol{\Delta}}=(\widetilde{\boldsymbol{M}}+\widetilde{\boldsymbol{\Delta}}_{\boldsymbol{M}})^{-1}(\widetilde{\boldsymbol{N}}+\widetilde{\boldsymbol{\Delta}}_{\boldsymbol{N}})$ 稳定，其中，$\boldsymbol{K}$ 来自所有镇定标称对象 $\boldsymbol{G}=\boldsymbol{F}_{\mathrm{u}}(\boldsymbol{P},\ 0)$ 的控制器集合。

将正规化左互质因式分解鲁棒镇定问题进行推广，增广对象 $\boldsymbol{G}_s=\boldsymbol{W}_2\boldsymbol{G}\boldsymbol{W}_1$，其中，$\boldsymbol{W}_1$ 和 $\boldsymbol{W}_2$ 分别为可逆前置和后置补偿器，并且假设 $\boldsymbol{W}_1$ 和 $\boldsymbol{W}_2$ 使得 $\boldsymbol{G}_s$ 没有隐藏不稳定模型。设计的目标是寻找控制器 $\boldsymbol{K}_A$，镇定 $\boldsymbol{G}_s$ 的正规化左互质因式，即 $\boldsymbol{G}_s=\widetilde{\boldsymbol{M}}_s^{-1}\widetilde{\boldsymbol{N}}_s$。

$$\begin{aligned}\left\|\begin{bmatrix}\boldsymbol{K}\\ \boldsymbol{I}\end{bmatrix}(\boldsymbol{I}+\boldsymbol{G}_s\boldsymbol{K})^{-1}\widetilde{\boldsymbol{M}}_s^{-1}\right\|_{\infty}&=\left\|\begin{bmatrix}\boldsymbol{K}\\ \boldsymbol{I}\end{bmatrix}(\boldsymbol{I}+\boldsymbol{G}_s\boldsymbol{K})^{-1}[\boldsymbol{I}\quad \boldsymbol{G}_s]\right\|_{\infty}\\ &=\left\|\begin{bmatrix}\boldsymbol{W}_1^{-1}\boldsymbol{K}\\ \boldsymbol{W}_2\end{bmatrix}(\boldsymbol{I}+\boldsymbol{GK})^{-1}[\boldsymbol{W}_2^{-1}\quad \boldsymbol{G}\boldsymbol{W}_1]\right\|_{\infty}\\ &=\left\|\begin{bmatrix}\boldsymbol{G}_s\\ \boldsymbol{I}\end{bmatrix}(\boldsymbol{I}+\boldsymbol{K}\boldsymbol{G}_s)^{-1}[\boldsymbol{I}\quad \boldsymbol{K}]\right\|_{\infty}\\ &=\left\|\begin{bmatrix}\boldsymbol{W}_2\boldsymbol{G}\\ \boldsymbol{W}_1^{-1}\end{bmatrix}(\boldsymbol{I}+\boldsymbol{KG})^{-1}[\boldsymbol{W}_1\quad \boldsymbol{K}\boldsymbol{W}_2^{-1}]\right\|_{\infty}\end{aligned} \tag{4-100}$$

(2) 利用正规化互质因式的镇定进行回路成形设计。

a. 成形函数的作用。

开环标称性能 $[\underline{s}(\boldsymbol{GK})\gg 1,\ \underline{s}(\boldsymbol{K})\gg 1]$ 与开环鲁棒稳定性指标 $[\bar{s}(\boldsymbol{GK})\ll 1,\ \bar{s}(\boldsymbol{K})\ll 1]$ 是相互矛盾的，不可能在所有频率上都取得好的标称性能和鲁棒性，需要进行折中。通常，低频段的标称性能和高频段的鲁棒稳定性最为重要，因此，对所有 $\omega\in(0,\ \omega_1)$，应满足 $\underline{s}(\boldsymbol{GK})\gg 1,\ \underline{s}(\boldsymbol{K})\gg 1$；对所有 $\omega\in(\omega_{\mathrm{u}},\ \infty)$，

应满足$\bar{s}(\boldsymbol{GK})\ll 1$，$\bar{s}(\boldsymbol{K})\ll 1$。在实际设计中，频域$(\omega_l, \omega_u)$不能过小，该穿越频域的$\boldsymbol{GK}$和$\boldsymbol{KG}$的奇异值曲线的斜率不应太大，最大斜率不应大于$-40$ dB/decade。成形函数$\boldsymbol{W}_1$和$\boldsymbol{W}_2$用于标称性能指标与鲁棒稳定性指标的平衡。

b. H_∞回路成形设计步骤。

H_∞回路成形设计的目标是使用正规化左互质因式鲁棒镇定方法，在保证闭合回路稳定性的同时，尽可能达到标称性能与鲁棒稳定性的折中。回路成形设计过程如图4-53所示。

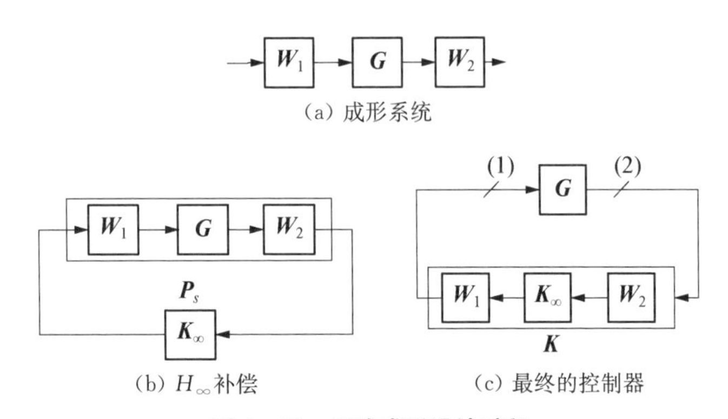

图4-53 回路成形设计过程

a) 第一步：回路成形。

检查标称受控对象的开环奇异值，通过利用前置补偿器$\boldsymbol{W}_1$和/或后置补偿器$\boldsymbol{W}_2$，将标称受控对象的奇异值成形为期望的开环形状，即满足标称性能指标和鲁棒稳定性指标。通常应使加权系统的最小奇异值在低频域尽可能大，以便取得好的性能，诸如跟踪性能，而最大奇异值在高频域应尽可能小，以便实现很好的鲁棒稳定性和噪声抑制能力。带宽会影响系统响应速度，因此带宽频率附近的奇异值斜率不应太大（小于-40 dB/decade）。标称受控对象$\boldsymbol{G}$（为线性时不变系统模型）和成形函数$\boldsymbol{W}_1$、$\boldsymbol{W}_2$合并成为成形后的受控对象$\boldsymbol{G}_s$，其中$\boldsymbol{G}_s=\boldsymbol{W}_2\boldsymbol{G}\boldsymbol{W}_1$。假设$\boldsymbol{W}_1$和$\boldsymbol{W}_2$使$\boldsymbol{G}_s$无不稳定隐含模态（没有右半平面零极点对消）。单自由度回路成形设计结构如图4-54所示。

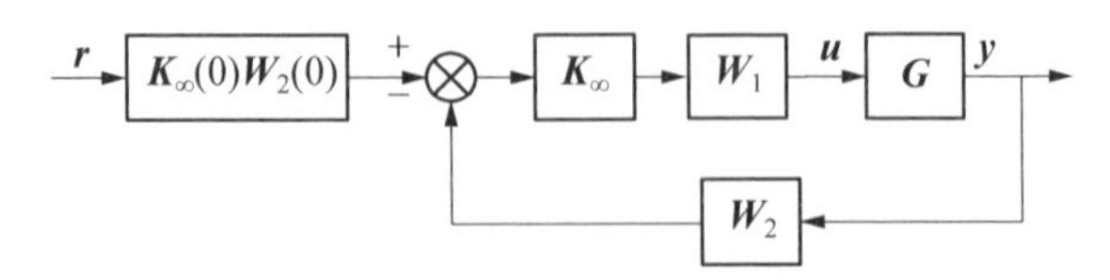

图4-54 单自由度回路成形设计结构

b）第二步：鲁棒镇定。

计算 $e_{\max}$：

$$e_{\max}=\left(\inf_{K\text{镇定}}\left\|\begin{bmatrix}I\\K\end{bmatrix}(I+G_sK)^{-1}\widetilde{M}_s^{-1}\right\|_\infty\right)^{-1}=\left(1-\left\|\begin{bmatrix}\widetilde{N}_s & \widetilde{M}_s\end{bmatrix}\right\|_H^2\right)^{\frac{1}{2}}<1 \tag{4-101}$$

式中，$\widetilde{M}_s$、$\widetilde{N}_s$ 为 G_s 的正规化左互质分解，即 $G_s=\widetilde{M}_s^{-1}\widetilde{N}_s$ 且 $\widetilde{M}_s\widetilde{M}_s^{\sim}+\widetilde{N}_s\widetilde{N}_s^{\sim}=I$，其中 $\widetilde{M}_s^{\sim}$ 和 $\widetilde{N}_s^{\sim}$ 为 $[\widetilde{M}_s(-s)]^{\mathrm{T}}$ 和 $[\widetilde{N}_s(-s)]^{\mathrm{T}}$ 的缩写。

$[\widetilde{N}_s \quad \widetilde{M}_s]$ 的 Hankel 范数 $\|[\widetilde{N}_s \quad \widetilde{M}_s]\|_H^2=\lambda_{\max}(PQ)$，其中，$P$ 和 Q 分别为 $[\widetilde{N} \quad \widetilde{M}]$ 的可控和可观测 Gramian 矩阵，$P=Y$，$Q=X(I+YX)^{-1}$，$X\geqslant 0$ 和 $Y\geqslant 0$ 分别为广义控制代数里卡蒂方程（GCARE）$(A_s-B_sR^{-1}D_s^{\mathrm{H}}C_s)^{\mathrm{H}}X+X(A_s-B_sR^{-1}D_s^{\mathrm{H}}C_s)-XB_sR^{-1}B_s^{\mathrm{H}}X+C_s^{\mathrm{H}}\widetilde{R}^{-1}C_s=0$ 和广义滤波代数里卡蒂方程（GFARE）$(A_s-B_sD_s^{\mathrm{H}}\widetilde{R}^{-1}C_s)Y+Y(A_s-BD_s^{\mathrm{H}}\widetilde{R}^{-1}C_s)^{\mathrm{H}}-YC_s^{\mathrm{H}}\widetilde{R}^{-1}C_sY+B_sR^{-1}B_s^{\mathrm{H}}=0$ 的正定解，$R\triangleq I+D_s^{\mathrm{H}}D_s$，$\widetilde{R}\triangleq I+D_sD_s^{\mathrm{H}}$。如果 $e_{\max}\geqslant 1$，表明指定的回路形状、标称受控对象的相位以及鲁棒闭环稳定性之间不相容，则返回第一步，并且调整 W_1 和 W_2。

选择稳定余量 $e\leqslant e_{\max}$，设计镇定控制器 K_∞，使得 $\left\|\begin{bmatrix}I\\K_\infty\end{bmatrix}(I+G_sK_\infty)^{-1}\widetilde{M}_s^{-1}\right\|_\infty\leqslant e^{-1}$。

对于 $e<e_{\max}=(1-\|[\widetilde{N}_s \quad \widetilde{M}_s]\|_H^2)^{\frac{1}{2}}$，满足 $\|F_l(G_s,K_\infty)\|_\infty\geqslant e$ 的所有正规化左互质因子鲁棒镇定问题的控制器描述为

$$K_\infty=T_L[\Phi],\ L=\left[\begin{array}{c:c}L_{11} & L_{12}\\ \hdashline L_{21} & L_{22}\end{array}\right]$$

$$=\left[\begin{array}{c:c:c}A_c & -e^{-2}(W_1^{\sim})^{-1}B_sR^{-\frac{1}{2}} & e^{-2}(e^{-2}-1)^{-\frac{1}{2}}(W_1^{\sim})^{-1}YC_s^{\mathrm{H}}\widetilde{R}^{\frac{1}{2}}\\ \hline F & R^{-\frac{1}{2}} & (e^{-2}-1)^{-\frac{1}{2}}D_s^{\mathrm{H}}\widetilde{R}^{\frac{1}{2}}\\ \hdashline C_s+D_sF & D_sR^{-\frac{1}{2}} & -(e^{-2}-1)^{-\frac{1}{2}}\widetilde{R}^{\frac{1}{2}}\end{array}\right] \tag{4-102}$$

式中，$\Phi\in RH_\infty^{m\times p}$，$\|\Phi\|_\infty\leqslant 1$。$X$ 和 Y 为 GCARE 和 GFARE 的解，$W_1=I+$

$(\boldsymbol{XY}-e^{-2}\boldsymbol{I})$，$\boldsymbol{F}=-\boldsymbol{R}^{-1}(\boldsymbol{B}^{\mathrm{H}}\boldsymbol{X}+\boldsymbol{D}^{\mathrm{H}}\boldsymbol{C})$，$\boldsymbol{A}_c=\boldsymbol{A}+\boldsymbol{BF}$。中心控制器的状态空间描述为[24]

$$\boldsymbol{K}_\infty=\left[\begin{array}{c|c}\boldsymbol{A}_c+e^{-2}(\boldsymbol{W}_1^{\sim})^{-1}\boldsymbol{YC}_s^{\mathrm{H}}(\boldsymbol{C}_s+\boldsymbol{D}_s\boldsymbol{F}) & e^{-2}(\boldsymbol{W}_1^{\sim})^{-1}\boldsymbol{Y}_s\boldsymbol{C}_s^{\mathrm{H}}\\ \hdashline \boldsymbol{B}_s^{\mathrm{H}}\boldsymbol{X} & -\boldsymbol{D}_s^{\mathrm{H}}\end{array}\right]\tag{4-103}$$

c) 第三步：组合 H_∞ 控制器 $\boldsymbol{K}_\infty$、$\boldsymbol{W}_1$、$\boldsymbol{W}_2$，构成最终的反馈控制器 $\boldsymbol{K}=\boldsymbol{W}_1\boldsymbol{K}_\infty\boldsymbol{W}_2$。

对于跟踪问题，参考信号通常来自 $\boldsymbol{K}_\infty$ 和 $\boldsymbol{W}_2$ 之间。如图 4-54 所示，为了减小稳态跟踪误差，可在前馈通道中引入一个常值增益 $\boldsymbol{K}_\infty(0)\boldsymbol{W}_2(0)=\lim\limits_{s\to 0}\boldsymbol{K}_\infty(s)\boldsymbol{W}_2(s)$。于是，参考信号 $\boldsymbol{R}$ 和受控对象输出 $\boldsymbol{Y}$ 之间的闭环传递函数为 $\boldsymbol{Y}(s)=[\boldsymbol{I}+\boldsymbol{G}(s)\boldsymbol{K}(s)]^{-1}\boldsymbol{G}(s)\boldsymbol{K}_\infty(s)\boldsymbol{W}_1(s)\boldsymbol{K}_\infty(0)\boldsymbol{W}_2(0)\boldsymbol{R}(s)$。

2) 基于 H_∞ 回路成形的二自由度模型匹配控制

二自由度模型匹配控制方案（见图 4-55）能够保证相对于一个理想的阶跃响应模型具有较好的鲁棒性能。其基本原理如下：将控制器 $\boldsymbol{K}$ 分成两部分，即 $\boldsymbol{K}=[\boldsymbol{K}_1\quad -\boldsymbol{K}_2]$，其中 $\boldsymbol{K}_1$ 为前置控制器，$\boldsymbol{K}_2$ 为反馈控制器。$\boldsymbol{K}_2$ 的作用是使闭环系统满足关于内稳定、鲁棒稳定、干扰抑制、测量噪声衰减以及灵敏度最小化的要求；而 $\boldsymbol{K}_1$ 应用于参考信号，优化整个闭环系统对指令输入的响应。此外，控制器 $\boldsymbol{K}$ 应使得加权误差 z 对于整个摄动系统族 $\boldsymbol{G}_e$ 为小量，即确保 $\|(\boldsymbol{I}+\boldsymbol{G}_p\boldsymbol{K}_2)^{-1}\boldsymbol{G}_p\boldsymbol{K}_1-\boldsymbol{M}_0\|_\infty\leqslant e^{-1}\rho^{-1}$，其中，$\boldsymbol{M}_0$ 为理想的单位阶跃响应模型（对角传递矩阵，$\boldsymbol{R}$ 和 $\boldsymbol{Y}$ 间理想的闭环传递函数，稳定且满足系统设计所要求的时域指标，包括超调量、调节时间等），$\boldsymbol{G}_p\in\boldsymbol{G}_e$；常数 ρ 为模型匹配参数，用于设计中的模型匹配部分，反映鲁棒稳定性与鲁棒模型匹配性能间的相对重要性，如增大 ρ，则强调模型匹配性能，即 $(\boldsymbol{I}+\boldsymbol{G}_p\boldsymbol{K}_2)^{-1}\boldsymbol{G}_p\boldsymbol{K}_1\to\boldsymbol{M}_0$。

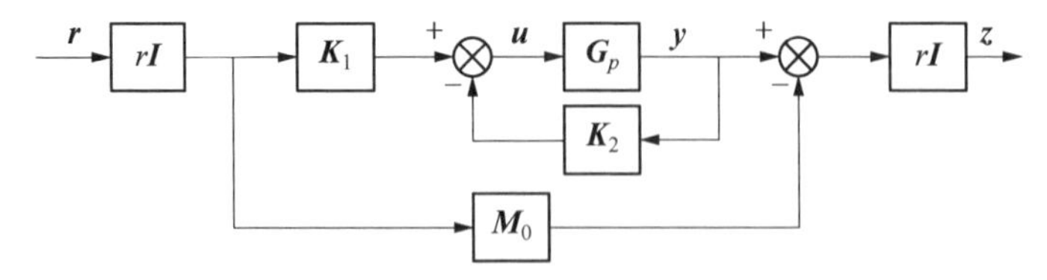

图 4-55 二自由度模型匹配控制方案

(1) 标称系统模型摄动下的模型匹配闭环鲁棒性能。

对系统正规化左互质因子摄动的情况，令 $\boldsymbol{G}_p=(\widetilde{\boldsymbol{M}}+\boldsymbol{\Delta}_{\widetilde{M}})^{-1}(\widetilde{\boldsymbol{N}}+\boldsymbol{\Delta}_{\widetilde{N}})$，$\boldsymbol{G}_p\in\boldsymbol{G}_e$，$\boldsymbol{G}_e=\{\boldsymbol{G}_p:\boldsymbol{\Delta}_{\widetilde{M}},\boldsymbol{\Delta}_{\widetilde{N}}\in\boldsymbol{RH}_\infty,\ \|[\boldsymbol{\Delta}_{\widetilde{N}}\quad\boldsymbol{\Delta}_{\widetilde{M}}]\|_\infty<e\}$。给定 $\boldsymbol{K}_1$ 和 $\boldsymbol{K}_2$，做如下假设：

$$\boldsymbol{\Phi}=[\boldsymbol{I}+(\widetilde{\boldsymbol{M}}+\boldsymbol{\Delta}_{\widetilde{M}})^{-1}(\widetilde{\boldsymbol{N}}+\boldsymbol{\Delta}_{\widetilde{N}})\boldsymbol{K}_2]^{-1}\cdot(\widetilde{\boldsymbol{M}}+\boldsymbol{\Delta}_{\widetilde{M}})^{-1}(\widetilde{\boldsymbol{N}}+\boldsymbol{\Delta}_{\widetilde{N}})\boldsymbol{K}_1-\boldsymbol{M}_0 \tag{4-104}$$

式中，$\boldsymbol{\Delta}_{\widetilde{M}}$、$\boldsymbol{\Delta}_{\widetilde{N}}\in\boldsymbol{RH}_\infty$，$\|[\boldsymbol{\Delta}_{\widetilde{N}}\quad\boldsymbol{\Delta}_{\widetilde{M}}]\|_\infty<e$。为了方便分析，式(4-102)可以改成如下形式：

$$\boldsymbol{\Phi}=\boldsymbol{F}_l\left(\left[\begin{array}{c:c}(\boldsymbol{I}+\boldsymbol{G}\boldsymbol{K}_2)^{-1}\boldsymbol{G}\boldsymbol{K}_1-\boldsymbol{M}_0 & (\boldsymbol{I}+\boldsymbol{G}\boldsymbol{K}_2)^{-1}\widetilde{\boldsymbol{M}}^{-1}\\ \hdashline \boldsymbol{G}(\boldsymbol{I}+\boldsymbol{K}_2\boldsymbol{G})^{-1}\boldsymbol{K}_1 & (\boldsymbol{I}+\boldsymbol{G}\boldsymbol{K}_2)^{-1}\widetilde{\boldsymbol{M}}^{-1}\\ (\boldsymbol{I}+\boldsymbol{K}_2\boldsymbol{G})^{-1}\boldsymbol{K}_1 & \boldsymbol{K}_2(\boldsymbol{I}+\boldsymbol{G}\boldsymbol{K}_2)^{-1}\widetilde{\boldsymbol{M}}^{-1}\end{array}\right],\ [\boldsymbol{\Delta}_{\widetilde{M}}\quad\boldsymbol{\Delta}_{\widetilde{N}}]\right) \tag{4-105}$$

显然，有

$$\left\|\left[\begin{array}{c:c}(\boldsymbol{I}+\boldsymbol{G}\boldsymbol{K}_2)^{-1}\boldsymbol{G}\boldsymbol{K}_1-\boldsymbol{M}_0 & (\boldsymbol{I}+\boldsymbol{G}\boldsymbol{K}_2)^{-1}\widetilde{\boldsymbol{M}}^{-1}\\ \hdashline \boldsymbol{G}(\boldsymbol{I}+\boldsymbol{K}_2\boldsymbol{G})^{-1}\boldsymbol{K}_1 & (\boldsymbol{I}+\boldsymbol{G}\boldsymbol{K}_2)^{-1}\widetilde{\boldsymbol{M}}^{-1}\\ (\boldsymbol{I}+\boldsymbol{K}_2\boldsymbol{G})^{-1}\boldsymbol{K}_1 & \boldsymbol{K}_2(\boldsymbol{I}+\boldsymbol{G}\boldsymbol{K}_2)^{-1}\widetilde{\boldsymbol{M}}^{-1}\end{array}\right]\right\|_\infty\leqslant e^{-1}$$

$$\|[\boldsymbol{\Delta}_{\widetilde{M}}\quad\boldsymbol{\Delta}_{\widetilde{N}}]\|<e \tag{4-106}$$

可确保对所有 $\boldsymbol{G}_p\in\boldsymbol{G}_e$，闭环系统都是稳定的[根据 $\begin{bmatrix}\boldsymbol{I}\\ \boldsymbol{K}_2\end{bmatrix}(\boldsymbol{I}+\boldsymbol{G}\boldsymbol{K}_2)^{-1}\widetilde{\boldsymbol{M}}^{-1}$ 是稳定的，即 $\left\|\begin{bmatrix}\boldsymbol{I}\\ \boldsymbol{K}_2\end{bmatrix}(\boldsymbol{I}+\boldsymbol{G}\boldsymbol{K}_2)^{-1}\widetilde{\boldsymbol{M}}^{-1}\right\|_\infty\leqslant e^{-1}$ 和小增益理论[27]]；根据 Redheffer 定理[28]，对所有 $\boldsymbol{G}_p\in\boldsymbol{G}_e$，闭环系统都具有鲁棒模型匹配特性：

$$\|(\boldsymbol{I}+\boldsymbol{G}_p\boldsymbol{K}_2)^{-1}\boldsymbol{G}_p\boldsymbol{K}_1-\boldsymbol{M}_0\|_\infty\leqslant e^{-1}$$

(2) 二自由度控制器 Youla 参数化。

根据 Youla 参数化方法，二自由度控制器通过一对参数 $\boldsymbol{Q}_1$ 和 $\boldsymbol{Q}_2$ 参数化。二自由度控制器与正规化互质因子摄动系统如图 4-56 所示。

根据图 4-46，可得到如下关系：

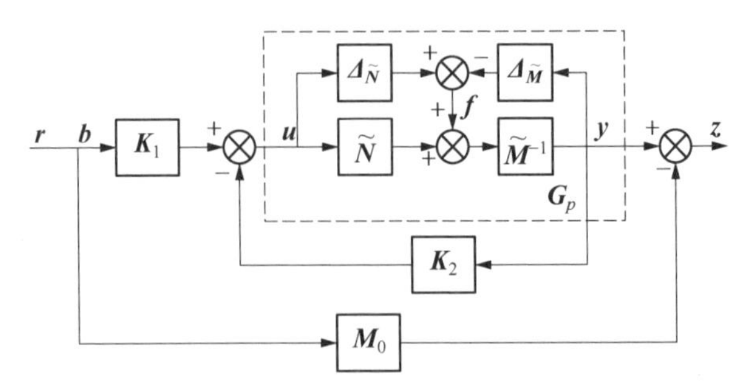

图 4-56 二自由度控制器与正规化互质因子摄动系统

$$\begin{bmatrix} z \\ y \\ u \\ \hdashline r \\ y \end{bmatrix} = \left[\begin{array}{cc:c} -M_0 & \widetilde{M}^{-1} & G \\ 0 & \widetilde{M}^{-1} & G \\ 0 & 0 & I \\ \hdashline I & 0 & 0 \\ 0 & \widetilde{M}^{-1} & G \end{array}\right] \begin{bmatrix} r \\ \phi \\ \hdashline u \end{bmatrix} = \left[\begin{array}{c:c} P_{11} & P_{12} \\ \hdashline P_{21} & P_{22} \end{array}\right] \begin{bmatrix} r \\ \phi \\ \hdashline u \end{bmatrix} \tag{4-107}$$

在 M_0 稳定的情况下，当且仅当控制器 $\hat{K} = [\hat{K}_1 \quad \hat{K}_2]$ 使 P_{22} 稳定时，其使 P 稳定。P_{22} 的描述如下：

$$P_{22} = \begin{bmatrix} 0 \\ G \end{bmatrix} = \begin{bmatrix} I & 0 \\ 0 & \widetilde{M}^{-1} \end{bmatrix} \begin{bmatrix} 0 \\ \widetilde{N} \end{bmatrix} = \begin{bmatrix} 0 \\ N \end{bmatrix} M^{-1}$$

相应的 Bezout 恒等式为

$$\left[\begin{array}{c:cc} \widetilde{V} & 0 & -\widetilde{U} \\ \hdashline 0 & I & 0 \\ -\widetilde{N} & 0 & \widetilde{M} \end{array}\right] \left[\begin{array}{c:cc} M & 0 & U \\ \hdashline 0 & I & 0 \\ N & 0 & V \end{array}\right] = \left[\begin{array}{c:cc} I & 0 & 0 \\ \hdashline 0 & I & 0 \\ 0 & 0 & I \end{array}\right] \tag{4-108}$$

因而，有

$$\begin{aligned} [\hat{K}_1 \quad \hat{K}_2] &= [MQ_1 \quad U + MQ_2] \times \left\{ \begin{bmatrix} I & 0 \\ 0 & V \end{bmatrix} + \begin{bmatrix} 0 \\ N \end{bmatrix} [Q_1 \quad Q_2] \right\}^{-1} \\ &= [MQ_1 \quad U + MQ_2] \times \begin{bmatrix} I & 0 \\ -(V + NQ_2)^{-1} NQ_1 & (V + NQ_2)^{-1} \end{bmatrix} \end{aligned}$$

$$Q = [Q_1 \quad Q_2] \in RH_\infty \tag{4-109}$$

于是，$\hat{\boldsymbol{K}}_1=(\boldsymbol{M}-\hat{\boldsymbol{K}}_2\boldsymbol{N})\boldsymbol{Q}_1$，$\hat{\boldsymbol{K}}_2=(\boldsymbol{U}+\boldsymbol{M}\boldsymbol{Q}_2)(\boldsymbol{V}+\boldsymbol{N}\boldsymbol{Q}_2)^{-1}$。进而，$\hat{\boldsymbol{K}}_1=\boldsymbol{K}_1$，$\hat{\boldsymbol{K}}_2=-\boldsymbol{K}_2$，可得到关于参数 $\boldsymbol{Q}_1$ 和 $\boldsymbol{Q}_2$ 的关系式如下：

$$\begin{bmatrix}(\boldsymbol{I}+\boldsymbol{G}\boldsymbol{K}_2)^{-1}\boldsymbol{G}\boldsymbol{K}_1-\boldsymbol{M}_0 & (\boldsymbol{I}+\boldsymbol{G}\boldsymbol{K}_2)^{-1}\boldsymbol{M}^{-1}\\ \boldsymbol{G}(\boldsymbol{I}+\boldsymbol{K}_2\boldsymbol{G})^{-1}\boldsymbol{K}_1 & (\boldsymbol{I}+\boldsymbol{G}\boldsymbol{K}_2)^{-1}\boldsymbol{M}^{-1}\\ (\boldsymbol{I}+\boldsymbol{K}_2\boldsymbol{G})^{-1}\boldsymbol{K}_1 & \boldsymbol{K}_2(\boldsymbol{I}+\boldsymbol{G}\boldsymbol{K}_2)^{-1}\boldsymbol{M}^{-1}\end{bmatrix}=\begin{bmatrix}-\boldsymbol{M}_0 & \boldsymbol{V}\\ 0 & \boldsymbol{V}\\ 0 & \boldsymbol{U}\end{bmatrix}+\begin{bmatrix}\boldsymbol{N}\\ \boldsymbol{N}\\ \boldsymbol{M}\end{bmatrix}[\boldsymbol{Q}_1\quad \boldsymbol{Q}_2] \tag{4-110}$$

(3) 二自由度控制器综合(H_∞优化问题)。

有两种优化设计方法[29]：单步优化设计方法和两步优化设计方法。单步优化设计方法就是使用 H_∞ 优化方法对反馈控制器 $\boldsymbol{K}_2$ 和前置滤波器 $\boldsymbol{K}_1$ 进行同步设计，同时优化参数 $\boldsymbol{Q}_1$ 和 $\boldsymbol{Q}_2$。单步优化设计方法的优点是使用容易，并且为控制器 $\boldsymbol{K}_1$ 和 $\boldsymbol{K}_2$ 分配同一个状态空间，设计的控制器具有较低的阶数，与受控系统的阶数相同。因此，本书采用单步优化设计方法对二自由度控制器进行设计。

如图 4-57 所示，二自由度控制器直接计算关系如下：

$$\begin{aligned}\begin{bmatrix}\boldsymbol{z}\\ \boldsymbol{y}\\ \boldsymbol{u}\end{bmatrix}&=\begin{bmatrix}\rho_o[(\boldsymbol{I}+\boldsymbol{G}\boldsymbol{K}_2)^{-1}\boldsymbol{G}\boldsymbol{K}_1-\boldsymbol{M}_0]\rho_i & \rho_o(\boldsymbol{I}+\boldsymbol{G}\boldsymbol{K}_2)^{-1}\widetilde{\boldsymbol{M}}^{-1}\\ \rho_i\boldsymbol{G}(\boldsymbol{I}+\boldsymbol{K}_2\boldsymbol{G})^{-1}\boldsymbol{K}_1 & (\boldsymbol{I}+\boldsymbol{G}\boldsymbol{K}_2)^{-1}\widetilde{\boldsymbol{M}}^{-1}\\ \rho_i(\boldsymbol{I}+\boldsymbol{K}_2\boldsymbol{G})^{-1}\boldsymbol{K}_1 & \boldsymbol{K}_2(\boldsymbol{I}+\boldsymbol{G}\boldsymbol{K}_2)^{-1}\widetilde{\boldsymbol{M}}^{-1}\end{bmatrix}\times\begin{bmatrix}\boldsymbol{r}\\ \boldsymbol{\phi}\end{bmatrix}\\ &=\begin{bmatrix}\boldsymbol{M}_{11} & \boldsymbol{M}_{12}\\ \boldsymbol{M}_{21} & \boldsymbol{M}_{22}\end{bmatrix}\times\begin{bmatrix}\boldsymbol{r}\\ \boldsymbol{\phi}\end{bmatrix}\end{aligned} \tag{4-111}$$

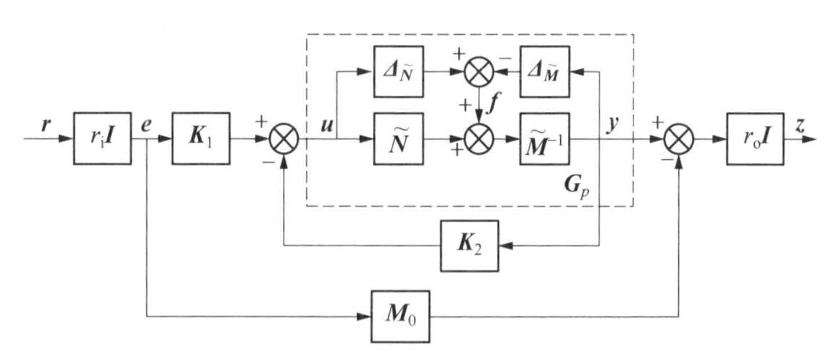

图 4-57　二自由度控制器综合

$\boldsymbol{M}_{22}$ 与鲁棒稳定性优化相关，$\boldsymbol{M}_{11}$ 用于闭环回路与模型 $\boldsymbol{M}_0$ 的匹配。为了将该问题转化为 H_∞ 优化的广义调节结构(见图 4-58)进行计算，令 $\rho=\sqrt{\rho_i\rho_o}$，

定义如下矩阵：

$$\begin{bmatrix} \boldsymbol{z} \\ \boldsymbol{y} \\ \boldsymbol{u} \\ \hdashline \boldsymbol{e} \\ \boldsymbol{y} \end{bmatrix} = \left[\begin{array}{cc:c} -\rho^2\boldsymbol{M}_0 & \rho\widetilde{\boldsymbol{M}}^{-1} & \rho\boldsymbol{G}_s \\ 0 & \widetilde{\boldsymbol{M}}^{-1} & \boldsymbol{G}_s \\ 0 & 0 & \boldsymbol{I} \\ \hdashline \rho\boldsymbol{I} & 0 & 0 \\ 0 & \widetilde{\boldsymbol{M}}^{-1} & \boldsymbol{G}_s \end{array}\right] \begin{bmatrix} \boldsymbol{r} \\ \boldsymbol{\phi} \\ \hdashline \boldsymbol{u} \end{bmatrix} \tag{4-112}$$

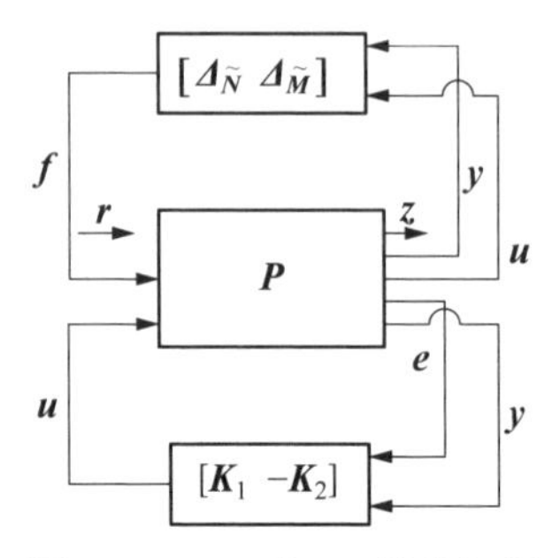

图 4-58 标准 H_∞ 优化问题

将 $\boldsymbol{M}_0=\begin{bmatrix} \boldsymbol{A}_0 & \boldsymbol{B}_0 \\ \boldsymbol{C}_0 & \boldsymbol{D}_0 \end{bmatrix}$($\boldsymbol{M}_0$ 是稳定的)，$\boldsymbol{G}_s=\begin{bmatrix} \boldsymbol{A}_s & \boldsymbol{B}_s \\ \boldsymbol{C}_s & \boldsymbol{D}_s \end{bmatrix}$ 代入式(4-110)得

$$\boldsymbol{P}=\left[\begin{array}{c:c} \boldsymbol{P}_{11} & \boldsymbol{P}_{12} \\ \hdashline \boldsymbol{P}_{21} & \boldsymbol{P}_{22} \end{array}\right]=\left[\begin{array}{cc|cc:c} \boldsymbol{A}_s & 0 & 0 & (\boldsymbol{B}_s\boldsymbol{D}_s^{\mathrm{H}}+\boldsymbol{Y}\boldsymbol{C}_s^{\mathrm{H}})R^{-\frac{1}{2}} & \boldsymbol{B}_s \\ 0 & \boldsymbol{A}_0 & -\boldsymbol{B}_0 & 0 & 0 \\ \hline \rho\boldsymbol{C}_s & \rho^2\boldsymbol{C}_0 & -\rho^2\boldsymbol{D}_0 & \rho\boldsymbol{R}^{\frac{1}{2}} & \rho\boldsymbol{D}_s \\ \boldsymbol{C}_s & 0 & 0 & \boldsymbol{R}^{\frac{1}{2}} & \boldsymbol{D}_s \\ 0 & 0 & 0 & 0 & \boldsymbol{I} \\ 0 & 0 & \rho\boldsymbol{I} & 0 & 0 \\ \hdashline \boldsymbol{C}_s & 0 & 0 & \boldsymbol{R}^{\frac{1}{2}} & \boldsymbol{D}_s \end{array}\right] \tag{4-113}$$

式中，$\boldsymbol{Y}$ 为广义滤波代数里卡蒂方程(GFARE)的正定解，$\boldsymbol{R}\triangleq\boldsymbol{I}+\boldsymbol{D}_s^{\mathrm{H}}\boldsymbol{D}_s$。

$$\|\boldsymbol{F}_l(\boldsymbol{P},\boldsymbol{K})\|_\infty=\|\boldsymbol{T}_{11}-\boldsymbol{T}_{12}\boldsymbol{Q}\boldsymbol{T}_{21}\|_\infty=\left\|\begin{bmatrix} \boldsymbol{R}_1-\boldsymbol{X}_1 & \boldsymbol{R}_2 \\ \boldsymbol{R}_3 & \boldsymbol{R}_4 \end{bmatrix}\right\|_\infty\leqslant\gamma \tag{4-114}$$

由上式可知，可以利用四块优化问题的 Glover 迭代算法[30]得到次优控制器 $\boldsymbol{K}=\boldsymbol{F}_l(\boldsymbol{J},\boldsymbol{Q}_{\text{opt}})$。

(4) 基于 H_∞ 回路成形的二自由度模型匹配控制器的设计步骤。

a. 回路成形：检查标称受控对象的开环奇异值，通过一个前置补偿器 $\boldsymbol{W}_1$ 和/或一个后置补偿器 $\boldsymbol{W}_2$，将标称受控对象的奇异值成形为期望的开环形状，即满足标称性能指标和鲁棒稳定性指标。标称受控对象 $\boldsymbol{G}$（为线性时不变系统模型）和成形函数 $\boldsymbol{W}_1$、$\boldsymbol{W}_2$ 合并成为成形后的受控对象 $\boldsymbol{G}_s$，其中 $\boldsymbol{G}_s=\boldsymbol{W}_2\boldsymbol{G}\boldsymbol{W}_1$。假设 $\boldsymbol{W}_1$ 和 $\boldsymbol{W}_2$ 使 $\boldsymbol{G}_s$ 无不稳定隐含模态。

b. 选取匹配模型 $\boldsymbol{M}_0$［对角矩阵函数 $\text{diag}(\boldsymbol{M}_0^1,\cdots,\boldsymbol{M}_0^p)$，$p$ 为控制输出数］，通常取得的匹配模型应能反映所期望的系统设计指标，诸如稳态误差、超调量等。

c. 设置模型匹配参数 ρ，通常情况下，$1\leqslant\rho\leqslant 3$。

d. 鲁棒镇定。

计算 $e_{\max}$：如果 $e_{\max}\geqslant 1$，表明指定的回路形状与鲁棒稳定性要求不相容，则返回 a.，并且调整 $\boldsymbol{W}_1$ 和 $\boldsymbol{W}_2$。

寻找最优稳定余量 $e_{\text{opt}}\leqslant e_{\max}$，通常 $0.33e_{\max}\leqslant e_{\text{opt}}\leqslant 0.83e_{\max}$。利用四块优化问题的 Glover 迭代算法，得到控制器 $\boldsymbol{K}_\infty=[\boldsymbol{K}_{\infty 1}\quad -\boldsymbol{K}_{\infty 2}]$，使得

$$\left\|\begin{bmatrix}\boldsymbol{I}\\ \boldsymbol{K}_2\end{bmatrix}(\boldsymbol{I}+\boldsymbol{G}_s\boldsymbol{K}_2)^{-1}\widetilde{\boldsymbol{M}}_s^{-1}\right\|_\infty\leqslant e^{-1},\ \|(\boldsymbol{I}+\boldsymbol{G}_s\boldsymbol{K}_2)^{-1}\boldsymbol{G}_s\boldsymbol{K}_1-\boldsymbol{M}_0\|_\infty\leqslant e^{-1}\rho^{-2}。$$

e. 在稳态时，为了使闭环传递函数 $\boldsymbol{R}_{y\beta}=(\boldsymbol{I}+\boldsymbol{G}_p\boldsymbol{K}_2)^{-1}\boldsymbol{G}_p\boldsymbol{K}_1$ 在所有频段上都能更精确地匹配模型 $\boldsymbol{M}_0$，可将控制器 $\boldsymbol{K}_1$（前置滤波器）乘以一个比例矩阵 $\boldsymbol{S}$［即 $\boldsymbol{S}=\boldsymbol{R}_{y\beta}^{-1}(0)\boldsymbol{M}_0(0)$］。为了减小参考输入信号的稳态跟踪误差，可在前馈通道中引入常值增益矩阵 $\boldsymbol{S}_{\text{f}}=\boldsymbol{K}_1(0)\boldsymbol{K}_2(0)\boldsymbol{W}_2(0)=\lim\limits_{s\to 0}\boldsymbol{K}_1(s)\boldsymbol{K}_2(s)\boldsymbol{W}_2(s)$。如图 4-59 所示，最终构成的控制器为

$$\boldsymbol{K}=[\boldsymbol{S}_{\text{f}}\boldsymbol{S}\boldsymbol{K}_{\infty 1}\boldsymbol{W}_1\quad -\boldsymbol{W}_1\boldsymbol{K}_{\infty 2}\boldsymbol{W}_2]=\begin{bmatrix}\boldsymbol{A}_k & \boldsymbol{B}_{ky} & \boldsymbol{B}_{kr}\\ \boldsymbol{C}_k & \boldsymbol{D}_{ky} & \boldsymbol{D}_{kr}\end{bmatrix}\tag{4-115}$$

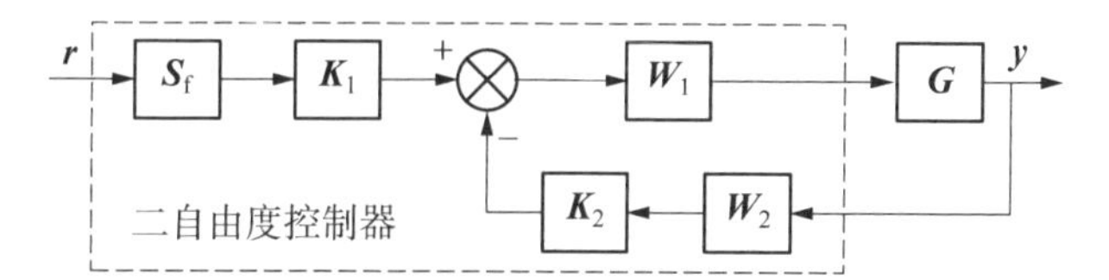

图 4-59　最终的二自由度控制器结构

并且最终控制器的阶数将不大于 $\deg(\boldsymbol{G})+\deg(\boldsymbol{M}_0)+2\deg(\boldsymbol{W})$。

3）互质因式不确定性系统的非脆弱鲁棒控制

（1）互质因式不确定性系统的非脆弱鲁棒稳定性。

记由受控对象 $\boldsymbol{G}$ 和控制器 $\boldsymbol{K}$ 组成的闭环系统为 $(\boldsymbol{G},\boldsymbol{K})$，如果闭环传递函数

$$\boldsymbol{H}(\boldsymbol{G},\boldsymbol{K})=\begin{bmatrix}\boldsymbol{I} & \boldsymbol{K}\\ -\boldsymbol{G} & \boldsymbol{I}\end{bmatrix}^{-1}=\begin{bmatrix}(\boldsymbol{I}+\boldsymbol{KG})^{-1} & \boldsymbol{K}(\boldsymbol{I}+\boldsymbol{GK})^{-1}\\ \boldsymbol{G}(\boldsymbol{I}+\boldsymbol{KG})^{-1} & (\boldsymbol{I}+\boldsymbol{GK})^{-1}\end{bmatrix} \tag{4-116}$$

是稳定的，那么闭环系统 $(\boldsymbol{G},\boldsymbol{K})$ 是内稳定的。

对给定的标称对象 $\boldsymbol{G}_0(s)$ 和控制器 $\boldsymbol{K}_0(s)$ 进行右互质因式分解：$\boldsymbol{G}_0(s)=\boldsymbol{N}_0(s)\boldsymbol{M}_0^{-1}(s)$，$\boldsymbol{K}_0=\boldsymbol{U}_0(s)\boldsymbol{V}_0^{-1}(s)$，定义受控对象 $\boldsymbol{G}$ 和控制器 $\boldsymbol{K}$ 摄动族如下：

$$\begin{aligned}\boldsymbol{G}(\boldsymbol{N}_0,\boldsymbol{M}_0,e_1)&=\left\{\boldsymbol{G}:\boldsymbol{G}=(\boldsymbol{N}_0+\boldsymbol{\Delta}_N)(\boldsymbol{M}_0+\boldsymbol{\Delta}_M)^{-1},\ \left\|\begin{bmatrix}\boldsymbol{\Delta}_N\\ \boldsymbol{\Delta}_M\end{bmatrix}\right\|_\infty<e_1\right\}\\ \boldsymbol{K}(\boldsymbol{U}_0,\boldsymbol{V}_0,e_2)&=\left\{\boldsymbol{K}:\boldsymbol{K}=(\boldsymbol{U}_0+\boldsymbol{\Delta}_U)(\boldsymbol{V}_0+\boldsymbol{\Delta}_V)^{-1},\ \left\|\begin{bmatrix}\boldsymbol{\Delta}_U\\ \boldsymbol{\Delta}_V\end{bmatrix}\right\|_\infty<e_2\right\}\end{aligned} \tag{4-117}$$

当受控对象 $\boldsymbol{G}$ 和控制器 $\boldsymbol{K}$ 同时具有上述摄动时，闭环系统记作 $\boldsymbol{G}(\boldsymbol{N}_0,\boldsymbol{M}_0,e_1;\boldsymbol{U}_0,\boldsymbol{V}_0,e_2)$，即

$$\begin{aligned}&\boldsymbol{G}(\boldsymbol{N}_0,\boldsymbol{M}_0,e_1;\boldsymbol{U}_0,\boldsymbol{V}_0,e_2)=\\ &\left\{(\boldsymbol{G},\boldsymbol{K}):\begin{matrix}\boldsymbol{G}=(\boldsymbol{N}_0+\boldsymbol{\Delta}_N)(\boldsymbol{M}_0+\boldsymbol{\Delta}_M)^{-1}\\ \boldsymbol{K}=(\boldsymbol{U}_0+\boldsymbol{\Delta}_U)(\boldsymbol{V}_0+\boldsymbol{\Delta}_V)^{-1}\end{matrix},\right.\\ &\left.\left\|\begin{bmatrix}\boldsymbol{\Delta}_N\\ \boldsymbol{\Delta}_M\end{bmatrix}\right\|_\infty<e_1,\ \left\|\begin{bmatrix}\boldsymbol{\Delta}_U\\ \boldsymbol{\Delta}_V\end{bmatrix}\right\|_\infty<e_2\right\}\end{aligned} \tag{4-118}$$

闭环系统 $\boldsymbol{G}(\boldsymbol{N}_0,\boldsymbol{M}_0,\boldsymbol{U}_0,\boldsymbol{V}_0;e)$ 摄动族的描述如下：

$$\boldsymbol{G}(\boldsymbol{N}_0,\boldsymbol{M}_0,\boldsymbol{U}_0,\boldsymbol{V}_0;e):=\left\{(\boldsymbol{G},\boldsymbol{K}):\begin{matrix}\boldsymbol{G}=(\boldsymbol{N}_0+\boldsymbol{\Delta}_N)(\boldsymbol{M}_0+\boldsymbol{\Delta}_M)^{-1}\\ \boldsymbol{K}=(\boldsymbol{U}_0+\boldsymbol{\Delta}_U)(\boldsymbol{V}_0+\boldsymbol{\Delta}_V)^{-1}\end{matrix},\ \left\|\begin{matrix}\boldsymbol{\Delta}_M & \boldsymbol{\Delta}_U\\ \boldsymbol{\Delta}_N & \boldsymbol{\Delta}_V\end{matrix}\right\|_\infty<e\right\} \tag{4-119}$$

如果对任意 $\boldsymbol{G}\in\boldsymbol{G}(\boldsymbol{N}_0,\boldsymbol{M}_0,e_1)$ 和 $\boldsymbol{K}\in\boldsymbol{K}(\boldsymbol{U}_0,\boldsymbol{V}_0,e_2)$，闭环系统 $(\boldsymbol{G},\boldsymbol{K})$

均是稳定的，则称闭环系统 $\boldsymbol{G}(\boldsymbol{N}_0,\ \boldsymbol{M}_0,\ e_1;\boldsymbol{U}_0,\ \boldsymbol{V}_0,\ e_2)$ 是鲁棒稳定的。

在如图4-60所示系统中，对象和控制器同时具有互质因子摄动。图中，$\boldsymbol{w}_1$ 和 $\boldsymbol{w}_2$ 为闭环系统的外部输入矢量，如参考输入、干扰和噪声等；$\boldsymbol{z}_1$ 为受控对象的输出矢量；$\boldsymbol{z}_2$ 和 $\boldsymbol{z}_3$ 分别为控制器和受控对象的输入矢量；$\boldsymbol{P}_0=\boldsymbol{N}_0\boldsymbol{M}_0^{-1}$ 及 $\boldsymbol{K}_0=\boldsymbol{U}_0\boldsymbol{V}_0^{-1}$ 分别为标称被控对象和标称控制器的右互质因式分解，$\boldsymbol{N}_0$，$\boldsymbol{M}_0$，$\boldsymbol{U}_0$，$\boldsymbol{V}_0\in\boldsymbol{RH}_\infty$。

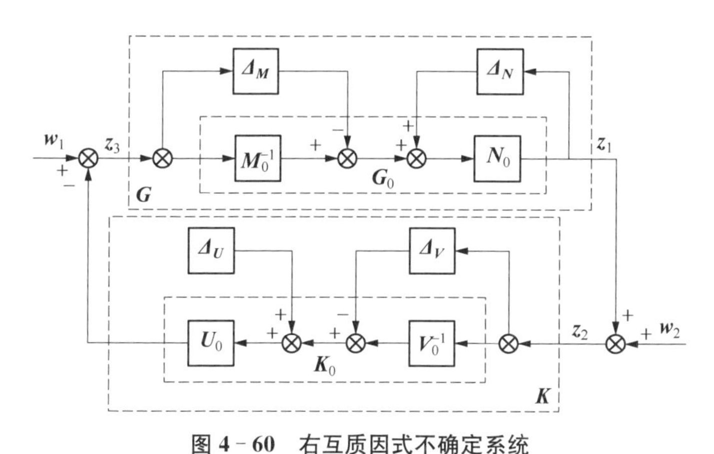

图4-60　右互质因式不确定系统

推论4.1[31]　设标称受控对象（$\boldsymbol{G}_0=\boldsymbol{N}_0\boldsymbol{M}_0^{-1}$）与标称控制器（$\boldsymbol{K}_0=\boldsymbol{U}_0\boldsymbol{V}_0^{-1}$）组成稳定的闭环系统（$\boldsymbol{G}_0$，$\boldsymbol{K}_0$），当且仅当 $\sqrt{e_1^2+e_2^2}\leqslant\tau\begin{bmatrix}\boldsymbol{M}_0 & \boldsymbol{U}_0\\ \boldsymbol{N}_0 & \boldsymbol{V}_0\end{bmatrix}$ 时，闭环系统 $\boldsymbol{G}(\boldsymbol{N}_0,\ \boldsymbol{M}_0,\ e_1;\ \boldsymbol{U}_0,\ \boldsymbol{V}_0,\ e_2)$ 是鲁棒稳定的。$\tau(\boldsymbol{G})=\inf\{\underline{\sigma}[\boldsymbol{G}(\mathrm{j}\omega)]=\omega\in\mathbf{R}\}$，$\underline{\sigma}(\cdot)$ 表示最小奇异值。

注：设 $\boldsymbol{G}(s)$ 是单模的，即对矩阵 $\boldsymbol{G}(s)\in\boldsymbol{RH}_\infty$，存在 $\boldsymbol{G}^{-1}(s)\in\boldsymbol{RH}_\infty$，则 $\tau(\boldsymbol{G})=\|\boldsymbol{G}^{-1}\|_\infty^{-1}$。

（2）正规化互质因式不确定性系统的非脆弱鲁棒控制器设计。

对 $\boldsymbol{S}(\boldsymbol{G}_0;\ \boldsymbol{K})$ 定义如下：

$$\boldsymbol{S}(\boldsymbol{G}_0;\ \boldsymbol{K}):=\left\{\begin{matrix}\boldsymbol{G}_0\\ \boldsymbol{K}\end{matrix}:\begin{matrix}\boldsymbol{G}_0=\boldsymbol{N}_0\boldsymbol{M}_0^{-1}\\ \boldsymbol{K}=\boldsymbol{U}\boldsymbol{V}^{-1}\end{matrix},\ \begin{bmatrix}\boldsymbol{M}_0 & \boldsymbol{U}\\ \boldsymbol{N}_0 & \boldsymbol{V}\end{bmatrix}\in\boldsymbol{RH}_\infty,\ \begin{bmatrix}\boldsymbol{M}_0 & \boldsymbol{U}\\ \boldsymbol{N}_0 & \boldsymbol{V}\end{bmatrix}^{-1}\in\boldsymbol{RH}_\infty\right\}\tag{4-120}$$

则非脆弱最优鲁棒控制问题a.和次优鲁棒控制问题b.如下：

a. $(\boldsymbol{U}_1, \boldsymbol{V}_1) \in \boldsymbol{S}(\boldsymbol{G}_0; \boldsymbol{K})$，使得 $\tau\begin{bmatrix}\boldsymbol{M}_0 & \boldsymbol{U}_1 \\ \boldsymbol{N}_0 & \boldsymbol{V}_1\end{bmatrix} = \max\limits_{(\boldsymbol{U},\boldsymbol{V})\in \boldsymbol{S}(\boldsymbol{G}_0;\boldsymbol{K})} \tau\begin{bmatrix}\boldsymbol{M}_0 & \boldsymbol{U} \\ \boldsymbol{N}_0 & \boldsymbol{V}\end{bmatrix}$。

此最优控制问题的解将给出系统的最大鲁棒摄动边界和非脆弱最优鲁棒控制器。

b. $(\boldsymbol{U}_2, \boldsymbol{V}_2) \in \boldsymbol{S}(\boldsymbol{G}_0; \boldsymbol{K})$，使得 $e \leqslant \tau\begin{bmatrix}\boldsymbol{M}_0 & \boldsymbol{U}_2 \\ \boldsymbol{N}_0 & \boldsymbol{V}_2\end{bmatrix}$，$\tau\begin{bmatrix}\boldsymbol{M}_0 & \boldsymbol{U}_2 \\ \boldsymbol{N}_0 & \boldsymbol{V}_2\end{bmatrix} < \max\limits_{(\boldsymbol{U},\boldsymbol{V})\in \boldsymbol{S}(\boldsymbol{G}_0;\boldsymbol{K})} \tau\begin{bmatrix}\boldsymbol{M}_0 & \boldsymbol{U} \\ \boldsymbol{N}_0 & \boldsymbol{V}\end{bmatrix}$。

定理 4.1[32] 给定对象 $\boldsymbol{G}_0 = \boldsymbol{N}_0\boldsymbol{M}_0^{-1}$，当且仅当 $\boldsymbol{Q}^{\sim} \in \boldsymbol{RH}_\infty$ 满足 $\|\boldsymbol{R} - \boldsymbol{Q}^{\sim}\|_\infty = \min\|\boldsymbol{R} - \boldsymbol{Q}\|_\infty$ 时，其中 $\boldsymbol{R} = -(\widetilde{\boldsymbol{V}}_0\widetilde{\boldsymbol{N}}_0^{\sim} + \widetilde{\boldsymbol{U}}_0\widetilde{\boldsymbol{M}}_0^{\sim})$，控制器 $\boldsymbol{K}^{\sim} = \boldsymbol{U}^{\sim}(\boldsymbol{V}^{\sim})^{-1} = (\boldsymbol{U}_0 + \boldsymbol{M}_0\boldsymbol{Q}^{\sim})(\boldsymbol{V}_0 + \boldsymbol{N}_0\boldsymbol{Q}^{\sim})^{-1}$ 为最优鲁棒控制问题的解，即 $\tau\begin{bmatrix}\boldsymbol{M}_0 & \boldsymbol{U}^{\sim} \\ \boldsymbol{N}_0 & \boldsymbol{V}^{\sim}\end{bmatrix} = \max\limits_{(\boldsymbol{U},\boldsymbol{V})\in \boldsymbol{S}(\boldsymbol{G}_0;\boldsymbol{K})} \tau\begin{bmatrix}\boldsymbol{M}_0 & \boldsymbol{U} \\ \boldsymbol{N}_0 & \boldsymbol{V}\end{bmatrix}$，此时系统稳定的最大鲁棒摄动边界为

$$e_{\max} = \max_{(\boldsymbol{U},\boldsymbol{V})\in \boldsymbol{S}(\boldsymbol{G}_0;\boldsymbol{K})} \tau\begin{bmatrix}\boldsymbol{M}_0 & \boldsymbol{U} \\ \boldsymbol{N}_0 & \boldsymbol{V}\end{bmatrix} = \frac{1}{\sqrt{1 + 0.5\|\Gamma_{\boldsymbol{R}}\|^2 + 0.5\|\Gamma_{\boldsymbol{R}}\|(4 + \|\Gamma_{\boldsymbol{R}}\|^2)^{\frac{1}{2}}}} \tag{4-121}$$

式中，$\Gamma_{\boldsymbol{R}}$ 表示 $\boldsymbol{R}$ 的 Hankel 算子，$\|\Gamma_{\boldsymbol{R}}\|$ 为 Hankel 算子的范数。

(3) 基于 H_∞ 回路成形的二自由度模型匹配非脆弱鲁棒控制器设计步骤。

基于 H_∞ 回路成形的二自由度模型匹配非脆弱鲁棒控制器的设计步骤如下：

a. 根据 H_∞ 回路成形的二自由度模型匹配鲁棒控制器设计得到控制器 $\boldsymbol{K}_\infty = [\boldsymbol{K}_{\infty 1} \quad -\boldsymbol{K}_{\infty 2}]$ 后，令标称控制器 $\boldsymbol{K}_0 = \boldsymbol{K}_\infty$。

b. 非脆弱鲁棒镇定：确定最大鲁棒摄动边界为

$$e_{2\max} = \max_{(\boldsymbol{U},\boldsymbol{V})\in \boldsymbol{S}(\boldsymbol{G}_0;\boldsymbol{K})} \tau\begin{bmatrix}\boldsymbol{M}_0 & \boldsymbol{U} \\ \boldsymbol{N}_0 & \boldsymbol{V}\end{bmatrix} = \frac{1}{\sqrt{1 + 0.5\|\Gamma_{\boldsymbol{R}}\|^2 + 0.5\|\Gamma_{\boldsymbol{R}}\|(4 + \|\Gamma_{\boldsymbol{R}}\|^2)^{\frac{1}{2}}}} \tag{4-122}$$

式中，$\Gamma_{\boldsymbol{R}}$ 表示 $\boldsymbol{R}$ 的 Hankel 算子，$\boldsymbol{R} = -(\widetilde{\boldsymbol{V}}_0\widetilde{\boldsymbol{N}}_0^{\sim} + \widetilde{\boldsymbol{U}}_0\widetilde{\boldsymbol{M}}_0^{\sim})$。之前基于受控对象的摄动的最大鲁棒稳定性边界可表示为 $e_{1\max}$。

c. 一般情况下，可以认为控制器的摄动不大于被控对象的摄动，即 $e_{1\max} \leqslant e_{2\max}$。令基于被控对象摄动的稳定余量为 e_1，选择非脆弱鲁棒稳定余量 $e_2 \leqslant$

$e_{2\max}$，检验 $\sqrt{e_1^2+e_2^2}\leqslant\tau\begin{bmatrix}\boldsymbol{M}_0 & \boldsymbol{U}_0\\ \boldsymbol{N}_0 & \boldsymbol{V}_0\end{bmatrix}$ 是否成立，若不成立，则需重新设计 $\boldsymbol{K}_\infty$，直至满足条件为止。

d. 最终，获得非脆弱鲁棒控制器 $\boldsymbol{K}=[\boldsymbol{S}_f\boldsymbol{S}\boldsymbol{K}_1\boldsymbol{W}_1\quad -\boldsymbol{W}_2\boldsymbol{K}_2\boldsymbol{W}_1]$。

4) 基于 H_∞ 回路成形的非脆弱鲁棒飞行自动控制系统设计

需要特别指出的是，传统的二自由度模型匹配控制器结构（见图 4-61）考虑控制输入约束时，加权函数 $\boldsymbol{W}_2$ 通常选择常值外加高通滤波器的形式，而考虑跟踪误差时需要选择低通滤波器以提高稳态精度。对这一矛盾的事实，仅考虑其中一种情形有时使得控制系统的设计不切实际。为了解决这一矛盾，可在前置通道中引入常值增益矩阵 $\boldsymbol{S}_f$，专门用以提高稳态精度（在之前的设计方法介绍中已经提到）。

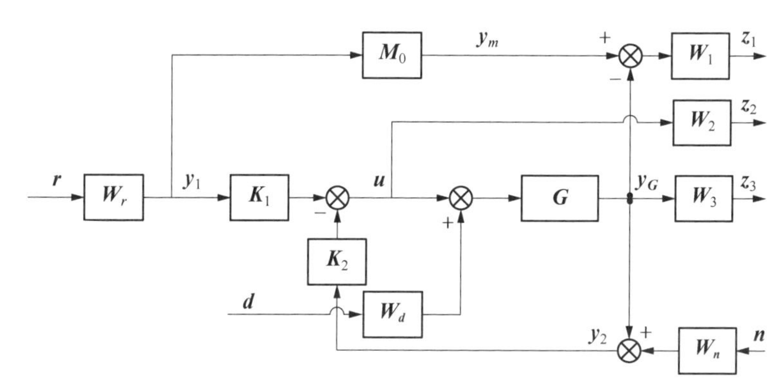

图 4-61　传统的二自由度模型匹配控制器结构

这里提出了另一种解决问题方法，在一种改进的二自由度模型匹配控制器[25]（见图 4-62）中，将控制器 $\boldsymbol{K}_1$ 置于闭合回路内，加权函数 $\boldsymbol{W}_3$ 选择常值外加高通滤波器的形式抑制进入系统的高频成分，而加权函数 $\boldsymbol{W}_5$ 选择低通滤波器以改善稳态精度。

改进的二自由度模型匹配控制器结构如图 4-62 所示，控制输入 $\boldsymbol{u}$ 和受控输出 $\boldsymbol{y}_{G_s}$、$\boldsymbol{y}_1$ 和 $\boldsymbol{y}_2$ 的表达式为

$$
\begin{aligned}
\boldsymbol{u} &= \boldsymbol{K}_1\boldsymbol{y}_1+\boldsymbol{K}_2\boldsymbol{y}_2\\
&= \boldsymbol{K}_1(\boldsymbol{W}_r\boldsymbol{r}-\boldsymbol{y}_{G_s}-\boldsymbol{W}_n\boldsymbol{n})+\boldsymbol{K}_2(\boldsymbol{y}_{G_s}+\boldsymbol{W}_n\boldsymbol{n})\\
&= \boldsymbol{K}_1\boldsymbol{W}_r\boldsymbol{r}+(-\boldsymbol{K}_1+\boldsymbol{K}_2)\boldsymbol{y}_{G_s}+(-\boldsymbol{K}_1+\boldsymbol{K}_2)\boldsymbol{W}_n\boldsymbol{n}\\
&= [\boldsymbol{I}-(-\boldsymbol{K}_1+\boldsymbol{K}_2)\boldsymbol{G}_s]^{-1}\boldsymbol{K}_1\boldsymbol{W}_r\boldsymbol{r}+[\boldsymbol{I}-(-\boldsymbol{K}_1+\boldsymbol{K}_2)\boldsymbol{G}_s]^{-1}(-\boldsymbol{K}_1+\boldsymbol{K}_2)\boldsymbol{G}\boldsymbol{W}_d\boldsymbol{d}+
\end{aligned}
$$

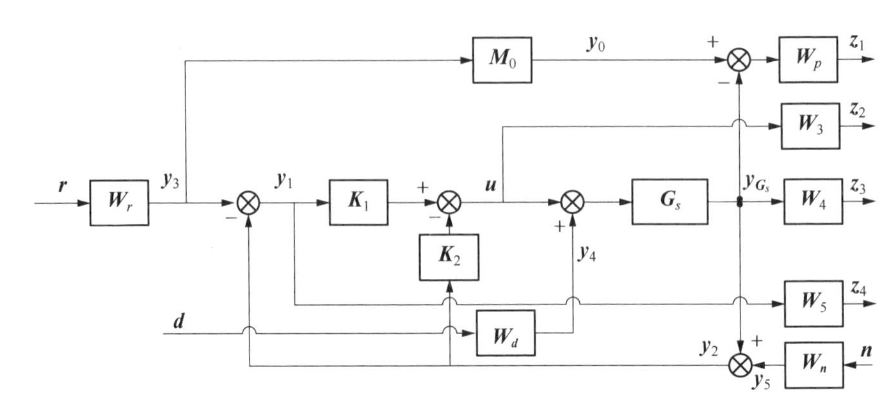

图 4-62 改进的二自由度模型匹配控制器结构

$$[I-(-K_1+K_2)G_s]^{-1}(-K_1+K_2)W_n n$$

$$\begin{aligned}
y_{G_s} &= G_s(u+W_d d)\\
&= G_s u+G_s W_d d\\
&= G_s[I-(-K_1+K_2)G_s]^{-1}K_1 W_r r+G_s[I-(-K_1+K_2)G_s]^{-1}W_d d+\\
&\quad G_s[I-(-K_1+K_2)G_s]^{-1}(-K_1+K_2)W_n n\\
y_2 &= W_n n+y_{G_s}=W_n n+G_s u+G_s W_d d\\
y_1 &= W_r r-y_2=W_r r-W_n n-G_s u-G_s W_d d
\end{aligned} \tag{4-123}$$

外部输出矢量为

$$\begin{aligned}
z_1 &= W_p(M_0 W_r r-y_{G_s})\\
&= W_p M_0 W_r r-W_p G_s W_d d-W_p G_s u\\
&= W_p\{M_0-G_s[I-(-K_1+K_2)G_s]^{-1}K_1\}W_r r-W_p G[I-(-K_1+\\
&\quad K_2)G_s]^{-1}W_d d-W_p G_s[I-(-K_1+K_2)G_s]^{-1}(-K_1+K_2)W_n n\\
z_2 &= W_2 u\\
&= W_2[I-(-K_1+K_2)G_s]^{-1}K_1 W_r r+W_3[I-(-K_1+K_2)G_s]^{-1}(-K_1+\\
&\quad K_2)G_s W_d d+W_3[I-(-K_1+K_2)G_s]^{-1}(-K_1+K_2)W_n n\\
z_3 &= W_3 y_{G_s}\\
&= W_3 G_s u+W_3 G_s W_d d\\
&= W_3 G_s[I-(-K_1+K_2)G_s]^{-1}K_1 W_r r+W_3 G_s[I-(-K_1+K_2)G_s]^{-1}W_d d+
\end{aligned}$$

$$
\begin{aligned}
&\boldsymbol{W}_3\boldsymbol{G}_s[\boldsymbol{I}-(-\boldsymbol{K}_1+\boldsymbol{K}_2)\boldsymbol{G}_s]^{-1}(-\boldsymbol{K}_1+\boldsymbol{K}_2)\boldsymbol{W}_n\boldsymbol{n}\\
\boldsymbol{z}_4&=\boldsymbol{W}_4\boldsymbol{y}_1\\
&=\boldsymbol{W}_4\boldsymbol{W}_r\boldsymbol{r}-\boldsymbol{W}_4\boldsymbol{y}_{G_s}-\boldsymbol{W}_4\boldsymbol{W}_n\boldsymbol{n}\\
&=\boldsymbol{W}_4\{\boldsymbol{I}-\boldsymbol{G}_s[\boldsymbol{I}-(-\boldsymbol{K}_1+\boldsymbol{K}_2)\boldsymbol{G}_s]^{-1}\boldsymbol{K}_1\}\boldsymbol{W}_r\boldsymbol{r}-\boldsymbol{W}_4\boldsymbol{G}_s[\boldsymbol{I}-(-\boldsymbol{K}_1+\\
&\quad\boldsymbol{K}_2)\boldsymbol{G}_s]^{-1}\boldsymbol{W}_d\boldsymbol{d}-\boldsymbol{W}_4\{\boldsymbol{I}+\boldsymbol{G}_s[\boldsymbol{I}-(-\boldsymbol{K}_1+\boldsymbol{K}_2)\boldsymbol{G}_s]^{-1}(-\boldsymbol{K}_1+\boldsymbol{K}_2)\}\boldsymbol{W}_n\boldsymbol{n}
\end{aligned}
\tag{4-124}
$$

令 $\boldsymbol{S}=[\boldsymbol{I}-(\boldsymbol{K}_1+\boldsymbol{K}_2)\boldsymbol{G}_s]^{-1}$，$\boldsymbol{w}=[\boldsymbol{r},\ \boldsymbol{d},\ \boldsymbol{n}]^{\mathrm{T}}$，$\boldsymbol{z}=[\boldsymbol{z}_1,\ \boldsymbol{z}_2,\ \boldsymbol{z}_3,\ \boldsymbol{z}_4]^{\mathrm{T}}$，则传递函数矩阵为

$$
\boldsymbol{T}_{zw}=\begin{bmatrix}
\boldsymbol{W}_p(\boldsymbol{M}_0-\boldsymbol{G}_s\boldsymbol{S}\boldsymbol{K}_1)\boldsymbol{W}_r & \boldsymbol{W}_p\boldsymbol{G}_s\boldsymbol{S}\boldsymbol{W}_d & -\boldsymbol{W}_p\boldsymbol{G}_s\boldsymbol{S}(-\boldsymbol{K}_1+\boldsymbol{K}_2)\boldsymbol{W}_n\\
\boldsymbol{W}_2\boldsymbol{S}\boldsymbol{K}_1\boldsymbol{W}_r & \boldsymbol{W}_2\boldsymbol{S}(-\boldsymbol{K}_1+\boldsymbol{K}_2)\boldsymbol{G}_s\boldsymbol{W}_d & \boldsymbol{W}_2\boldsymbol{S}(-\boldsymbol{K}_1+\boldsymbol{K}_2)\boldsymbol{W}_n\\
\boldsymbol{W}_3\boldsymbol{G}_s\boldsymbol{S}\boldsymbol{K}_1\boldsymbol{W}_r & \boldsymbol{W}_3\boldsymbol{G}_s\boldsymbol{S}\boldsymbol{W}_d & \boldsymbol{W}_3\boldsymbol{G}_s\boldsymbol{S}(-\boldsymbol{K}_1+\boldsymbol{K}_2)\boldsymbol{W}_n\\
\boldsymbol{W}_4(\boldsymbol{I}-\boldsymbol{G}_s\boldsymbol{S}\boldsymbol{K}_1)\boldsymbol{W}_r & -\boldsymbol{W}_4\boldsymbol{G}_s\boldsymbol{S}\boldsymbol{W}_d & -\boldsymbol{W}_4[\boldsymbol{I}+\boldsymbol{G}_s\boldsymbol{S}(-\boldsymbol{K}_1+\boldsymbol{K}_2)]\boldsymbol{W}_n
\end{bmatrix}
\tag{4-125}
$$

将改进的二自由度模型匹配 H_∞ 控制问题转化为标准的 H_∞ 优化问题。根据标准 H_∞ 优化问题，设计镇定控制器 $\boldsymbol{K}=[\boldsymbol{K}_1\quad -\boldsymbol{K}_2]$，满足 $\|\boldsymbol{F}_l(\boldsymbol{P},\ \boldsymbol{K})\|_\infty\leqslant e^{-1}$，其中，$\boldsymbol{F}_l(\boldsymbol{P},\ \boldsymbol{K})=\boldsymbol{P}_{11}+\boldsymbol{P}_{12}\boldsymbol{K}(\boldsymbol{I}-\boldsymbol{K}\boldsymbol{P}_{22})^{-1}\boldsymbol{P}_{21}$，广义对象 $\boldsymbol{P}$ 为

$$
\begin{bmatrix}\boldsymbol{z}_1\\ \boldsymbol{z}_2\\ \boldsymbol{z}_3\\ \boldsymbol{z}_4\\ \hline \boldsymbol{y}_1\\ \boldsymbol{y}_2\end{bmatrix}
=\left[\begin{array}{c:c}\boldsymbol{P}_{11} & \boldsymbol{P}_{12}\\ \hdashline \boldsymbol{P}_{21} & \boldsymbol{P}_{22}\end{array}\right]
\begin{bmatrix}\boldsymbol{r}\\ \boldsymbol{d}\\ \boldsymbol{n}\\ \hline \boldsymbol{u}\end{bmatrix}
=\left[\begin{array}{ccc:c}
\boldsymbol{W}_p\boldsymbol{M}_0\boldsymbol{W}_r & -\boldsymbol{W}_p\boldsymbol{G}_s\boldsymbol{W}_d & 0 & -\boldsymbol{W}_p\boldsymbol{G}_s\\
0 & 0 & 0 & \boldsymbol{W}_2\\
\boldsymbol{W}_4\boldsymbol{W}_r & \boldsymbol{W}_3\boldsymbol{G}_s\boldsymbol{W}_d & 0 & \boldsymbol{W}_3\boldsymbol{G}_s\\
\boldsymbol{W}_4\boldsymbol{W}_r & -\boldsymbol{W}_4\boldsymbol{G}_s\boldsymbol{W}_d & -\boldsymbol{W}_4\boldsymbol{W}_n & -\boldsymbol{W}_4\boldsymbol{G}_s\\
\hdashline
\boldsymbol{W}_r & -\boldsymbol{G}_s\boldsymbol{W}_d & -\boldsymbol{W}_n & -\boldsymbol{G}_s\\
0 & \boldsymbol{G}_s\boldsymbol{W}_d & \boldsymbol{W}_n & \boldsymbol{G}_s
\end{array}\right]
\begin{bmatrix}\boldsymbol{r}\\ \boldsymbol{d}\\ \boldsymbol{n}\\ \hline \boldsymbol{u}\end{bmatrix}
\tag{4-126}
$$

需要说明的是，根据先前的论述，如果满足条件 $\|\boldsymbol{F}_l(\boldsymbol{P},\ \boldsymbol{K})\|_\infty\leqslant e^{-1}$，那么可确保满足条件：

$$
\left\|\begin{bmatrix}\boldsymbol{I}\\ \boldsymbol{K}_2\end{bmatrix}(\boldsymbol{I}+\boldsymbol{G}_s\boldsymbol{K}_2)^{-1}\widetilde{\boldsymbol{M}}^{-1}\right\|_\infty\leqslant e^{-1}
\tag{4-127}
$$

$$
\|(\boldsymbol{I}+\boldsymbol{G}_s\boldsymbol{K}_2)^{-1}\boldsymbol{G}_s\boldsymbol{K}_1-\boldsymbol{M}_0\|_\infty\leqslant e^{-1}\rho^{-2}
$$

定义：

$$
\begin{aligned}
&\boldsymbol{G}_s=\begin{bmatrix}\boldsymbol{A}_s & \boldsymbol{B}_s\\ \boldsymbol{C}_s & \boldsymbol{D}_s\end{bmatrix},\ \dot{x}=\boldsymbol{A}_s x+\boldsymbol{B}_s(\boldsymbol{u}+\boldsymbol{y}_4),\ \boldsymbol{y}_{G_s}=\boldsymbol{C}_s x+\boldsymbol{D}_s(\boldsymbol{u}+\boldsymbol{y}_4)\\
&\boldsymbol{M}_0=\begin{bmatrix}\boldsymbol{A}_0 & \boldsymbol{B}_0\\ \boldsymbol{C}_0 & \boldsymbol{D}_0\end{bmatrix},\ \dot{x}_0=\boldsymbol{A}_0 x_0+\boldsymbol{B}_0\boldsymbol{y}_3,\ \boldsymbol{y}_0=\boldsymbol{C}_0 x_0+\boldsymbol{D}_0\boldsymbol{y}_3\\
&\boldsymbol{W}_i=\begin{bmatrix}\boldsymbol{A}_i & \boldsymbol{B}_i\\ \boldsymbol{C}_i & \boldsymbol{D}_i\end{bmatrix}\qquad i=p,\ 3,\ 4,\ 5\\
&\dot{\boldsymbol{x}}_p=\boldsymbol{A}_p\boldsymbol{x}_p+\boldsymbol{B}_p(\boldsymbol{y}_0-\boldsymbol{y}_{G_s}),\ \boldsymbol{z}_p=\boldsymbol{C}_p\boldsymbol{x}_p+\boldsymbol{D}_p(\boldsymbol{y}_0-\boldsymbol{y}_{G_s})\\
&\dot{\boldsymbol{x}}_3=\boldsymbol{A}_3\boldsymbol{x}_3+\boldsymbol{B}_3\boldsymbol{u},\ \boldsymbol{z}_3=\boldsymbol{C}_3\boldsymbol{x}_3+\boldsymbol{D}_3\boldsymbol{u}\\
&\dot{\boldsymbol{x}}_4=\boldsymbol{A}_4\boldsymbol{x}_4+\boldsymbol{B}_4\boldsymbol{y}_{G_s},\ \boldsymbol{z}_4=\boldsymbol{C}_4\boldsymbol{x}_4+\boldsymbol{D}_4\boldsymbol{y}_{G_s}\\
&\dot{\boldsymbol{x}}_5=\boldsymbol{A}_5\boldsymbol{x}_5+\boldsymbol{B}_5\boldsymbol{y}_1,\ \boldsymbol{z}_5=\boldsymbol{C}_5\boldsymbol{x}_5+\boldsymbol{D}_5\boldsymbol{y}_1\\
&\boldsymbol{y}_1=\boldsymbol{y}_3-\boldsymbol{y}_2\\
&\boldsymbol{y}_2=\boldsymbol{y}_{G_s}+\boldsymbol{y}_5\\
&\boldsymbol{W}_r=\begin{bmatrix}\boldsymbol{A}_r & \boldsymbol{B}_r\\ \boldsymbol{C}_r & \boldsymbol{D}_r\end{bmatrix},\ \dot{\boldsymbol{x}}_r=\boldsymbol{A}_r\boldsymbol{x}_r+\boldsymbol{B}_r\boldsymbol{r},\ \boldsymbol{y}_3=\boldsymbol{C}_r\boldsymbol{x}_r+\boldsymbol{D}_r\boldsymbol{r}\\
&\boldsymbol{W}_d=\begin{bmatrix}\boldsymbol{A}_d & \boldsymbol{B}_d\\ \boldsymbol{C}_d & \boldsymbol{D}_d\end{bmatrix},\ \dot{\boldsymbol{x}}_d=\boldsymbol{A}_d\boldsymbol{x}_d+\boldsymbol{B}_d\boldsymbol{d},\ \boldsymbol{y}_4=\boldsymbol{C}_d\boldsymbol{x}_d+\boldsymbol{D}_d\boldsymbol{d}\\
&\boldsymbol{W}_n=\begin{bmatrix}\boldsymbol{A}_n & \boldsymbol{B}_n\\ \boldsymbol{C}_n & \boldsymbol{D}_n\end{bmatrix},\ \dot{\boldsymbol{x}}_n=\boldsymbol{A}_n\boldsymbol{x}_n+\boldsymbol{B}_n\boldsymbol{n},\ \boldsymbol{y}_5=\boldsymbol{C}_n\boldsymbol{x}_n+\boldsymbol{D}_n\boldsymbol{n}
\end{aligned}
\tag{4-128}
$$

那么，$\boldsymbol{P}$ 的状态空间实现如下：

$$
\begin{aligned}
\dot{\boldsymbol{x}}&=\boldsymbol{A}\boldsymbol{x}+\boldsymbol{B}_1\boldsymbol{w}+\boldsymbol{B}_2\boldsymbol{u}\\
\boldsymbol{z}&=\boldsymbol{C}_1\boldsymbol{x}+\boldsymbol{D}_{11}\boldsymbol{w}+\boldsymbol{D}_{12}\boldsymbol{u}\\
\boldsymbol{y}&=\boldsymbol{C}_2\boldsymbol{x}+\boldsymbol{D}_{21}\boldsymbol{w}+\boldsymbol{D}_{22}\boldsymbol{u}
\end{aligned}
\tag{4-129}
$$

式中，$\boldsymbol{x}=[\boldsymbol{x},\ \boldsymbol{x}_0,\ \boldsymbol{x}_p,\ \boldsymbol{x}_3,\ \boldsymbol{x}_4,\ \boldsymbol{x}_5,\ \boldsymbol{x}_r,\ \boldsymbol{x}_d,\ \boldsymbol{x}_n]^{\mathrm{T}}$；$\boldsymbol{y}=[\boldsymbol{y}_1,\ \boldsymbol{y}_2]^{\mathrm{T}}$；$\boldsymbol{z}=[\boldsymbol{z}_1,\ \boldsymbol{z}_2,\ \boldsymbol{z}_3,\ \boldsymbol{z}_4]^{\mathrm{T}}$；$\boldsymbol{w}=[\boldsymbol{r},\ \boldsymbol{d},\ \boldsymbol{n}]^{\mathrm{T}}$；

$$\boldsymbol{A}=\begin{bmatrix} \boldsymbol{A}_s & 0 & 0 & 0 & 0 & 0 & 0 & \boldsymbol{B}_s\boldsymbol{C}_d & 0 \\ 0 & \boldsymbol{A}_0 & 0 & 0 & 0 & 0 & \boldsymbol{B}_0\boldsymbol{C}_r & 0 & 0 \\ -\boldsymbol{B}_p\boldsymbol{C}_s & \boldsymbol{B}_p\boldsymbol{C}_0 & \boldsymbol{A}_p & 0 & 0 & 0 & \boldsymbol{B}_p\boldsymbol{D}_0\boldsymbol{C}_r & -\boldsymbol{B}_p\boldsymbol{D}_s\boldsymbol{C}_d & 0 \\ 0 & 0 & 0 & \boldsymbol{A}_3 & 0 & 0 & 0 & 0 & 0 \\ \boldsymbol{B}_4\boldsymbol{C}_s & 0 & 0 & 0 & \boldsymbol{A}_4 & 0 & 0 & \boldsymbol{B}_4\boldsymbol{D}_s\boldsymbol{C}_d & 0 \\ -\boldsymbol{B}_5\boldsymbol{C}_s & 0 & 0 & 0 & 0 & \boldsymbol{A}_5 & \boldsymbol{B}_5\boldsymbol{C}_r & -\boldsymbol{B}_5\boldsymbol{D}_s\boldsymbol{C}_d & -\boldsymbol{B}_5\boldsymbol{C}_n \\ 0 & 0 & 0 & 0 & 0 & 0 & \boldsymbol{A}_r & 0 & 0 \\ 0 & 0 & 0 & 0 & 0 & 0 & 0 & \boldsymbol{A}_d & 0 \\ 0 & 0 & 0 & 0 & 0 & 0 & 0 & 0 & \boldsymbol{A}_n \end{bmatrix};$$

$$\boldsymbol{B}_1=\begin{bmatrix} 0 & \boldsymbol{B}_s\boldsymbol{D}_d & 0 \\ \boldsymbol{B}_0\boldsymbol{D}_r & 0 & 0 \\ \boldsymbol{B}_p\boldsymbol{D}_0\boldsymbol{D}_r & -\boldsymbol{B}_p\boldsymbol{D}_s\boldsymbol{D}_d & 0 \\ 0 & 0 & 0 \\ 0 & \boldsymbol{B}_4\boldsymbol{D}_s\boldsymbol{D}_d & 0 \\ \boldsymbol{B}_5\boldsymbol{D}_r & -\boldsymbol{B}_5\boldsymbol{D}_s\boldsymbol{D}_d & -\boldsymbol{B}_5\boldsymbol{D}_n \\ \boldsymbol{B}_r & 0 & 0 \\ 0 & \boldsymbol{B}_d & 0 \\ 0 & 0 & \boldsymbol{B}_n \end{bmatrix};\ \boldsymbol{B}_2=\begin{bmatrix} \boldsymbol{B}_s \\ 0 \\ -\boldsymbol{B}_p\boldsymbol{D}_s \\ \boldsymbol{B}_3 \\ \boldsymbol{B}_4\boldsymbol{D}_s \\ -\boldsymbol{B}_5\boldsymbol{D}_s \\ 0 \\ 0 \\ 0 \end{bmatrix};$$

$$\boldsymbol{C}_1=\begin{bmatrix} -\boldsymbol{D}_p\boldsymbol{C}_s & \boldsymbol{D}_p\boldsymbol{C}_0 & \boldsymbol{C}_p & 0 & 0 & 0 & \boldsymbol{D}_p\boldsymbol{D}_0\boldsymbol{C}_r & -\boldsymbol{D}_p\boldsymbol{D}_s\boldsymbol{C}_d & 0 \\ 0 & 0 & 0 & \boldsymbol{C}_3 & 0 & 0 & 0 & 0 & 0 \\ \boldsymbol{D}_4\boldsymbol{C}_s & 0 & 0 & 0 & \boldsymbol{C}_4 & 0 & 0 & \boldsymbol{D}_4\boldsymbol{D}_s\boldsymbol{C}_\mathrm{d} & 0 \\ -\boldsymbol{D}_5\boldsymbol{C}_s & 0 & 0 & 0 & 0 & \boldsymbol{C}_5 & \boldsymbol{D}_5\boldsymbol{C}_\mathrm{r} & -\boldsymbol{D}_5\boldsymbol{D}_s\boldsymbol{C}_\mathrm{d} & -\boldsymbol{D}_5\boldsymbol{C}_\mathrm{n} \end{bmatrix};$$

$$\boldsymbol{C}_2=\begin{bmatrix} -\boldsymbol{C}_s & 0 & 0 & 0 & 0 & 0 & \boldsymbol{C}_r & -\boldsymbol{D}_s\boldsymbol{C}_d & -\boldsymbol{C}_n \\ \boldsymbol{C}_s & 0 & 0 & 0 & 0 & 0 & 0 & \boldsymbol{D}_s\boldsymbol{C}_d & \boldsymbol{C}_n \end{bmatrix};$$

$$\boldsymbol{D}_{11}=\begin{bmatrix} \boldsymbol{D}_p\boldsymbol{D}_0\boldsymbol{D}_r & -\boldsymbol{D}_p\boldsymbol{D}_s\boldsymbol{D}_d & 0 \\ 0 & 0 & 0 \\ 0 & \boldsymbol{D}_4\boldsymbol{D}_s\boldsymbol{D}_d & 0 \\ \boldsymbol{D}_5\boldsymbol{D}_r & -\boldsymbol{D}_5\boldsymbol{D}_s\boldsymbol{D}_d & -\boldsymbol{D}_5\boldsymbol{D}_n \end{bmatrix};\ \boldsymbol{D}_{12}=\begin{bmatrix} -\boldsymbol{D}_p\boldsymbol{D}_s \\ \boldsymbol{D}_3 \\ \boldsymbol{D}_4\boldsymbol{D}_s \\ -\boldsymbol{D}_5\boldsymbol{D}_s \end{bmatrix};$$

$$\boldsymbol{D}_{21}=\begin{bmatrix}\boldsymbol{D}_r & -\boldsymbol{D}_s\boldsymbol{D}_d & -\boldsymbol{D}_n\\ 0 & \boldsymbol{D}_s\boldsymbol{D}_d & \boldsymbol{D}_n\end{bmatrix};\ \boldsymbol{D}_{22}=\begin{bmatrix}-\boldsymbol{D}_s\\ \boldsymbol{D}_s\end{bmatrix}。$$

于是，$\boldsymbol{P}=\begin{bmatrix}\boldsymbol{A} & \boldsymbol{B}_1 & \boldsymbol{B}_2\\ \boldsymbol{C}_1 & \boldsymbol{D}_{11} & \boldsymbol{D}_{12}\\ \boldsymbol{C}_2 & \boldsymbol{D}_{21} & \boldsymbol{D}_{22}\end{bmatrix}$。

首先，进行回路成形，得到成形的受控对象 $\boldsymbol{G}_s=\boldsymbol{W}_1\boldsymbol{G}\boldsymbol{W}_2$。其次，根据 H_∞ 回路成形非脆弱鲁棒控制器设计方法，进行二自由度鲁棒控制器设计。

4.4 反辐射无人机导航系统设计

导航系统是反辐射无人机的重要组成部分，它的任务是导引反辐射无人机沿着任务规划所确定的路径进行巡航和待机搜索飞行。

4.4.1 无人机常用的导航方法

目前无人机常用的导航方法主要有卫星导航、航程推算(DR)导航、惯性导航(INS)，高性能无人机还采用地形匹配/景象匹配辅助定位导航和天文导航方法。

1) 卫星导航

卫星导航系统是一种天基无线电导航系统，具有全天候、全区域、连续精确定位的能力。目前，无人机最常用的卫星导航系统有美国的 GPS、俄罗斯的 GLONASS、中国的“北斗”以及欧洲的“伽利略”卫星导航系统。目前几乎所有无人机均采用卫星导航系统。

美国开发的用来授时和测距定位的 GPS 导航系统基本原理如下：通过用户的 GPS 接收机将分布于空间的 GPS 卫星作为观察对象，接收它发射的星历数据，经过处理后，测得它到达用户(如无人机)的观测距离(称为测码伪距)。若能同时观察到四颗以上的卫星，则可得到含 x、y、z 及接收机钟差导致的误差项在内的四元方程组，通过解算获得其定位信息。GPS 用户接收机分为民用 CA 码和军用 P 码两类。对 CA 码接收机，按信号接收和处理原理又分为 CA 码伪距接收机和 CA 码载波相位接收机。在实际应用中为了获得较高的位置精度，常采用机上差分(或者称正向差分)方式，即差分 GPS 系统(DGPS)。这种方式由地面基准站实时观测同一区域的卫星参数，将其定位信息与地面基准比较，并将差分误差信息发送给机载GPS接收机；机载设备接收差分信息后进行差分，消除误差后发出高精度定位信息。

俄罗斯的GLONASS、中国的“北斗”以及欧洲的“伽利略”卫星导航系统的定位原理与美国GPS的定位原理类似。

2）航程推算导航

航程推算是利用空速、磁航向、飞机姿态及风场等参数进行滤波再积分，推算出水平方向的位置坐标，与机载气压高度组成三维飞机坐标一起连续输出。其优点是完全自主且成本低廉，缺点是受机载传感器精度偏低及难以获取准确风场信息的影响，推算精度低，且随着推算时间的增加，累积误差越来越大。早期的无人机基本都使用航程推算导航，目前航程推算导航与卫星导航常常组合起来使用。

3）惯性导航

惯性导航利用惯性敏感元件测量飞机相对惯性空间的线运动和角运动参数。在给定的运动初始条件下，由计算机推算出飞机的姿态、方位、速度和位置等参数，引导飞机完成规定的飞行任务。

惯性导航系统可以根据结构形式分为三环平台、四环平台和无环（“数学”）平台惯性导航系统，还可根据惯性元件的不同分为由液浮陀螺、挠性陀螺、激光陀螺、二自由度陀螺、三自由度陀螺等构成的惯性导航系统。目前比较普遍的是根据参考坐标系的方式分类，对近地面的惯性导航来说，主要导航参数都是由导航坐标系相对于惯性坐标系的位置关系求出的。根据惯性导航系统实现这两种参考坐标系的方式不同，可以分为三种类型：几何式、解析式和半解析式。目前航空惯性导航系统几乎都属于半解析式惯性导航系统，目前常用的此类系统可分为平台惯性导航系统和捷联惯性导航系统。

惯性导航系统的突出优点是自主性强，它可以连续提供包括姿态基准在内的全部导航信息与制导信息，并且具有很好的短期精度和稳定性。但是，从初始对准开始，其导航误差随时间增加。同时，对一般惯性导航系统来说，加温和初始对准所需的时间也比较长，这对于远距离、高精度的导航和某些特定条件下的快速反应等性能要求，就成了突出的问题。正因如此，对单纯的惯性导航系统来说，需要具有高精度的惯性元件和温度控制系统，尤其是陀螺。然而研制高精度的惯性元件要付出相当大的精力和经济代价。

惯性导航系统价格比较高，通常高性能无人机才使用。高性能长航时无人机使用平台式惯性导航系统，一般高性能长航时无人机使用捷联惯性导航系统。

目前大多无人机也将惯性导航与卫星导航组合起来使用。

4）地形匹配/景象匹配辅助定位导航

地形匹配和景象匹配都属于相关匹配技术，其基本原理相同，即利用机载计算机预先存储的基准数据（数字地图或景象图），对飞机飞到预定位置时机载传感器测出的地形轮廓或实时景象图进行相关处理，确定飞机当前位置，进而得到偏离预定位置的纵向和横向偏差。其对惯性导航或其他导航设备进行修正，因而称为辅助定位导航。

地形匹配与惯性导航组合是完全自主的导航系统，是一种很好的辅助修正定位手段，适应于丘陵、低高度地区，不适宜在非常平坦的地带和海平面上工作。

景象匹配辅助定位导航技术是基于地表特征与地理位置之间的对应关系，实现精确导航或制导的一种先进技术。具体而言，它把两个不同传感器从同一地块摄取下来的两幅景象图在空间上进行对准，由此可确定飞机实际飞行的地理位置及其与标准位置的偏差。其基本原理如下：在飞机执行任务前形成景象匹配的基准图。在飞行过程中，利用机载传感器摄取实时景象图，并从基准图中裁取大小适中的图像块，作为匹配的搜索区域进行匹配，最终获得飞机当前的确切位置。景象匹配速度较慢，如何提高匹配与搜索的准确性和快速性，是实现飞机实时景象匹配导航的技术关键。

地形匹配/景象匹配作为辅助定位导航方法，一般与惯性导航或其他导航设备组合，用于高性能无人机导航，可提高无人机导航精度，自主性好。

5）天文导航

天文导航是利用光学仪器观测星体高度角和方位角，进而确定飞机的位置。星体跟踪器利用光学或射电望远镜接收星体发射的电磁波进而测量高度角及方位角，推算飞机在地球上空的位置及航向。在空气稀薄的高空，天文导航的效果比较理想；但在低空，天文导航会受到云层及气象条件的限制。因此，天文导航常用于高空长航时无人机。

4.4.2 反辐射无人机常用的组合导航方法

每一种导航方法单独使用，都有其优缺点。例如广泛使用的 GPS，其优点是体积小、价格低、定位精度高，但缺点也是显著的：非自主，易受干扰和电子欺骗等。惯性导航的优点是完全自主，且可以以很高的数据率实时输出载体的位置、速度和姿态等导航参数；缺点是导航定位误差会随时间积累增大，且价格高。无人机不同于导弹，待机时间很长，惯性导航系统单独长时间工作无法满足导航精度要求。而组合导航系统是现代无人机导航的一个主要发展方向。通过组合取长补短，可显著提高系统的导航精度，增强可靠性。

反辐射无人机常用的组合导航系统有惯性/卫星导航组合、航程推算/卫星导航系统组合。

1）惯性/卫星导航组合

惯性/卫星导航组合可实现惯性导航较高的相对精度与卫星导航较高的绝对精度相结合，比单一导航形式具有更高的精度和更好的性能。而且，利用故障自动检测和软件控制，可实现不同工作方式的自动转换。当卫星导航受到干扰时，惯性导航系统仍能可靠地工作。

2）航程推算/卫星导航系统组合

以 GPS/GLONASS/“伽利略”/“北斗”组合的卫星定位信息为依据，与航程推算组合进行导航。在飞行过程中，利用卫星定位信息和机载传感器信息进行风场估计，实时修正航程推算模型。在卫星定位失效的情况下，利用失效前估计出的风场信息或预先装订的任务规划数据中气象预测的风场信息以及机载传感器信息，进行航程推算定位。

航程推算与卫星导航系统存在很强的互补关系，一方面，卫星导航提供的绝对位置信息可以为航程推算提供推算定位的初试值并进行误差修正；另一方面，航程推算的结果连续性和自主性好，可用于补偿卫星导航的不连续性，提高定位数据输出的频率。

4.4.3　反辐射无人机导航系统设计原则

因组合导航方案具有优势互补的特点，所以反辐射无人机导航系统一般采用组合导航方案。采用何种组合导航方案，可参考以下原则：

（1）功能要求：导航分系统应能完成系统要求完成的功能。反辐射无人机全自主飞行要求导航系统具有高可靠性和对意外变化的应对能力。

（2）精度要求：精度是系统测得值与真值的偏离的允许范围。导航系统应满足系统分配的精度指标要求。

（3）可靠性要求：可靠性指系统在规定条件下和规定时间内完成规定功能的能力。导航分系统的可靠性应该满足无人机对它的可靠性要求。

（4）经济性：由于反辐射无人机是一次性武器装备，因此在满足总体要求的前提下，降低成本是反辐射无人机系统设计的重要指导思想。

（5）安全性要求：导航分系统在相关意外情况下应设计相应的自毁航线，引导反辐射无人机自毁以避免被敌方缴获。

4.4.4 反辐射无人机组合导航系统设计

1）组合导航系统结构

以航程推算/卫星导航系统组合导航为例，进行反辐射无人机组合导航系统设计，其结构如图 4-63 所示。

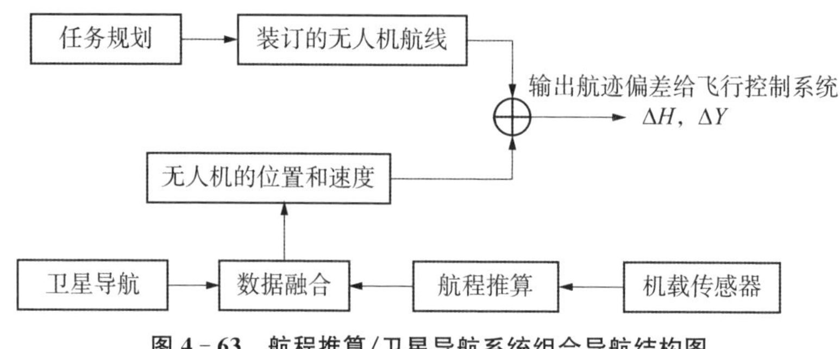

图 4-63 航程推算/卫星导航系统组合导航结构图

2）航程推算算法

因为卫星导航技术相对已经成熟，定位精度也很高，因此航程推算/卫星导航系统组合导航的核心是航程推算算法。

航程推算是从一个已知的前一时刻的坐标位置开始，根据无人机在该时刻所在点的航向、航速和对应的航行时间，推算下一时刻无人机的坐标位置的过程。具体而言，航程推算是以相对于与大气相连的坐标系测量得到的空速矢量和无人机飞过的航程为基础，并考虑此坐标系相对于地球表面的移动，将真空速矢量和风速矢量在北向和东向的分量对时间进行积分，得到水平位置，高度方向由测高仪测量提供。反辐射无人机进行航程推算所需的测量参数及其测量方法如表 4-3 所示。

表 4-3 航程推算所需的测量参数及其测量方法

序号	测量元素	表示符号	测量方法
1	真空速	V_a	空速表
2	偏航角	ψ	航向测量系统
3	迎角	α	迎角传感器
4	侧滑角	β	侧滑角传感器

（续表）

序号	测量元素	表示符号	测量方法
5	俯仰角	θ	垂直陀螺仪
6	倾斜角	γ	垂直陀螺仪
7	风速	V_{ws}	用间接方法测得(如通过 GPS 间接获取)
8	风向	V_{wd}	
9	飞行高度	H	气压测高仪
10	飞行持续时间	T	机载计算机时钟

具体算法如下：

在“东、北、天”地理坐标系中，无人机的地速分量分别为真空速分量和风速分量之和，即

$$\begin{aligned} V_{N} &= V_{aN} + V_{wsN} \\ V_{E} &= V_{aE} + V_{wsE} \end{aligned} \tag{4-130}$$

真空速 V_a 在“东、北、天”地理坐标系中的分量表示为

$$\begin{bmatrix} V_{aE} \\ V_{aN} \\ V_{aU} \end{bmatrix} = \boldsymbol{A}_{3\times3}(\psi、\theta、\gamma) \begin{bmatrix} V_x \\ V_y \\ V_z \end{bmatrix} \tag{4-131}$$

式中，$\boldsymbol{A}_{3\times3}(\psi、\theta、\gamma)$ 为机体坐标系到“东、北、天”地理坐标系之间转换的方向余弦矩阵。

真空速 V_a 在机体坐标系中的投影为

$$\begin{bmatrix} V_x \\ V_y \\ V_z \end{bmatrix} = \begin{bmatrix} \cos\alpha\cos\beta \\ \sin\alpha\cos\beta \\ \sin\beta \end{bmatrix} V_a \tag{4-132}$$

将上式代入式(4-131)，得真空速在“东、北、天”地理坐标系中分量为

$$\begin{bmatrix} V_{aE} \\ V_{aN} \\ V_{aU} \end{bmatrix} = \boldsymbol{A}_{3\times3}(\psi、\theta、\gamma) \begin{bmatrix} \cos\alpha\cos\beta \\ \sin\alpha\cos\beta \\ \sin\beta \end{bmatrix} V_a \tag{4-133}$$

对地速积分，即可得到载体的位置坐标：

$$
\begin{aligned}
P_{\mathrm{E}} &= P_{\mathrm{E0}} + \int_0^t V_{\mathrm{E}} \mathrm{d}t \\
P_{\mathrm{N}} &= P_{\mathrm{N0}} + \int_0^t V_{\mathrm{N}} \mathrm{d}t
\end{aligned} \tag{4-134}
$$

由式(4-133)、(4-134)组成航程推算导航的基本公式。

3) 导航偏差量解算

导航系统控制反辐射无人机按预定航线飞行,需实时解算沿航线的偏差量,其解算关系如图4-64所示。

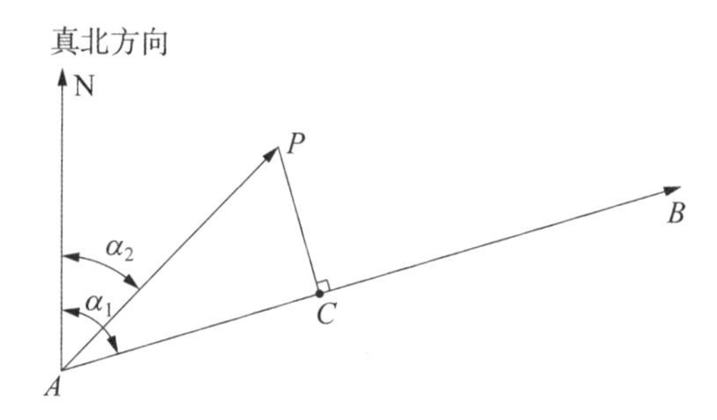

图4-64 导航偏差量解算示意图

图4-64中,AB 为圆航线段,A 为起点,B 为终点,P 为飞机的当前位置,α_1 为 AB 航线段的方位角,α_2 为航线起点 A 至当前飞机位置 P 的连线的方位角,$\alpha = \alpha_1 - \alpha_2$ 为飞机当前坐标相对于 AB 航线段的偏航角。

$$d_{PC} = d_{AP} \sin\alpha \tag{4-135}$$

$$d_{AC} = d_{AP} \cos\alpha \tag{4-136}$$

式中,d_{PC} 为飞机当前坐标 P 相对于 AB 航线段的垂直偏差;d_{AC} 为航线起点 A 至当前飞机位置 P 的连线在 AB 航线段的投影;d_{AP} 为航线起点 A 至当前飞机位置 P 的连线的距离。

控制反辐射无人机按预定航线飞行,通过实时解算 d_{PC}、d_{AC}、d_{AP},将 d_{PC}、d_{AP} 进一步转换为相应的水平方向的控制指令,分别控制无人机按预定航线飞行转弯以及沿侧向偏差减小的方向飞行。

4.4.5 反辐射无人机导航精度分析

反辐射无人机导航精度分析工作的主要内容包括各导航子系统误差分析、导航融合定位误差分析、航迹控制精度分析等。

导航误差由定位误差、实际飞行航迹点与当时理论航迹对应点之间的偏差两部分组成。

反辐射无人机航程推算与卫星导航系统组合导航设备的水平位置精度以圆概率误差表示，其具体计算按《惯性—GPS组合导航系统通用规范》(GJB 3183—98)3.8.2.1.1节中的方法进行：

$$\mathrm{CEP}=0.83\sqrt{\frac{\sum_{i=1}^{N}\mathrm{RER}_i^2}{N}} \tag{4-137}$$

式中，RER_i 为第 i 次导航的径向误差率；N 为导航次数。

航迹偏差值的确定按《飞航导弹飞行试验精度分析和命中精度评定方法》(GJB 2899—97)5.1.4.2节中的方法进行。具体如下：

比较经处理后的飞行试验数据与试验状态的理论航迹线上的相应数据，得到航迹偏差值 ∇D：

$$\nabla d_i=\sqrt{(x_i-x_{i0})^2+(y_i-y_{i0})^2+(z_i-z_{i0})^2} \tag{4-138}$$

$$\nabla D=\frac{1}{N}\sum_{i=1}^{N}\nabla d_i \tag{4-139}$$

上面两式中，(x_i, y_i, z_i)、(x_{i0}, y_{i0}, z_{i0}) 分别为 t_i 时刻实际飞行试验航迹点及该时刻对应的理论航迹点；N 为 Δt 时间段内的总采样点数；∇d_i 为 t_i 时刻的航迹偏差值；∇D 为 Δt 时间段内航迹偏差的均值。

4.5　反辐射无人机制导系统设计

在4.2.3节讲述了反辐射无人机一般采用寻的制导方式。寻的制导又称自动导引制导，是指反辐射无人机能够自主搜索、捕获、识别、跟踪和攻击目标的制导方式，这是制导武器系统最主要的现代制导体制。

反辐射无人机末制导系统设计的重点是制导律的设计。经典寻的制导律是比例制导律及其变化形式的制导律；采用现代最优控制理论设计制导律的方法就更多了。本节重点介绍反辐射无人机末制导律的设计方法，首先介绍经典的比例制导律设计，然后介绍现代控制理论中基于变结构控制理论的平滑二阶滑模制导律设计，平滑二阶滑模制导律主要用于采用主/被动复合导引头的反辐射无人机末制导。

4.5.1 比例制导律设计

反辐射无人机比例制导就是反辐射无人机在末端攻击目标的过程中，无人机速度矢量的转动角速度 Ω 与目标视线角速度 $\dot{\Theta}$ 成比例的一种制导方法，即

$$\Omega = K\dot{\Theta} \tag{4-140}$$

式中，K 为比例制导系数。

比例制导系数 K 的选择直接影响反辐射无人机的攻击轨迹和命中精度，一般 K 的取值范围为 3～6。

在反辐射无人机制导回路设计中，一般把制导回路分为纵向制导回路和侧向制导回路。

纵向制导回路制导律为

$$q_C = K_1\dot{\eta} \tag{4-141}$$

式中，q_C 为反辐射无人机纵向制导回路俯仰角速度制导指令；K_1 为反辐射无人机纵向制导回路比例制导系数，一般 K_1 的取值范围同样为 3～6；$\dot{\eta}$ 为被动雷达/被动通信导引头测量的纵向视线角速度信号。

侧向制导回路制导律为

$$r_C = K_2\dot{\sigma} \tag{4-142}$$

式中，r_C 为反辐射无人机侧向制导回路偏航角速度制导指令；K_2 为反辐射无人机侧向制导回路比例制导系数，一般 K_2 的取值范围同样为 3～6；$\dot{\sigma}$ 为被动雷达/被动通信导引头测量的侧向视线角速度信号。

另外，为了提高反辐射无人机的生存能力，一般要求无人机垂直俯冲攻击雷达目标，同时为了保证命中目标时战斗部以最大威力摧毁目标，要求目标命中角为 90°，为此，对纵向制导回路采用修正比例制导律[33]：

$$q_C = K_1\dot{\eta} + K_x\left(\varphi + \theta_0 + \int_{t_0}^{t} q\,\mathrm{d}t - \theta_{DF}\right) \tag{4-143}$$

式中，K_x 为修正比例制导系数；φ 为导引头的纵向框架角；θ_0 为开始修正比例导引时的俯仰角；$\theta_{DF} = 90°$。

4.5.2 平滑二阶滑模控制理论

随着雷达目标防反辐射武器攻击技术的提高，预警雷达等大型、高价值的雷

达目标一般采用诱饵技术。反辐射无人机为了对抗雷达诱饵技术，一般采用主/被动复合导引头，这增加了末制导系统设计的复杂性，系统存在非线性、参数摄动、外部干扰等问题。

滑模变结构控制是实现系统鲁棒控制的一种有效方法，其滑动模态对摄动的完全自适应性可以解决存在参数摄动、未建模动态、外部干扰和交联扰动等不确定性系统的镇定和跟踪问题。采用滑模变结构控制方法设计的制导律具有很好的制导精度和对目标机动的鲁棒性，但存在的主要问题是采用光滑的高频开关控制函数虽然能有效抑制抖振，但以损失鲁棒性为代价。

高阶滑模变结构控制是其切换函数相对于控制输入的相对度分量大于1的一种新型滑模变结构控制方法，传统的滑模变结构控制是它的特例。高阶滑模变结构控制的特征是不连续的控制输入作用在滑动模态的高阶导数上，而传统的滑模变结构控制则作用在滑动模态的一阶导数上。高阶滑模变结构控制同样具有鲁棒性好、算法简单以及易于实现等优点，并且由于存在对控制信号的积分和滤波作用，因此可以大大抑制滑动模态的抖振。高阶滑模变结构控制方法在理论和实际应用两个方面都是一种具有重要意义的新型鲁棒控制方法。采用高阶滑模控制方法设计的制导律，不仅具有传统滑模制导律的优点，还能有效抑制滑动模态的抖振。

1）滑动变量动力学

考虑一阶单输入单输出(SISO)动力学[34]：

$$\dot{s}=g(s,\ t)+u \qquad s\in \boldsymbol{R} \tag{4-144}$$

式中，$s\in \boldsymbol{R}$ 为滑动变量，条件 $s=0$ 定义系统在滑模面上的运动；$u\in \boldsymbol{R}$ 为需要的平滑控制输入；$g(s,\ t)$ 为一个充分不确定的、非线性时变的平滑函数。

平滑二阶滑模控制问题的关键就是设计平滑控制 u，使得 s、$\dot{s}\to 0$，$t\to\infty$。

漂移项 $g(s,\ t)$ 可通过专门的观测器抵消。指定式(4-144)中补偿 s-动力学为如下形式：

$$\begin{aligned}\dot{x}_1&=-\alpha_1|x_1|^{\frac{p-1}{p}}\operatorname{sign}(x_1)+x_2\\ \dot{x}_2&=-\alpha_2|x_1|^{\frac{p-2}{p}}\operatorname{sign}(x_1) \qquad x_1=s\end{aligned} \tag{4-145}$$

如果对任意解和初始条件，系统在有限的调整时间内都是渐进稳定的，那么我们称其为有限时间稳定[35]。令相关度 $p\geqslant 2$，α_1、$\alpha_2>0$，则系统是有限时间稳定的[36]。

2）平滑非线性干扰观测器/微分器

滑动变量动力学[式(4-144)]对未知边界漂移项 $g(t)$ 非常敏感。假设变量 $s(t)$ 和 $u(t)$ 可以实时得到，并且 $g(t)$ 为 $m-1$ 阶可微，则 $g^{(m-1)}(t)$ 有一个已知的 Lipshitz 常量①$L>0$。控制函数 $u(t)$ 是局部有界可测的(Lebesgue 可测②)。在 Filippov 意义③下，滑动变量动力学[式(4-144)]可理解为对 $\forall t \geqslant 0$，$s(t)$ 是绝对连续函数。考虑如下观测器[37]：

$$
\begin{aligned}
&\dot{z}_0 = v_0 + u \\
&v_0 = -l_0 L^{\frac{1}{m+1}} \left| z_0 - s \right|^{\frac{m}{m+1}} \operatorname{sign}(z_0 - s) + z_1 \\
&\dot{z}_1 = v_1 \\
&v_1 = -l_1 L^{\frac{1}{m}} \left| z_1 - v_0 \right|^{\frac{m-1}{m}} \operatorname{sign}(z_1 - v_0) + z_2 \\
&\vdots \\
&\dot{z}_{m-1} = v_{m-1} \\
&v_{m-1} = -l_{m-1} L^{\frac{1}{2}} \left| z_{m-1} - v_{m-2} \right|^{\frac{1}{2}} \operatorname{sign}(z_{m-1} - v_{m-2}) + z_m \\
&\dot{z}_m = -l_m L \operatorname{sign}(z_m - v_{m-1})
\end{aligned}
\tag{4-146}
$$

假设变量 $s(t)$ 和 $u(t)$ 可测，并含有边界，分别为 $e \geqslant 0$ 和 $ke^{\frac{m-1}{m}}$ ($k>0$，为任意常数)的 Lebesgue 可测噪声，参数 l_i 选择充分大，在有限时间内，建立如下不等式：

$$
\begin{aligned}
&\left| z_0 - s(t) \right| \leqslant m_0 e \\
&\vdots \\
&\left| z_i - g^{(i-1)}(t) \right| \leqslant m_i e^{\frac{m-i+1}{m+1}} \qquad i = 1, \cdots, m \\
&\left| v_j - g^{(j)}(t) \right| \leqslant h_j e^{\frac{m-j}{m+1}} \qquad j = 0, \cdots, m-1
\end{aligned}
\tag{4-147}
$$

① Lipschitz 常量：若存在常量 L，使对定义域 D 中任意两个不同实数 x_1 和 x_2 均有 $\| f(x_1) - f(x_2) \| \leqslant L \| x_1 - x_2 \|$ 成立，则称 $f(x)$ 在 D 上满足 Lipschitz 条件，L 称为 Lipschitz 常量。

② Lebesgue 可测：设 $E \subset \boldsymbol{R}^n$ 是可测集，f 是 E 上的函数，如果对任意常数 t，集合 $E(f>t) \xlongequal{\text{def}} \{x \in \boldsymbol{R}^n \mid x \in E,\ f(x)\}$ 都是可测集，则函数 f 是 E 上的 Lebesgue 可测函数，也即 f 在 E 上可测。

③ Filippov 意义：对于非平滑控制系统，利用微分方程来描述系统动态时，微分方程是非连续微分方程。针对非连续微分方程，Filippov 给出了一种求解方法：Filippov 解是一种集值映射，它将每个时间点上的微分方程解映射为方程解的一个集合，该集合包含所有可能的解函数取值。通过 Filippov 解可以更全面地研究非连续性带来的不确定性和多解性问题，在工程领域具有广泛应用价值。

式中，m_i 和 h_i 为正常数，仅与 $k>0$ 和控制器参数选择有关。如果滑动变量 s 和控制 u 不含噪声，则在有限时间内有

$$z_0=s(t),\ z_1=g(t),\ \cdots,\ z_i=v_{i-1}=g^{(i-1)}\qquad i=1,\ \cdots,\ m \tag{4-148}$$

3）**扰动抑制**

令滑动变量动力学[式(4-144)]的形式中 $g(t)$ 为 $m-1$ 阶平滑，$g^{(m-1)}(t)$ 具有一个已知的 Lipshitz 常量 $L>0$，那么利用式(4-146)以及控制 u，可得到补偿 s-动力学（$p=m+1$，$m\geqslant 1$）为

$$\begin{aligned} u&=-z_1-\alpha_1|s|^{\frac{m}{m+1}}\operatorname{sign}(s)+w \\ \dot{w}&=-\alpha_2|s|^{\frac{m-1}{m+1}}\operatorname{sign}(s) \end{aligned} \tag{4-149}$$

式中，z_1 为观测器[式(4-146)]的输出。当测量值是精确值时，在有限时间内，$z_1=g(t)$，s-动力学可用有限时间稳定系统[式(4-145)]表示。

定理4.2[36]　令 $m\geqslant 1$，α_1、$\alpha_2>0$，$g(t)$ 是 $m-1$ 阶可微的，$g^{(m-1)}(t)$ 具有一个已知的 Lipshitz 常量 $L>0$，那么，由式(4-144)可知，由干扰观测器[式(4-146)]以及平滑控制[式(4-149)]组成的闭环系统是有限时间稳定的。如果含有 Lebesgue 可测的有界噪声(边界分别为 $e\geqslant 0$ 和 $ke^{\frac{m-1}{m}}$)的 $s(t)$ 是可测量的，那么在有限时间内，存在不等式 $|s|\leqslant ge$，其中，$g>0$ 仅与控制器参数和常值 $k>0$ 有关。

控制[式(4-149)]称为“平滑二阶滑模控制”，它可以使滑动变量 s 在有限时间内收敛，即 $\dot{s}\rightarrow 0$，$t\rightarrow\infty$。值得一提的是，使用如下超螺旋控制律[38][式(4-150)]也可以使式(4-144)中的滑动变量及其导数在存在干扰 $g(t)$ [导数 $\dot{g}(t)$ 有界]的情况下，在有限时间内稳定，但是，超螺旋控制律是不平滑的，不能用在制导回路的设计中：

$$\begin{aligned} u&=-\alpha_1|s|^{\frac{1}{2}}\operatorname{sign}(s)+w \\ \dot{w}&=-\alpha_2\operatorname{sign}(s) \end{aligned} \tag{4-150}$$

4.5.3　平滑二阶滑模制导律

暂不考虑重力因素，无人机与目标的平面交战运动关系如下：

$$\begin{aligned}&\dot{\boldsymbol{R}}=\boldsymbol{V}_{\mathrm{R}}\quad \boldsymbol{V}_{\mathrm{R}}=\boldsymbol{V}_{\mathrm{T}}-\boldsymbol{V}_{\mathrm{U}}\\&\dot{\boldsymbol{V}}_{\mathrm{R}}=\boldsymbol{A}_{\mathrm{R}}\qquad \boldsymbol{A}_{\mathrm{R}}=\boldsymbol{A}_{\mathrm{T}}-\boldsymbol{A}_{\mathrm{U}}\end{aligned}\tag{4-151}$$

式中，$\boldsymbol{R}$、$\boldsymbol{V}_{\mathrm{R}}$、$\boldsymbol{A}_{\mathrm{R}}$ 分别为无人机与目标之间的相对距离矢量、相对速度矢量和相对加速度矢量；$\boldsymbol{V}_{\mathrm{T}}$ 和 $\boldsymbol{A}_{\mathrm{T}}$ 为目标的速度矢量和加速度矢量；$\boldsymbol{V}_{\mathrm{U}}$ 和 $\boldsymbol{A}_{\mathrm{U}}$ 为无人机的速度矢量和加速度矢量。

如图 4－65(a)和图 4－65(b)所示，在地面惯性坐标系 $Ox_{\mathrm{g}}z_{\mathrm{g}}$（纵向平面）下，无人机与目标的相对位置用极坐标可表示为 $R=(R_{\mathrm{r}},\Omega_{\mathrm{r}})$，其中，$R_{\mathrm{r}}$ 是无人机与目标沿视线方向上的斜距，Ω_{r} 为视线角。无人机与目标的相对运动关系如下：

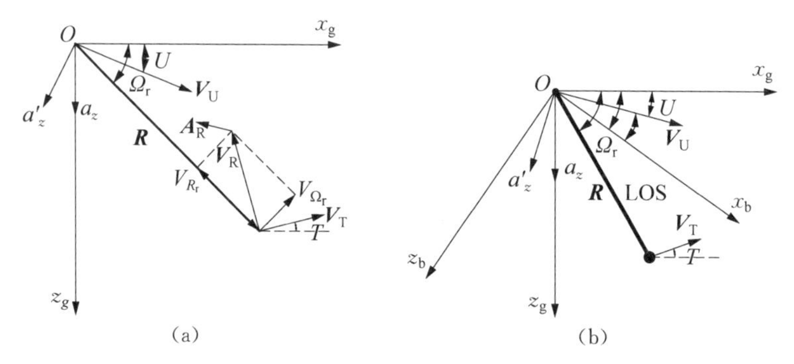

图 4－65　无人机与目标交战运动几何关系

$$\begin{aligned}&\dot{R}_{\mathrm{r}}=V_{R_{\mathrm{r}}}\\&\dot{V}_{R_{\mathrm{r}}}=\frac{V_{\Omega_{\mathrm{r}}}^{2}}{R_{\mathrm{r}}}+a_{\mathrm{TR_r}}-a_{z}\sin\Omega_{\mathrm{r}}\\&\dot{\Omega}_{\mathrm{r}}=\frac{V_{\Omega_{\mathrm{r}}}}{R_{\mathrm{r}}}\\&\dot{V}_{\Omega_{\mathrm{r}}}=-\frac{V_{R_{\mathrm{r}}}V_{\Omega_{\mathrm{r}}}}{R_{\mathrm{r}}}+a_{\mathrm{T\Omega_r}}-a_{z}\cos\Omega_{\mathrm{r}}\end{aligned}\tag{4-152}$$

式中，$V_{\Omega_{\mathrm{r}}}=R_{\mathrm{r}}\dot{\Omega}_{\mathrm{r}}$ 为地面惯性参考坐标系中相对速度绕视线方向的旋转分量；$V_{R_{\mathrm{r}}}$ 为地面惯性参考坐标系中相对速度沿视线方向的分量；a_{z} 为地面惯性参考坐标系中的无人机法向加速度；$a_{\mathrm{TR_r}}$ 和 $a_{\mathrm{T\Omega_r}}$ 分别为目标加速度沿着和垂直于视线方向的正交分量。

导引策略：为了能准确命中目标 $(R_{\mathrm{r}}=0)$，必须确保 $V_{R_{\mathrm{r}}}<0$ 或者 $V_{\Omega_{\mathrm{r}}}=0$，抑或 $V_{\Omega_{\mathrm{r}}}=c_{0}\sqrt{R_{\mathrm{r}}}$（$c_{0}$ 为常值，$c_{0}\geqslant 0$）[39]。

平滑二阶滑模制导律可描述为式(4-146)和式(4-149)的形式，其中，取 $p=m+1=3$，$m=2$，$u=a_{zc}$。制导的目标是通过法向加速度使系统[式(4-152)]在有限时间内稳定在滑模面上。

$$s=V_{\Omega_r}-c_0\sqrt{R_r}=0 \tag{4-153}$$

为了获得制导指令 a_z，使 $s\to 0$，$t\to\infty$，根据式(4-152)和式(4-153)，相对阶为1的 s 动力学定义如下：

$$\dot{s}=g(V_{R_r},V_{\Omega_r},R_r,a_{T\Omega_r})-a_z\cos\Omega_r \tag{4-154}$$

式中，

$$g(V_{R_r},V_{\Omega_r},R_r,a_{T\Omega_r})=-\frac{V_{R_r}V_{\Omega_r}}{R_r}+a_{T\Omega_r}-\frac{c_0\sqrt{R_r}V_{R_r}}{2R_r}$$

$$\dot{g}(V_{R_r},V_{\Omega_r},R_r,a_{T\Omega_r})=-\frac{1}{R_r^2}[(\dot{V}_{R_r}V_{\Omega_r}+V_{R_r}\dot{V}_{\Omega_r})R_r-V_{R_r}^2V_{\Omega_r}]+\dot{a}_{T\Omega_r}-\frac{c_0\sqrt{R_r}}{4R_r^2}(2\dot{V}_{R_r}R_r-V_{R_r}^2)$$

假设目标加速度分量 $a_{T\Omega_r}(t)$ 是可微的，则函数 $g(V_{R_r},V_{\Omega_r},R_r,a_{T\Omega_r})$ 也是可微的，并且 $\dot{g}(V_{R_r},V_{\Omega_r},R_r,a_{T\Omega_r})$ 是连续的(命中目标点 $R_r=0$ 除外，实际上，往往击中目标时，$R_r\neq 0$，$R_r\in[R_{min},R_{max}]$，与目标尺寸有关[40])。函数 $g(V_{R_r},V_{\Omega_r},R_r,a_{T\Omega_r})$ 是可微的，$\forall R_r\geqslant R_{r0}$ (R_{r0} 为零截距，$R_{r0}\in[R_{min},R_{max}]$)，其导数存在一个 Lipshitz 常量。在合理的飞行区域内，假设以下不等式成立：$|\dot{a}_{T\Omega_r}|\leqslant\dot{a}_{T\Omega_r max}$，$|a_{T\Omega_r}|\leqslant a_{T\Omega_r max}$，$|a_{TR_r}|\leqslant a_{TR_r max}$，$|V_{\Omega_r}|\leqslant V_{\Omega_r max}$，$V_{R_r}(0)=M\ll 0$，$M\leqslant V_{R_r}(t)\leqslant 0$，$|\sin\Omega_r|<c_1<1$，$|\cos\Omega_r|<c_2<1$，那么，$\dot{g}(V_{R_r},V_{\Omega_r},R_r,a_{T\Omega_r})$ 的 Lipshitz 常量 L 的估计值如下：

$$|\dot{g}(V_{R_r},V_{\Omega_r},R_r,a_{T\Omega_r})|\leqslant\dot{a}_{T\Omega_r max}+R_r^{-2}|(\dot{V}_{R_r}V_{\Omega_r}+V_{R_r}\dot{V}_{\Omega_r})R_r-V_{R_r}^2V_{\Omega_r}|+\frac{c_0\sqrt{R_r}|2\dot{V}_{R_r}R_r-V_{R_r}^2|}{4R_r^2}\leqslant L \tag{4-155}$$

$$L=\dot{a}_{T\Omega_r max}+R_{r0}^{-2}[V_{\Omega_r max}^3+(2M^2+0.5c_0\sqrt{R_{r0}})V_{\Omega_r max}+0.5M^2c_0\sqrt{R_{r0}}]+R_{r0}^{-2}[(a_{T\Omega_r max}+c_1a_{zmax})(V_{\Omega_r max}+0.5c_0\sqrt{R_{r0}})+|M|(a_{T\Omega_r max}+c_2a_{zmax})] \tag{4-156}$$

由于 $0 < R_{r0} \ll 1$，因此有

$$L \doteq \dot{a}_{T\Omega_r \max} + R_{r0}^{-2} V_{\Omega_r \max}(V_{\Omega_r \max}^2 + 2M^2) \tag{4-157}$$

假设变量 R_r、Ω_r、m_U、V_{R_r} 和 V_{Ω_r} 均可测，$a_{T\Omega_r}$ 可通过观测器[式(4-144)]估计，即

$$\begin{aligned}
\dot{z}_0 &= v_0 - a_z \cos\Omega_r - \frac{V_{R_r} V_{\Omega_r}}{R_r} - \frac{c_0 \sqrt{R_r} V_{R_r}}{2R_r} \\
v_0 &= -2L^{\frac{1}{3}} \left| z_0 - s \right|^{\frac{2}{3}} \operatorname{sign}(z_0 - s) + z_1 \\
\dot{z}_1 &= v_1 \\
v_1 &= -1.5L^{\frac{1}{2}} \left| z_1 - v_0 \right|^{\frac{1}{2}} \operatorname{sign}(z_1 - v_0) + z_2 \\
\dot{z}_2 &= -1.1L \operatorname{sign}(z_2 - v_1) \\
\hat{a}_{T\Omega_r} &= z_1
\end{aligned} \tag{4-158}$$

显然，如果不含输入噪声，则经过观测器[式(4-158)]的短暂处理后，可得到 $\hat{a}_{T\Omega_r} = a_{T\Omega_r}$。如果 s 和 $V_{R_r} V_{\Omega_r} + \dfrac{0.5 c_0 \sqrt{R_r} V_{R_r}}{R_r} + a_z \cos\Omega_r$ 带有边界分别为 e 和 $e^{\frac{2}{3}}$ 的 Lebesgue 可测噪声，那么

$$\left| \hat{a}_{T\Omega_r} - a_{T\Omega_r} \right| \leqslant \mu e^{\frac{2}{3}} \qquad \mu > 0 \tag{4-159}$$

根据式(4-149)和式(4-158)，在有限时间内，使 $s \to 0$ 的平滑二阶滑模制导律(纵向)如下：

$$a_{zc} = \frac{1}{\cos\Omega_r} \left[\alpha_1 |s|^{\frac{2}{3}} \operatorname{sign}(s) + \alpha_2 \int |s|^{\frac{1}{3}} \operatorname{sign}(s) \mathrm{d}t - N' \frac{V_{R_r} V_{\Omega_r}}{R_r} - \frac{c_0 \sqrt{R_r} V_{R_r}}{2R_r} + \hat{a}_{T\Omega_r} \right] \tag{4-160}$$

不难看出，制导律表达式(4-160)中的 $-N' \dfrac{V_{R_r} V_{\Omega_r}}{R_r} + \hat{a}_{T\Omega_r} = -N' V_{R_r} \dot{\Omega}_r + \hat{a}_{T\Omega_r}$ 是增广比例制导律(APN)[40]，因此，式(4-160)可改写为如下形式：

$$\begin{aligned}
a_{zc} &= \frac{1}{\cos\Omega_r} \left(-N' \frac{V_{R_r} V_{\Omega_r}}{R_r} + u_d + \hat{a}_{T\Omega_r} \right) \\
u_d &= \alpha_1 |s|^{\frac{2}{3}} \operatorname{sign}(s) + \alpha_2 \int |s|^{\frac{1}{3}} \operatorname{sign}(s) \mathrm{d}t - \frac{c_0 \sqrt{R_r} V_{R_r}}{2R_r}
\end{aligned} \tag{4-161}$$

式中，u_d 为一个鲁棒有限时间收敛项。

由式(4-154)可知，四阶系统[式(4-152)、式(4-153)]的相对阶为1，其三阶内动态模型如下：

$$\begin{aligned}\dot{R}_r &= V_{R_r} \\ \dot{V}_{R_r} &= \frac{(s+c_0\sqrt{R_r})^2}{R_r} + a_{TR_r} - a_z\sin\Omega_r \\ \dot{\Omega}_r &= \frac{s+c_0\sqrt{R_r}}{R_r}\end{aligned} \tag{4-162}$$

若通过平滑二阶滑模制导律[式(4-161)]能使滑动变量 s 及其导数 $\dot{s}$ 在有限的时间内稳定为0，那么该内动态[式(4-162)]在二阶滑动模态中就变成受迫零动态：

$$\begin{aligned}\dot{R}_r &= V_{R_r} \\ \dot{V}_{R_r} &= c_0^2 + a_{TR_r} - a_{zc}\sin\Omega_r \\ \dot{\Omega}_r &= \frac{c_0\sqrt{R_r}}{R_r}\end{aligned} \tag{4-163}$$

令 $|a_{TR_r}| \leqslant a_{TR_r\max}$，则有

$$\begin{aligned}R_r(t) &\leqslant R_r(0) + Mt + \frac{c_0^2 + a_{TR_r\max} + c_1 a_{z\max}}{2}t^2 \\ R_{r\min}(t_{go}) &\leqslant R_r(0) - \frac{M^2}{2(c_0^2 + a_{TR_r\max} + c_1 a_{z\max})}\end{aligned} \tag{4-164}$$

式中，$t_{go} = -\dfrac{M}{c_0^2 + a_{TR_r\max} + c_1 a_{z\max}}$。

根据式(4-161)以及 $V_{R_r}(0) = M \ll 0$，$c_0 \geqslant 0$，可以使 R_r 满足 $|R_r(t_{go})| \leqslant R_{r0}$，$\forall t \leqslant t_{go}$，$t_{go}$ 为命中目标时间。

取侧向滑模面 $s' = V_{\Omega_y} - c'_0\sqrt{R_y} = 0$，侧向平滑二阶滑模制导律可表示为

$$\begin{aligned}a_{yc} &= \frac{1}{\cos\Omega_y}\left(-N''\frac{V_{R_y}V_{\Omega_y}}{R_y} + u'_d + \hat{a}_{T\Omega_y}\right) \\ u'_d &= \alpha'_1|s'|^{\frac{2}{3}}\operatorname{sign}(s') + \alpha'_2\int|s'|^{\frac{1}{3}}\operatorname{sign}(s')\mathrm{d}t - \frac{c'_0\sqrt{R_y}V_{R_y}}{2R_y}\end{aligned} \tag{4-165}$$

将地面惯性参考坐标系下的侧向加速度指令 a_{yc} 和法向加速度指令 a_{zc} 转

换到机体坐标系中,可得到机体坐标系下的侧向加速度指令 a'_{yc} 和法向加速度指令 a'_{zc} 如下:

$$\begin{aligned} a'_{yc} &= a_{yc}(\sin\theta\sin\psi\sin\phi + \cos\psi\cos\phi) + a_{zc}\cos\theta\sin\phi \\ a'_{zc} &= a_{yc}(\sin\theta\sin\psi\cos\phi - \cos\psi\sin\phi) + a_{zc}\cos\theta\cos\phi \end{aligned} \tag{4-166}$$

考虑到重力因素的影响,需对法向加速度指令进行修正,于是有

$$\begin{aligned} a'_{yc} &= a_{yc}(\sin\theta\sin\psi\sin\phi + \cos\psi\cos\phi) + a_{zc}\cos\theta\sin\phi \\ a'_{zc} &= a_{yc}(\sin\theta\sin\psi\cos\phi - \cos\psi\sin\phi) + a_{zc}\cos\theta\cos\phi + g\cos\theta \end{aligned} \tag{4-167}$$

无人机在 BTT 控制下飞行时, $\phi \gg \theta$、ψ, 可对式(4-167)进行相应的简化:

$$\begin{aligned} a'_{yc} &= a_{yc}\cos\phi + a_{zc}\sin\phi \\ a'_{zc} &= -a_{yc}\sin\phi + a_{zc}\cos\phi + g \end{aligned} \tag{4-168}$$

4.5.4 末制导段的控制指令逻辑

为了提高制导噪声容限和小指令信号响应的快速性,根据制导控制指令的大小,采用 BTT/STT 混合控制模式,即控制指令可分为 BTT 完整控制指令、不完全 BTT 控制指令以及 STT 控制指令三种。BTT 控制用来修正大的制导偏差,STT 控制用于快速纠正小的制导偏差。

1) **BTT 完整控制指令**

当无人机总的过载指令 $\sqrt{N_{Pc}^2 + N_{Yc}^2} > E_1$ 时,采用 BTT 完整控制指令,其中, $E_1 > 0$ 为阈值。考虑到无人机纵向最大可用法向过载 N_{zk} 的限制,最大法向过载指令 $N_{zcmax} = \min(N_{zk}, |N_{zc}|)$。为了防止滚转角指令解算中出现除零的问题,进而导致小制导指令下机体频繁滚转,需要使 $N_{Pc} = \max(N_{z0}, |N_{Pc}|)\text{sign}(N_{Pc})$, N_{z0} 为一小值。

$$\begin{aligned} N_{zc} &= \begin{cases} \text{sign}(N_{Pc})\sqrt{N_{Pc}^2 + N_{Yc}^2} & |\phi_c| \leqslant \phi_{cmax} \\ \dfrac{\text{sign}(N_{Pc})|N_{Pc}|}{\cos\phi_{cmax}} & |\phi_c| > \phi_{cmax} \end{cases} \quad |N_{zc}| \leqslant N_{zcmax} \\ N_{yc} &= 0 \\ \phi_c &= \begin{cases} \arctan\left(\dfrac{N_{Yc}}{N_{Pc}}\right) & |\phi_c| \leqslant \phi_{cmax} \\ \text{sign}(N_{Pc})\phi_{cmax} & |\phi_c| > \phi_{cmax} \end{cases} \end{aligned} \tag{4-169}$$

2) 不完全 BTT 控制指令

当无人机总的过载指令 $\sqrt{N_{Pc}^2+N_{Yc}^2}\leqslant E_1$ 时,采用不完全 BTT 控制指令,于是 BTT 控制指令可改写为

$$
\begin{aligned}
& N_{zc}=\begin{cases}\operatorname{sign}(N_{Pc})\sqrt{N_{Pc}^2+N_{Yc}^2} & |\phi_c|\leqslant\phi_{cmax} \\ \dfrac{\operatorname{sign}(N_{Pc})|N_{Pc}|}{\cos\phi_{cmax}} & |\phi_c|>\phi_{cmax}\end{cases} \quad |N_{zc}|\leqslant N_{zcmax} \\
& N_{yc}=0 \\
& \phi_c=h\cdot\begin{cases}\arctan\left(\dfrac{N_{Yc}}{N_{Pc}}\right) & |\phi_c|\leqslant\phi_{cmax} \\ \operatorname{sign}(N_{Pc})\phi_{cmax} & |\phi_c|>\phi_{cmax}\end{cases} \\
& h=\begin{cases}1 & \sqrt{N_{Pc}^2+N_{Yc}^2}>E_1 \\ \sqrt{N_{Pc}^2+N_{Yc}^2} & \sqrt{N_{Pc}^2+N_{Yc}^2}\leqslant E_1\end{cases}
\end{aligned}
\tag{4-170}
$$

3) STT 控制指令

当无人机总的过载指令 $\sqrt{N_{Pc}^2+N_{Yc}^2}\leqslant E_2$ 时,采用 STT 控制方式,其中 $0<E_2<E_1$。

$$N_{zc}=N_{Pc},\ N_{yc}=N_{Yc},\ \phi_c=0 \tag{4-171}$$

4.5.5 仿真示例

1) 攻击固定目标

仿真条件:目标初始位置为(0 m, 0 m, 0 m),无人机的初始位置为(−3 500 m, 1 000 m, −4 500 m),初始速度为(90 m/s, 0 m/s, 0 m/s),无人机与目标的初始斜距为 5 787.918 m。无人机初始航迹倾角 $\mu=0$ rad,初始滚转角和偏航角 $\phi=\psi=0$ rad,初始角速度 $p=q=r=0$ rad/s。

采用基于二自由度 PID 控制的自动驾驶仪,平滑二阶滑模制导律的参数如下:$N'=N''=4$, $a_1=2.5$, $a_1'=3$, $a_2=a_2'=1$, $c_0=0.12$, $c_0'=0.1$。

无人机最大可用法向过载 $N_{zmax}=8g$,最大可用侧向过载 $N_{ymax}=1g$,最大滚转角 $\phi_{max}=90°$。

毫米波雷达测量周期 $t_R=0.01$ s,相对距离和方位测量噪声均值为 0,方差

$\sigma_{rR}^2=36$，$\sigma_{\lambda_p R}=\sigma_{\lambda_y R}=0.8$。

红外成像传感器的测量周期$t_I=0.001$s，方位测量噪声方差$\sigma_{\lambda_p I}=\sigma_{\lambda_y I}=0.4$。

目标不机动时，无人机制导系统的时间过渡过程如图4-66所示，其三维运动轨迹如图4-67所示。经过100次Monte-Carlo仿真实验，圆概率误差(CEP)为3.06 m。

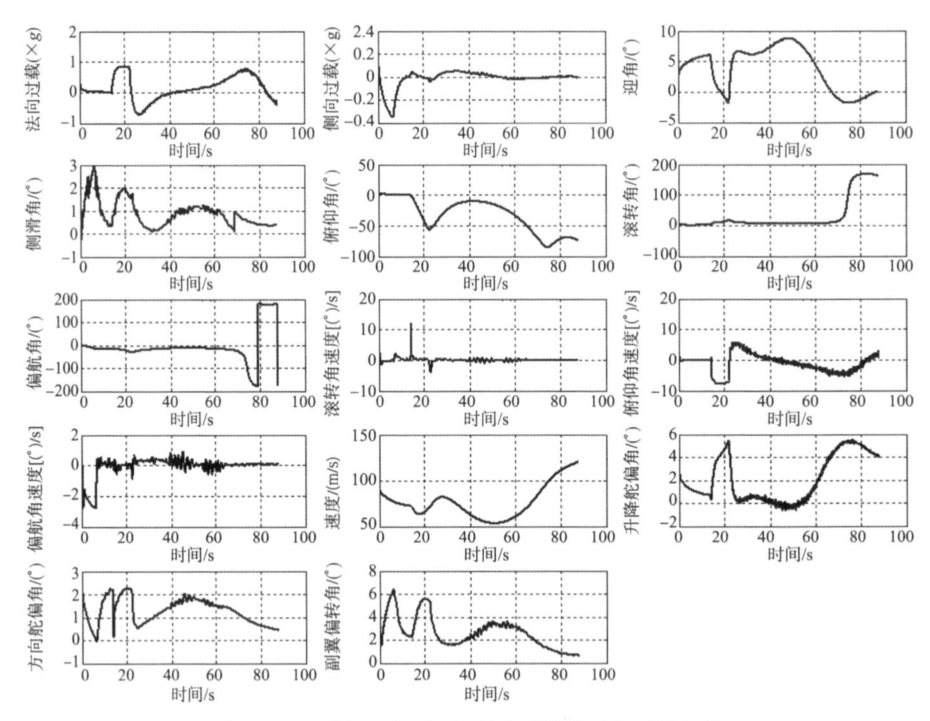

图4-66 目标不机动时，制导系统的时间过渡过程

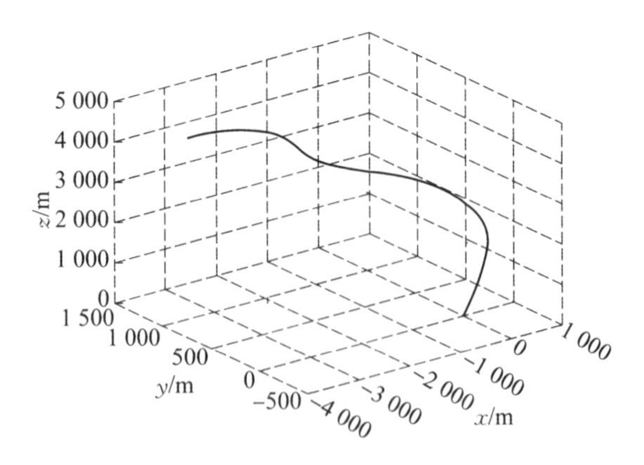

图4-67 无人机三维运动轨迹

2）攻击机动目标

仿真条件：目标初始位置为(0 m，0 m，0 m)，初始速度为(10 m/s，10 m/s，0 m/s)，在 $t=45$ s 时，目标进行机动，垂直于视线方向的初始加速度分量分别为 $a_{T\Omega_r}=a_{T\Omega_y}=5\ \mathrm{m/s^2}$，无人机的初始位置为(−3 500 m，1 000 m，−3 500 m)，初始速度为(100 m/s，0 m/s，0 m/s)。无人机初始航迹倾角 $\mu=0$ rad，初始滚转角和偏航角 $\phi=\psi=0$ rad，初始角速度 $p=q=r=0$ rad/s。

采用基于二自由度PID控制的自动驾驶仪，平滑二阶滑模制导律的参数如下：$N'=N''=4$，$a_1=2.5$，$a'_1=3$，$a_2=a'_2=1$，$c_0=0.12$，$c'_0=0.1$。平滑非线性干扰观测器中的Lipshitz常量 L 的估计值由式(4-146)确定。

无人机最大可用法向过载 $N_{z\max}=8g$，最大可用侧向过载 $N_{y\max}=1g$，最大滚转角 $\phi_{\max}=90°$。毫米波雷达测量周期 $t_R=0.01$ s，相对距离和方位测量噪声均值为0，方差 $\sigma_{rR}^2=36$，$\sigma_{\lambda_p R}=\sigma_{\lambda_y R}=0.8$。红外成像传感器的测量周期 $t_I=0.001$ s，方位测量噪声方差 $\sigma_{\lambda_p I}=\sigma_{\lambda_y I}=0.4$。

目标机动时，无人机制导系统的时间过渡过程如图4-68所示，其与目标的三维运动轨迹如图4-69所示。经过100次Monte-Carlo仿真实验，其脱靶量

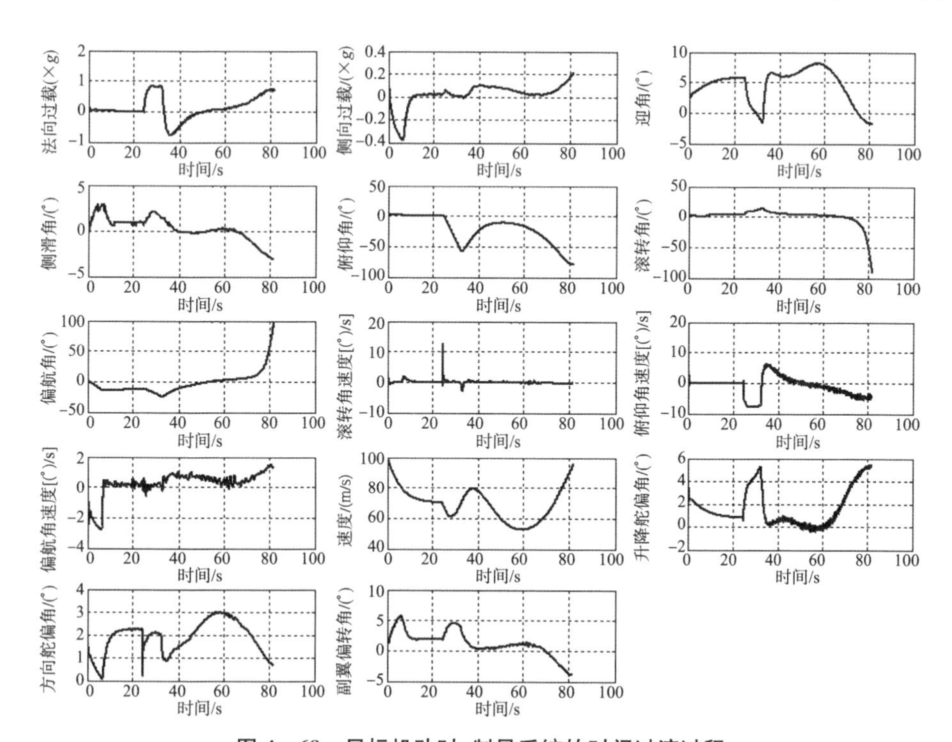

图4-68 目标机动时，制导系统的时间过渡过程

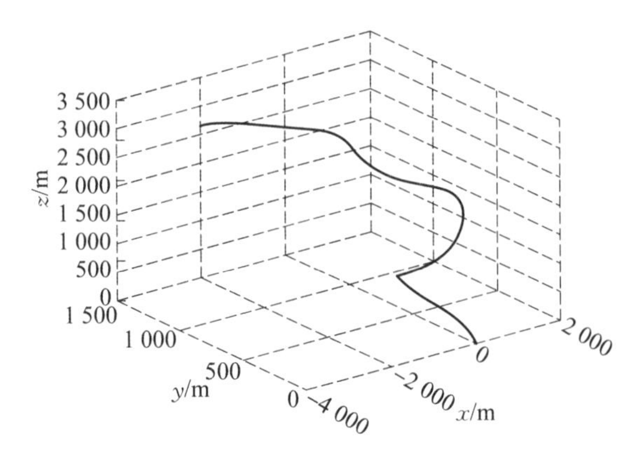

图 4-69 无人机与目标的三维运动轨迹

均值为 3.87 m。结果表明平滑二阶滑模制导律具有很好的制导精度，对目标机动有很好的鲁棒性。从无人机过载响应可以看出，没有出现明显的抖振。

4.6 反辐射无人机制导控制系统仿真试验

4.6.1 制导控制系统仿真目的

对反辐射无人机制导控制系统的仿真一般都要经过数字仿真和半实物仿真两个阶段[1]。数字仿真的目的是在全量仿真方程中进一步研究制导控制系统的设计性能，确定重要的设计参数，分析末制导弹道性能，分析各种误差因素对制导精度的影响，进行末制导的精度统计。半实物仿真的目的是在实物状态下检验制导控制系统的设计性能，考察制导控制程序实现的正确性，检验机载制导控制主要设备的工作性能，考察被动雷达/被动通信导引头与制导控制系统的设计匹配性，进行末制导精度统计。

4.6.2 数字仿真模型及仿真方法

无人机制导控制系统数字仿真模型由以下 7 个模块组成[1]：

(1) 无人机动力学和运动学模块。

(2) 制导律模块。

(3) 控制模块。

(4) 舵系统模块。

(5) 传感器模块。

(6) 导引头模块。

(7) 相对运动模块。

各模块在数字仿真中的连接如图4-70所示。

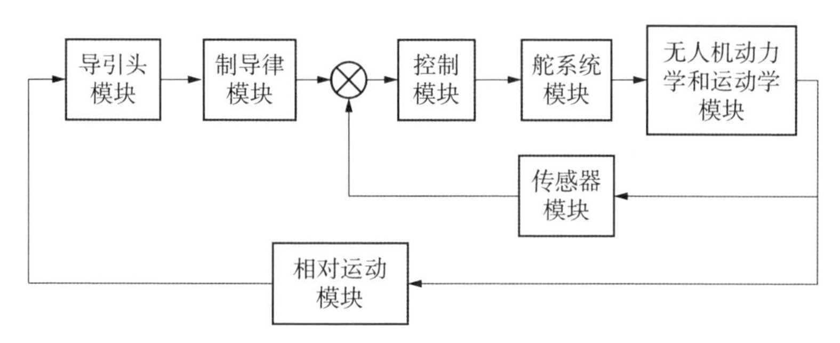

图4-70　反辐射无人机制导控制系统数字仿真结构框图

图4-70中各模块的数学模型建立完成后，在Matlab下用Simulink建立各模块的数字仿真模型，仿真方法采用四阶龙格-库塔法，仿真步长一般取0.001 s就可以满足仿真精度要求。

进行数字仿真前，要对各模块的参数进行加载，须加载的参数如下：

(1) 无人机总体参数。

(2) 无人机气动参数。

(3) 制导控制参数。

(4) 舵系统参数。

(5) 导引头参数。

(6) 初始运动参数。

(7) 误差模型参数。

4.6.3　半实物仿真试验方法

1) 半实物仿真系统组成

反辐射无人机制导控制半实物仿真系统一般包括以下内容：

(1) 机载计算机。

(2) 垂直陀螺。

(3) 速率陀螺。

(4) 伺服舵机。

(5) 导引头。

(6) 机载电源系统。

(7) 仿真计算机系统(机体模型、相对运动解算计算机)。

(8) 三轴飞行转台。

(9) 目标阵列。

(10) 记录设备及其他各种辅助设备。

其中(1)～(6)为参试实物,(7)～(10)为半实物仿真设备。半实物仿真系统各组成设备间的互连关系如图 4-71 所示。

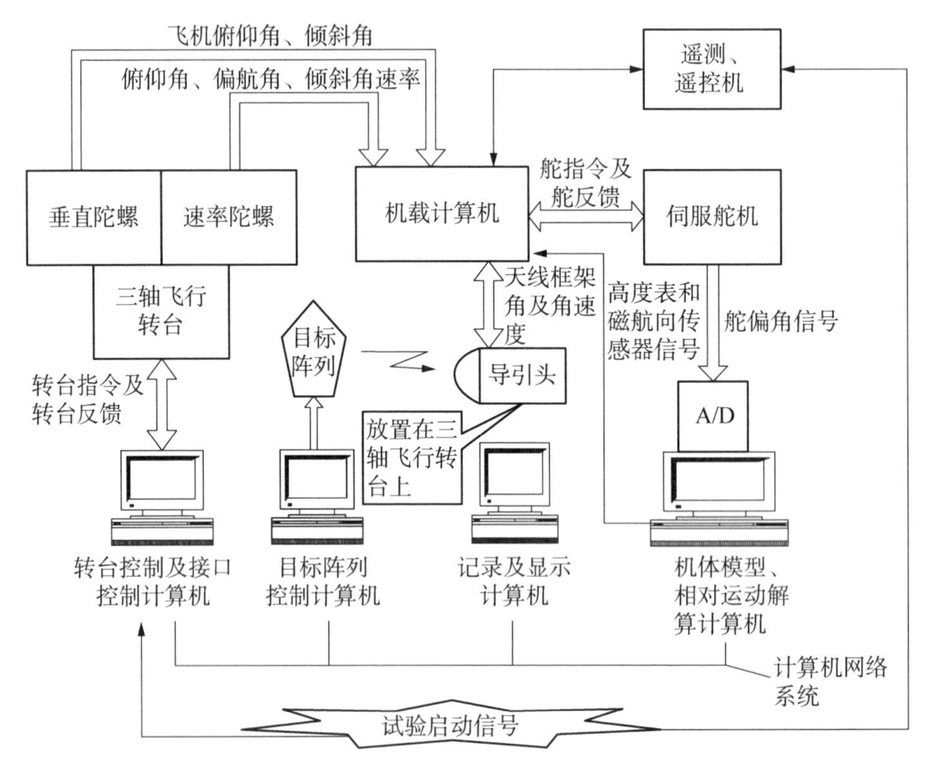

图 4-71 反辐射无人机制导控制半实物仿真系统组成图

各组成部分如下:

(1) 仿真计算机系统完成机体模型和相对运动解算;计算并输出标识弹道进程的主要物理量;采集舵机的舵偏角信号;生成并传输转台、目标阵列控制指令;控制转台、目标阵列运动并实时采集转台实际角位置;控制试验进程;记录并显示主要仿真结果。

(2) 三轴飞行转台为垂直陀螺、速率陀螺、导引头提供所需的角运动环境。

(3) 目标阵列为导引头提供所需的信号环境，模拟相对运动环境。

(4) 垂直陀螺、速率陀螺、机载计算机、伺服舵机、导引头、机载电源系统为被试产品。

2) 半实物仿真试验方法和步骤

(1) 闭环数学仿真软件检验。

仿真软件正确与否直接影响仿真试验及仿真结果，所以首先检验闭环仿真软件的正确性，并在确认满足试验实时性要求的前提下，将各个模块软件按照试验要求组合，作为半实物仿真试验的仿真机程序。

(2) 制导控制系统动态性能检验。

此阶段的主要目的是考察制导控制系统的动态性能以及机载计算机软件的正确性，并在参数(气动、飞机总体和发动机参数等)拉偏，干扰变化的情况下检验制导控制系统的鲁棒性。

该阶段参试的实物包括机载计算机、伺服舵机、机载传感器(垂直陀螺和速率陀螺)，最好采用逐步加入各实物的办法，如可以先以机载计算机和伺服舵机作为实物进行闭环仿真，试验时同时把机载传感器安装在三轴飞行转台上，但它先不参与控制，实际参与控制的各敏感组件输出由仿真计算机中的数学模型解算，其输出信号送至数据记录计算机。这样试验除了检验机载计算机、舵系统参与回路的性能之外，还检验了机载传感器在飞行弹道状态下的输出性能，可及早发现问题。若各敏感组件输出性能正常，则把敏感组件接入仿真系统，检验机载计算机、伺服舵机、陀螺为实物状态时制导控制系统的动态性能。

(3) 仅含导引头的制导控制半实物仿真试验。

该试验中仅有导引头为实物，其他模块都为模型，主要目的是检验实物导引头与导引头模型的一致性以及对末制导弹道性能和制导精度的影响情况。

按照制导控制半实物仿真试验大纲规定的末制导飞行弹道，模拟末制导攻击过程。

(4) 制导控制系统精度分析仿真试验。

该阶段是试验的最后阶段，接入实物最多，参试实物包括机载计算机、垂直陀螺、速率陀螺、伺服舵机和导引头等。此阶段试验的主要目的是考核各硬件设备的协调性，检验末制导系统的动态性能和攻击精度，检验在参数拉偏、风干扰情况下系统的攻击精度。

在这个阶段除了要记录通常的机体参数、相对运动参数和参试敏感器件参数外，还应给出飞机在攻击目标状态下的脱靶量。

4.7 本章小结

本章主要介绍了反辐射无人机导航制导与控制系统设计，包括导航制导与控制系统设计要求、飞行控制系统设计、导航系统设计、制导系统设计以及制导控制系统仿真试验。在反辐射无人机飞行控制系统设计中，除介绍经典 PID 飞行自动控制系统设计外，还介绍了二自由度 PID 飞行控制系统设计、反辐射无人机 $PI^{\lambda}D^{\mu}$ 飞行控制系统设计和 H_{∞} 回路成形飞行控制系统设计。在导航系统设计中，重点介绍了反辐射无人机组合导航系统设计和导航精度分析。在制导系统设计中，介绍了经典的比例制导律设计方法，同时还针对反辐射无人机采用主/被动复合导引头，系统存在非线性、参数摄动、外部干扰时，介绍了采用基于滑模变结构控制理论的平滑二阶滑模制导律设计方法。最后介绍了反辐射无人机制导控制系统仿真试验中的数字仿真方法和半实物仿真方法。

参考文献

[1] 祝小平，向锦武，张才文，等. 无人机设计手册[M]. 北京：国防工业出版社，2007.
[2] 耿峰. 高速攻击型无人机控制与多模复合制导技术研究[D]. 西安：西北工业大学，2010.
[3] 孟庆贤，李甲申. 二自由度 PID 控制及其应用[J]. 基础自动化，1997，1：10－13.
[4] 刘金琨. 先进 PID 控制 MATLAB 仿真[M]. 2 版. 北京：电子工业出版社，2004.
[5] Alfaro V M. PID controllers' fragility[J]. ISA Transactions, 2007, 46(4): 555－559.
[6] Oldham K B, Spanier J. The fractional calculus: theory and applications of differentiation and integration to arbitrary order[M]. New York: Academic Press, 1974.
[7] Samko S G, Kilbas A A, Marichev O I. Integral and derivatives of fractional order and some of their applications[M]. Minsk: Naukai Tekhnika, 1987.
[8] Miller K S, Ross B. An introduction to the fractional calculus and fractional differential equations[M]. New York: Wiley-Interscience Publication, 1993.
[9] Podlubny I. Fractional differential equations: an introduction to fractional derivatives, fractional differential equations, to methods of their solution and some of their applications[M]. New York: Academic Press, 1998.
[10] Nishimoto R R. Fractional calculus (integration and differentiation of arbitrary order) [M]. Koriyama: Descartes Press, 1984.
[11] Podlubny I, Petráš I, Vinagre B M. Analogue realizations of fractional-order controllers [J]. Nonlinear Dynamics, 2002, 29: 281－296.
[12] Oustaloup A, Levron F, Mathieu B, et al. Frequency-band complex noninteger differentiator: characterization and synthesis [J]. IEEE Transactions on Circuits and

System I:Fundamental Theory and Applications, 2000,47(1):25 - 39.
[13] Xue D Y, Zhao C N, Chen Y Q. A modified approximation method of fractional order system[C]//2006 International Conference on Mechatronics and Automation, Luoyang: 2006.
[14] Podlubny I, Dorcak L, Kostial I. On fractional derivatives, fractional-order dynamic systems and $PI^{\lambda}D^{\mu}$ - controllers[C]//The 36th Conference on Decision and Control, San Diego:1997.
[15] Podlubny I. Fractional-order systems and $PI^{\lambda}D^{\mu}$ controllers[J]. IEEE Transactions on Automatic Control, 1999,44(1):208 - 214.
[16] Zamani M, Karimi-Ghartemani M, Sadati N, et al. Design of a fractional order PID controller for an AVR using particle swarm optimization [J]. Control Engineering Practice, 2009,17(12):1380 - 1387.
[17] Sadati N, Zamani M, Mohajerin P. Optimum design of fractional order PID for MIMO and SISO systems using particle swarm optimization techniques [C]//2007 IEEE International Conference on Mechatronics, Kumamoto:2007.
[18] 陈贵敏,贾建援,韩琪. 粒子群优化算法的惯性权值递减策略研究[J]. 西安交通大学学报,2006,40(1):53 - 56,61.
[19] Chen B-S, Cheng Y-M. A structure-specified H_{∞} optimal control design for practical applications: a genetic approach[J]. IEEE Transactions on Control Systems Technology, 1998,6(6):707 - 718.
[20] Ho S-J, Ho S-Y, Shu L-S. OSA: orthogonal simulated annealing algorithm and its application to designing mixed H_2/H_{∞} optimal controllers[J]. IEEE Transactions on Systems, Man, and Cybernetics-Part A: Systems and Humans, 2004, 34 (5): 588 - 600.
[21] Roubust control toolbox for use with MATLAB-user's guide (version 2) [G]. The MathWorks, Inc.,2001.
[22] Sanfonov M G, Chiang R Y, Limebeer D J N. Optimal Hankel model reduction for nonminimal systems [J]. IEEE Transactions on Automatic Control, 1990, 35 (4): 496 - 502.
[23] Glover K. All optimal Hankel-norm approximation of linear multivariable systems and their L^{∞}_{-} error bounds[J]. International Journal of Control, 1984,39(6):1115 - 1193.
[24] McFarlane D C, Glover K. A loop-shaping design procedure using H_{∞} synthesis [J]. IEEE Transactions on Automatic Control, 1992,37(6):759 - 769.
[25] Lee H-P, Hwang H-Y. Two-degree-of-freedom robust control of a seeker scan loop system[C]//AIAA Guidance Navigation and Control Conference, San Diego:1996.
[26] McFarlane D C, Glover K. Robust controller design using normalized coprime factor plant descriptions[M]//Thomas M, Wyner A. Lecture Notes in Control and Information Sciences, Berlin:Springer, 1990:98 - 131.
[27] 周克敏,Doyle J C, Glover K. 鲁棒与最优控制[M]. 毛剑琴,钟宜生,林岩,等,译. 北京:国防工业出版社,2006.
[28] Glover K, McFarlane D C. Robust stabilization of normalized coprime factor plant

descriptions with H_∞ - bounded uncertainty[J]. IEEE Transactions on Automatic Control, 1989,34(8):821 - 830.

[29] Redheffer R M. On a certain linear fractional transformation[J]. Journal of Mathematics and Physics, 1960,39(1 - 4):269 - 286.

[30] Limebeer D J N, Kasenally E M, Jaimoukha I, et al. All solutions to four block general distance problem[C]//The 27th IEEE Conference on Decision and Control, Austin: 1988.

[31] 张高民,贾英民.基于互质因子摄动的反馈系统的鲁棒稳定性[J].自动化学报,2002,28(6):974 - 976.

[32] 林瑞全,杨富文.基于 H_∞ 控制理论的非脆弱控制的研究[J].控制与决策,2004,19(5):598 - 600.

[33] 杨军,朱学平,张晓峰,等.反辐射制导技术[M].西安:西北工业大学出版社,2014.

[34] Shtessel Y B, Shkolnikov I A, Levant A. Smooth second-order sliding modes: missile guidance application[J]. Automatica, 2007,43(8):1470 - 1476.

[35] Bhat S P, Bernstein D S. Finite-time stability of continuous autonomous systems [J]. SIAM Journal on Control and Optimization, 2000,38(3):751 - 766.

[36] Tournes C H, Shtessel Y B. Integrated guidance and autopilot for dual controlled missiles using higher order sliding mode control and observers[J]. IFAC Proceedings Volumes, 2008,41(2):6226 - 6231.

[37] Levant A. Homogeneity approach to high-order sliding mode design[J]. Automatica, 2005,41(5):823 - 830.

[38] Levant A. Higher-order sliding modes, differentiation and output-feedback control [J]. International Journal of Control, 2003,76(9 - 10):924 - 941.

[39] Moon J, Kim K, Kim D. Design of missile guidance law via variable structure control [J]. Journal of Guidance, Control, and Dynamics, 2001,24(4):659 - 664.

[40] Zarchan P. Tactical and Strategic Missile Guidance[M]. 4th ed. Reston: American Institute of Aeronautics and Astronautics, 2002.

第5章　反辐射导引头设计

导引头是反辐射无人机的“眼睛”，起到搜索、识别、跟踪目标，并测量目标相对于无人机的角度偏差和角速率偏差的重要作用，是反辐射无人机核心设备之一。本章主要介绍反辐射导引头设计方法，包括导引头功能性能和设计要求、导引头组成与工作原理、导引头体制选择和导引头主要性能指标分析计算等内容。

5.1　反辐射导引头功能性能和设计要求

5.1.1　导引头功能性能要求

反辐射无人机对导引头的功能性能要求如下：导引头要有较宽的频率覆盖范围，能覆盖敌方所有雷达频率；能够适应敌方雷达目标的各种信号体制；具有很强的抗干扰、抗诱饵能力；具有很宽的视场范围；具有较高的灵敏度，搜索侦察目标距离远；具有较大的瞬时动态范围、较高的测频精度和测向精度等。反辐射导引头的技术指标体系如下：

(1) 频率覆盖范围。

(2) 适应的目标信号体制。

(3) 抗干扰、抗诱饵能力。

(4) 视场范围(包括方位范围和俯仰范围)。

(5) 搜索侦察距离。

(6) 瞬时动态范围。

(7) 动态范围。

(8) 测频精度。

(9) 信号处理能力。

(10) 雷达/通信目标视线角偏差测量精度。

(11) 目标选择能力。

(12) 目标装订数。

(13) 通用质量特性主要包括环境适应性、可靠性、维修性、保障性、测试性、安全性以及电磁兼容性等。

5.1.2 导引头设计要求

反辐射无人机系统除对导引头的功能性能有要求外，还对导引头相关设计有要求。

1) 导引头头部整流罩外形要求

由于导引头安装在反辐射无人机最前部，因此导引头的头部整流罩外形对无人机的气动阻力变化最敏感，要求设计成导引头的头部整流罩外形对无人机的气动阻力最小。一般要求低速反辐射无人机导引头的头部整流罩外形为半球形或圆锥形；高速反辐射无人机导引头的头部整流罩外形为尖锥形。

2) 导引头头部整流罩强度和耐高温要求

导引头头部整流罩在飞行中要承受气动压力，飞行速度越高其承受的气动压力越大，在高超声速飞行时还需要承受气动热影响。因此导引头头部整流罩设计必须满足强度要求，高超声速反辐射无人机导引头的头部整流罩还要满足耐高温要求。

3) 导引头直径要求

导引头安装在反辐射无人机机身头部，因此，导引头直径设计必须与机身直径协调一致。

4) 重量要求

导引头安装在反辐射无人机最前部，其重量、惯量对无人机的重心位置和惯量影响较大。因此，对导引头的重量和惯量设计要满足反辐射无人机全机要求。

5) 供电和接口要求

在飞行过程中，需要反辐射无人机为导引头供电，机载计算机需要根据要求对导引头进行控制，导引头也需要反辐射无人机提供与飞行状态相关的信息。因此导引头设计需要满足供电和接口的相关要求，在满足要求的情况下，导引头用电量越低越好。

6) 工作模式要求

反辐射无人机导引头要根据反辐射无人机在不同飞行阶段的任务完成相应

的工作，如表4－1所示。因此要求导引头设计满足反辐射无人机需要的不同工作模式要求。

5.2　反辐射导引头组成与工作原理

5.2.1　反辐射导引头组成

反辐射导引头一般由六大部分组成：天线罩、天线阵及随动系统、微波前端(RF单元)、中视频处理器、数据处理器、二次电源。反辐射导引头组成如图5－1所示。

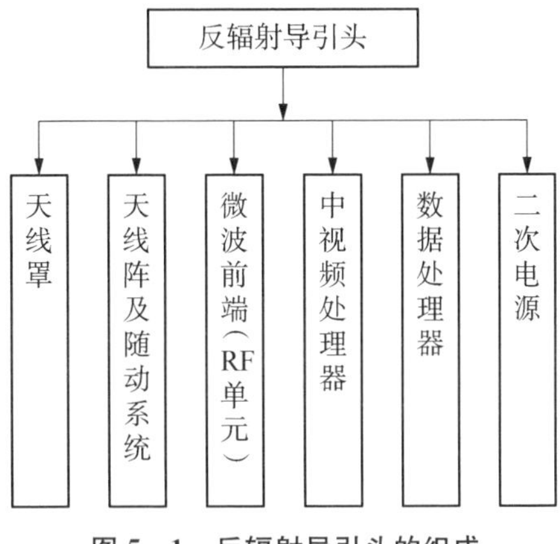

图5－1　反辐射导引头的组成

1）**天线罩**

天线罩位于导引头最前端(无人机最前端)，既要考虑气动要求，又要考虑微波透射的电性能要求，还要考虑承受气动力强度的要求。对于高超声速反辐射无人机，还要考虑气动热要求。

2）**天线阵及随动系统**

目前反辐射导引头一般采用比幅加干涉仪测向体制。天线阵的主要功能是满足比幅加干涉仪测向体制进行测向的要求以及天线阵在俯仰方向对目标进行跟踪的要求。测向共形天线阵结构如图5－2所示。天线阵一般由俯仰和方位测向的平面螺旋天线阵元组成。

为满足反辐射导引头具有较大的空域覆盖范围，特别是在俯仰面上要有很宽的视场范围的要求，还要求在平飞阶段和俯冲攻击过程中天线阵视轴始终跟

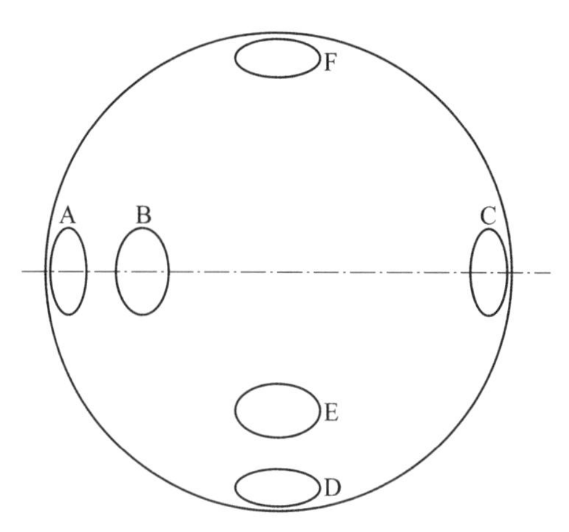

图 5-2 测向共形天线阵结构示意图

踪被攻击目标，并能提供比例导引所需要的天线阵视轴的俯仰角速度。将天线阵安装在俯仰随动支架上，使导引头在俯仰面上可以进行搜索和跟踪。同时，为了降低无人机机体纵轴俯仰方向扰动对测向精度和视轴俯仰角速度测量的影响，采用以速度陀螺为传感器的去耦稳定环路和预置跟踪环路，建立随动稳定平台。这样，在无信号的情况下，可以根据飞控计算机的命令使天线阵视轴预置到任意俯仰角度；在有信号的情况下，天线阵的视轴又可以自动跟踪雷达信号。

3）**微波前端（RF 单元）**

RF 单元一般由微波开关阵、外差接收机、直检式接收机等组成，主要完成对宽带信号的接收和放大，为后端中频处理提供信号输入。

4）**中视频处理器**

主要由测向接收机（由限幅放大器、微波鉴相器、模拟信号处理电路、量化编码电路、单脉冲比幅处理及量化电路组成），测频接收机和各种控制电路组成，完成对接收信号的量化，形成信号分选识别所需要的脉冲描述字。

5）**数据处理器**

数据处理器是以高速处理器为核心的专用高速数据处理计算机，完成数据处理、信号分选识别、威胁数据库加载、信号跟踪、系统控制及通信功能。

导引头数据处理的基本任务如下：

（1）完成目标参数的初始化加载。

（2）完成对目标信号的分选识别和跟踪处理。

（3）完成数据处理，即对信号测向角度值的计算及平滑处理，信号的分选识别。

(4) 完成系统的综合控制。

(5) 完成俯仰和方位随动的伺服控制。

(6) 完成与机载计算机的数据交换。

6) 二次电源

二次电源是将从无人机获得的一次电源转化为导引头所需的不同规格的电源。

5.2.2 反辐射导引头工作原理

反辐射导引头是反辐射武器的“眼睛”。作战时,导引头天线接收到目标辐射信号,经接收机送至信号处理机,从目标雷达/通信频域、空域、时域等方面,对信号进行分选、识别;一旦判定为目标信号就截获目标,并计算误差角信号;然后将误差角及角速度信息送至随动系统,使导引头天线一直指向目标,实现稳定跟踪;同时将目标误差角信息及角速度信息送至飞控系统,使反辐射武器按预定的导引规律,不断修正航线飞往目标,直至摧毁目标。

反辐射无人机在发射前进行任务装订,把目标信息发送给导引头。反辐射无人机发射后根据预先装订的参数,按预定航路飞行。当反辐射无人机到达预定目标空域时,导引头开始搜索目标,稳定捕获目标后引导无人机转入攻击阶段,俯冲进行攻击。

导引头工作过程包括初始化、任务规划、自检、锁定/待机、搜索目标、截获目标、跟踪目标、目标丢失、重新截获目标、抗关机导引等阶段,具体工作流程如图5-3所示。

1) 初始化阶段

当无人机接上电源后,导引头进入初始化阶段。二次电源将无人机提供的电源转换成各分机模块需要的工作电压,超外差接收机、随动、信号处理器等各分系统完成初始化后,导引头进行上电自检,随后等待无人机工作指令。

2) 任务规划

在任务规划阶段,导引头接收无人机传来的数据,将目标雷达库载入内部存储器供搜索目标时使用。雷达库包括频率信息、重频信息、脉宽信息、雷达体制信息、优先级信息、搜索压制时间等参数。

3) 自检阶段

无人机在发射前进行自检。导引头接收到无人机的自检指令后,对随动系

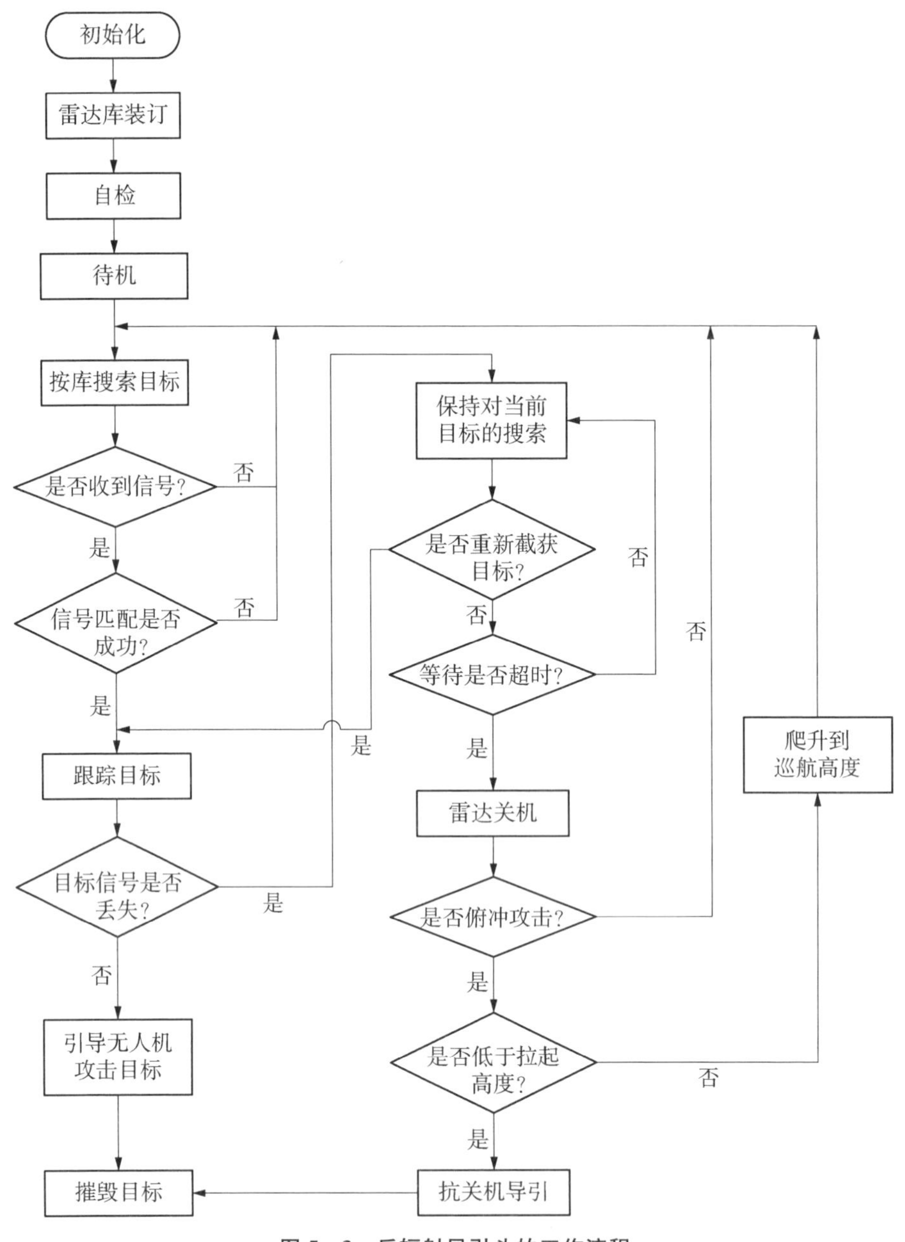

图 5-3　反辐射导引头的工作流程

统、陀螺零漂、射频接收器、测向处理器、信号处理器以及预加载数据进行检测。所有测试项目都通过后，导引头随无人机发射升空。

4）待机阶段

当处于爬升、巡航飞行等阶段，没有进入搜索区域时，无人机不会给导引头发工作指令，导引头处于待机阶段。

5）搜索阶段

导引头进入搜索区域，接收到无人机的工作指令后，在方位俯仰视场内按雷达库优先级搜索信号。搜索时可以根据任务规划长时间搜索、压制优先级高的雷达信号，也可以采取快速攻击的方式对捕获的高优先级雷达进行打击。

6）截获阶段

导引头侦收到信号后，将根据频率、重频、脉宽等参数对信号进行匹配，判断该信号是否为雷达库内的预定目标，如果匹配成功则导引头跟踪该目标，如果匹配失败则继续按雷达库进行搜索。

7）跟踪目标

导引头确认目标后进入跟踪阶段。此时导引头天线阵对准目标，使方位、俯仰视线角偏差保持在0°左右；导引头根据信号幅度信息、相位信息解算目标方位、俯仰角；测向结果一方面上报无人机飞控系统，引导无人机调姿，另一方面用于导引头二维随动的闭环控制；当满足攻击条件后，无人机开始俯冲，导引头仍然保持对目标的跟踪状态，直至摧毁雷达目标。

8）目标丢失

在无人机飞行过程中，如果目标雷达关机或进入雷达波瓣弱区，则导引头可能出现信号丢失的情况。一旦信号丢失，导引头将保持对当前信号的搜索，接收机的设置不变，等待信号再次出现。

9）重新截获目标

如果进入雷达波瓣弱区，则信号短暂消失后会再次出现，导引头重新截获该目标并继续跟踪；当信号丢失超过预定时间后，导引头判断雷达关机，向无人机飞控系统给出雷达关机指令。当满足搜索条件时，飞控系统向导引头发送搜索指令，导引头按雷达库优先级重新搜索信号。

10）抗关机导引

俯冲攻击后，如果雷达关机且无人机高度在设定的拉起高度以上，则无人机将退出攻击，立即拉起爬升到二次待机高度重新搜索目标雷达；如果低于拉起高度，则无人机将按抗关机程序继续攻击目标。

5.3 反辐射导引头体制选择

反辐射导引头体制主要有比幅单脉冲测向、干涉仪测向、空间谱估计测向等。比幅单脉冲测向系统工程设计简单,但是由于导引头天线波束较宽,因此比幅测向精度较低,主要用于与干涉仪等其他测向体制配合使用,测向解模糊。干涉仪测向是反辐射导引头的常用体制,工程实现简单、计算量小,通过合理设计长短基线,既能够保证足够的测向精度,又能够解决测向模糊问题。空间谱估计测向是一种多重信号分类算法,它的主要优势是能够分辨阵列波束宽度内同时到达的多个信号角度,而这是比幅测向和干涉仪测向体制都不具备的能力。此外,空间谱估计测向体制对阵元组阵形式没有严苛要求,阵列构型相对灵活。但是空间谱估计测向算法涉及较多的矩阵运算和非线性运算,计算复杂度较高,可以根据需要选择。

这里主要介绍比幅单脉冲测向、干涉仪测向和空间谱估计测向这三种体制的基本原理和方法。

5.3.1 比幅单脉冲测向体制

利用导引头上倾斜安装的两根天线可以进行比幅单脉冲测向,其基本原理是利用两根天线的波束指向不同引起的对不同方向入射信号接收功率的不同,通过测量两根天线接收信号的功率比值来确定信号的入射角度。

如图 5-4 所示是一个双天线比幅测向系统,两根天线方向图性能相同,通过倾斜放置使得天线的最大波束指向偏离 Y 轴一定角度。当辐射源从某个方向入射时,两根天线接收到的信号功率是不同的。通过记录入射角度与对应的两根天线接收信号功率的比值,可以建立比幅值表格,通过查表测量出辐射源的入射角度。

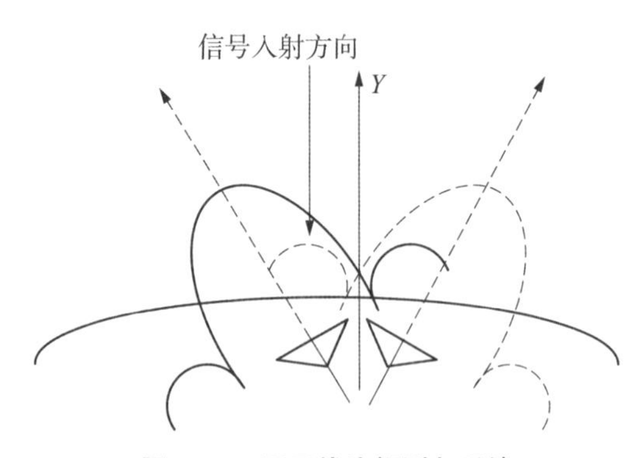

图 5-4 双天线比幅测向系统

对于多天线比幅测向系统,假设 n 根天线波束指向角度的差值为 α,那么波束之间的比幅关系可以等效用图 5-5 来表示。

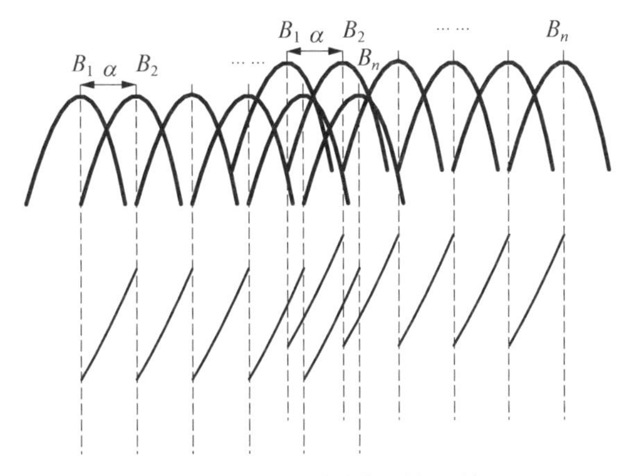

图5-5　多天线比幅测向系统

除了查表，也可以建立来波方向 θ 与功率比值 A_y 之间的线性关系，如式(5-1)所示，形成如图中所示的比幅曲线，直接解算辐射源角度 θ。

$$A_y = k\theta + b \tag{5-1}$$

为保证比幅系统的测向精度，在设计时需要保证接收天线和通道的幅度具有良好的一致性。以三天线比幅测向系统为例，一般认为天线方向图在一定范围内是高斯型的[1]，假设三根天线的波束指向分别为 $\theta_0-\alpha$、θ_0、$\theta_0+\alpha$，则这三根天线接收到的信号幅度可表示为

$$\begin{aligned} A_0(\theta) &= A_0 \exp[-k(\theta-\theta_0)^2] \\ A_1(\theta) &= A_1 \exp[-k(\theta-\theta_0+\alpha)^2] \\ A_2(\theta) &= A_2 \exp[-k(\theta-\theta_0-\alpha)^2] \end{aligned} \tag{5-2}$$

式中，A_i 为各接收通道的幅度响应；k 为比例系数。

则通过三波束比幅计算，可以测量出辐射源到达角的方向，如式(5-3)所示。

$$\frac{\Delta_L - \Delta_R}{\Delta_L + \Delta_R} \cdot \frac{\alpha}{2} + \theta_0 \tag{5-3}$$

$$\Delta_L = \lg A_0 - \lg A_1 - k(\theta-\theta_0)^2 + k(\theta-\theta_0+\alpha)^2 \tag{5-4}$$

$$\Delta_R = \lg A_0 - \lg A_2 - k(\theta-\theta_0)^2 + k(\theta-\theta_0-\alpha)^2 \tag{5-5}$$

一般来说，比幅测向在一维线阵中用得较多，用于测量方位角或者俯仰角。

用于测量方位角时，俯仰角不宜太大；同样，用于测量俯仰角时，方位角也不宜太大。这是因为天线的波束是立体的，并非在任意俯仰角 θ 时，方位波束都有相同的形状(见图 5-6)，因而比幅曲线也不一定相同。若是在俯仰角为 0°的情况下测量得到方位波束的比幅曲线，那么在其他俯仰角的方位面，比幅曲线都会有不同程度的变化，这就会增大测向误差。误差的大小取决于天线方位波束形状在不同俯仰角时的一致程度。

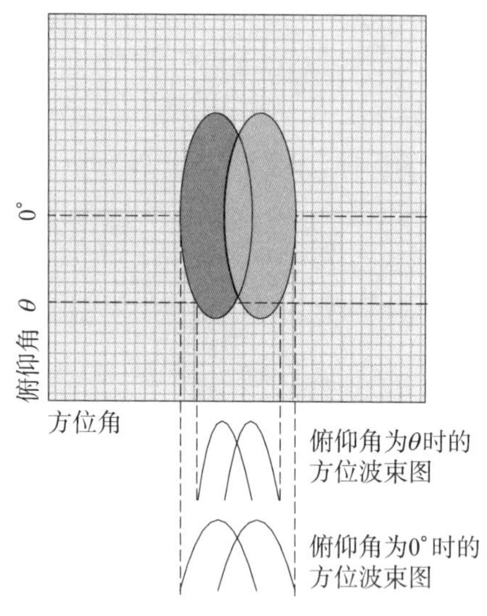

图 5-6 方位波束示意图

当俯仰角在 0°附近时，比幅测向的精度主要与天线的波束宽度相关。要注意的是，比幅波束的间隔要适当，间隔过小，比幅曲线的斜率小，测向精度较低；间隔过大，比幅曲线又会非单调，导致测向模糊。一般来说，在不出现非单调比幅曲线的情况下，应尽量增加波束之间的间隔，以提高测向精度。

5.3.2 干涉仪测向体制

干涉仪是反辐射导引头常用的测向方法之一。干涉仪测向通过测量天线之间的相位差进行测角，其基本原理如图 5-7 所示。

两根天线之间的基线长度为 d，辐射源入射方向为 θ，对两根天线进行鉴相处理后，测量得到两根天线之间的相位差为 φ，则可以利用下式进行测向：

$$\varphi=\frac{2\pi d}{\lambda}\sin\theta \tag{5-6}$$

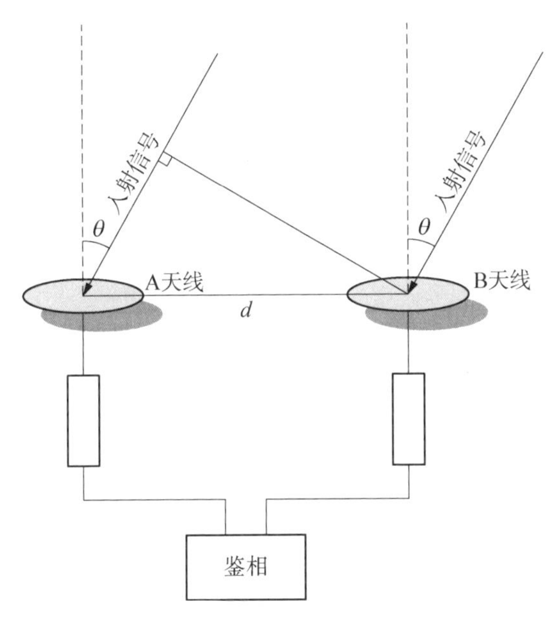

图5-7　双天线干涉仪测向原理

式中,λ 为信号波长。式(5-6)给出了天线间相位差 φ 与辐射源入射角 θ 之间的关系,利用这一关系,可以根据 φ 计算得到 θ。

干涉仪的测向误差可以通过式(5-7)来分析[2]:

$$\Delta\theta=\frac{\lambda\Delta\varphi}{2\pi d\cos\theta}+\frac{\Delta f}{f}\tan\theta+\frac{2\pi\sin\theta}{\lambda}\Delta d \tag{5-7}$$

式中,$\Delta\varphi$ 表示相位误差;f 表示信号频率;Δf 表示测频误差;Δd 表示天线阵元基线长度误差。工程设计中,可以通过机械控制实现较高的天线位置精度,因此阵元基线长度误差一般可以忽略。

由测频误差引入的测角误差和测角范围与信号频率有关,可以根据下式计算:

$$\Delta\theta_f=\frac{\Delta f}{f}\tan\theta \tag{5-8}$$

假设测角范围为±20°,信号频率为3 GHz,测频误差为20 MHz,则由测频误差引入的测角误差为0.14°,引入的误差较小。但是对于较低频段,如信号频率为1 GHz时,由测频误差引入的测角误差将增加到0.42°。因此,对于低频段,测频误差引入的测角误差不可忽略,应控制测频误差以减小其对测角误差的影响。

相位误差是影响测角误差的主要因素，由相位误差引入的测角误差可以由下式计算：

$$\Delta\theta_{\varphi}=\frac{\lambda\Delta\varphi}{2\pi d\cos\theta} \tag{5-9}$$

考虑相位误差为15°，基线长度为400 mm，信号频率为3 GHz，入射角度为20°的情况，根据式(5-9)计算得到的测向误差是0.64°。在该相位误差和入射角条件下，0.8～18 GHz频段干涉仪测向误差曲线如图5-8所示。

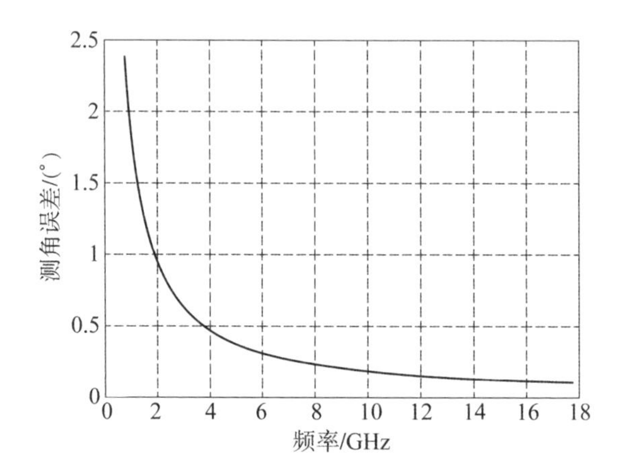

图5-8　0.8～18 GHz频段干涉仪测向误差曲线

由于无模糊的相位测量范围是[-π, π]，因此干涉仪测向有一个无模糊测角范围，如式(5-10)所示。

$$\left[-\arcsin\left(\frac{\lambda}{2d}\right),\ \arcsin\left(\frac{\lambda}{2d}\right)\right] \tag{5-10}$$

由上式可以看出，干涉仪测向的无模糊范围由信号波长与基线长度的比值$\left(\frac{\lambda}{d}\right)$确定，信号频率越高或基线长度越长，无模糊测角范围越小。但是为了保证测向精度，又需要设计足够的基线长度。因此，实际应用中往往采用多基线干涉仪方法，即利用长基线保证足够的测向精度，并按一定比例配置短基线，利用短基线解测向模糊，扩大无模糊测角范围。

导引头通常采用如图5-9所示的长短多基线干涉仪组阵方式，采用方位、俯仰二维独立测向方式[3]。

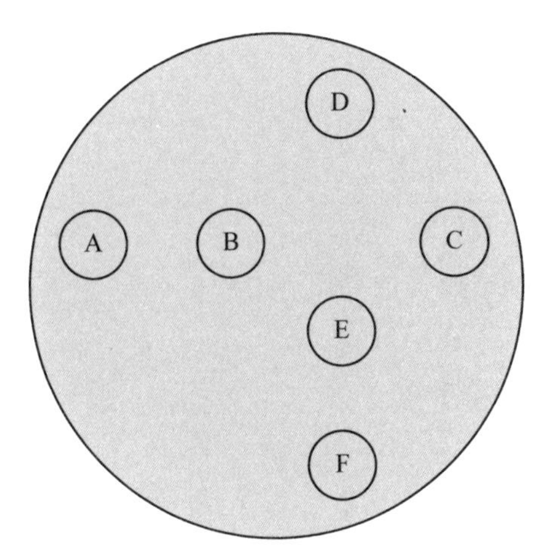

图 5 - 9　长短多基线干涉仪组阵方式

用 d_{AB} 表示短基线长度，d_{AC} 表示长基线长度，则长短基线相位差与入射角之间的关系分别满足式(5 - 11)和式(5 - 12)。

$$\phi_{AC} = \frac{2\pi d_{AC} \sin\theta}{\lambda} \tag{5-11}$$

$$\phi_{AB} = \frac{2\pi d_{AB} \sin\theta}{\lambda} \tag{5-12}$$

根据式(5 - 13)和式(5 - 14)，通过短基线相位差可以解算出目标入射角 θ_1，通过长基线相位差可以解算出目标入射角 θ_2，用 θ_2 保证测向精度，同时利用短基线解算结果 θ_1 较大的无模糊范围，辅助长基线解模糊，最终求出目标入射角。

$$\theta_1 = \arcsin\left(\frac{\lambda\phi_{AB}}{2\pi d_{AB}}\right) \tag{5-13}$$

$$\theta_2 = \arcsin\left(\frac{\lambda\phi_{AC}}{2\pi d_{AC}}\right) \tag{5-14}$$

5.3.3　空间谱估计测向体制

基于多重信号分类(MUSIC)算法的空间谱估计测向技术[4]是一种利用空间阵列实现电磁信号角度估计的专项技术，由于其有着优越的空域参数估计性能，因此吸引了广大学者的广泛研究。空间谱估计属于阵列信号处理的一个重要分支,其基础理论离不开阵列信号处理的基本原理,即通过空间阵列接收数据的相位差来确定一个或几个待估计的参数,如方位角、俯仰角等。

MUSIC 算法是近年来广受人们重视的一种高分辨率测向算法。该算法由 Schmidt 首先提出,并于 1979 年公开发表,1986 年开始受到广泛重视,在国内外掀起了高分辨测向算法的热潮。MUSIC 算法具有超瑞利限特性,所以又被称作超分辨测向方法。它利用输入信号协方差矩阵的特征结构,可以估计多个同时到达的信号的波达方向(DOA),具有多方面的优良特性。

MUSIC 算法的基本思想如下:将接收阵列输出的数据协方差矩阵进行特征值分解,从而得到与信号分量相适应的信号子空间和与信号分量相交的噪声子空间,然后利用这两个子空间的正交性来估计信号的波达方向。

MUSIC 算法的基本原理如下:

假设阵列中有 M 根天线,这些天线的空间位置用参数 $\boldsymbol{r}_m=[x_m, y_m, z_m]^{\mathrm{T}}$, $m=1, \cdots, M$ 表征。如果三维空间中有 N 个远场入射信号源,那么整个阵列接收到的来自第 n 个源的信号可表示为

$$\boldsymbol{y}_n(t)=\begin{bmatrix} a_{1n} \\ a_{2n} \\ \vdots \\ a_{Mn} \end{bmatrix} s_n(t)=\boldsymbol{a}_n s_n(t) \tag{5-15}$$

式中,a_{mn} 为第 n 个信号源在第 m 个阵元上的响应;$\boldsymbol{a}_n$ 为第 n 个信号源作用在整个阵列上的导向矢量。

假设有 N 个信号源入射,则阵列接收信号可以表示为

$$\boldsymbol{y}(t)=\boldsymbol{A}\boldsymbol{s}(t)+\boldsymbol{n}(t) \tag{5-16}$$

式中,$\boldsymbol{A}=[\boldsymbol{a}(\boldsymbol{\theta}^{(1)}), \cdots, \boldsymbol{a}(\boldsymbol{\theta}^{(N)})]$;$\boldsymbol{s}(t)=[s_1(t), \cdots, s_N(t)]$;$\boldsymbol{n}(t)$ 表示噪声。

通过建立阵列模型,可得到任意空间位置处天线阵列的接收信号与阵列流型之间的关系。

假设每个阵元测量噪声都可近似为高斯白噪声,则噪声 $\boldsymbol{n}(t)$ 的协方差矩阵可表示为对角阵。利用信号源发射信号 $\boldsymbol{s}(t)$ 与噪声信号 $\boldsymbol{n}(t)$ 的统计不相关特性,阵列接收数据的协方差矩阵可表示为

$$\boldsymbol{R}_y=\mathrm{E}\{\boldsymbol{y}\boldsymbol{y}^{\mathrm{H}}\}=\boldsymbol{A}\boldsymbol{R}_s\boldsymbol{A}^{\mathrm{H}}+\sigma^2\boldsymbol{I} \tag{5-17}$$

式中，$\boldsymbol{R}_s = \mathrm{E}\{\boldsymbol{ss}^{\mathrm{H}}\}$ 为信号协方差矩阵；σ^2 为每个阵元的噪声功率；$\boldsymbol{I}$ 为单位矩阵。

对上式进行特征值分解得：

$$\boldsymbol{R}_y = \sum_{n=1}^{N} \lambda_n \boldsymbol{e}_n \boldsymbol{e}_n^{\mathrm{H}} + \sum_{q=N+1}^{M} \lambda_q \boldsymbol{e}_q \boldsymbol{e}_q^{\mathrm{H}} \tag{5-18}$$

式中，$\lambda_i (i=1, \cdots, M)$ 为 $\boldsymbol{R}_y$ 的 M 个特征值。$\boldsymbol{E}_s = [\boldsymbol{e}_1, \cdots, \boldsymbol{e}_N]$ 为较大的 N 个特征值对应的特征矢量组成的信号特征矢量矩阵，$\boldsymbol{E}_N = [\boldsymbol{e}_{N+1}, \cdots, \boldsymbol{e}_M]$ 为较小的 $M-N$ 个特征值对应的特征矢量组成的噪声特征矢量矩阵。信号子空间和噪声子空间之间的正交关系如下：

$$\boldsymbol{a}_n^{\mathrm{H}} \boldsymbol{E}_N = 0 \qquad n = 1, \cdots, N \tag{5-19}$$

在实际中，根据 N 个接收信号矢量得到协方差矩阵的估计值。阵列输出信号矢量为

$$\boldsymbol{Y}(k) = [y_1(k), y_2(k), \cdots, y_N(k)]^{\mathrm{T}} \tag{5-20}$$

一次估计所用的采样快拍数为 K，则共有 K 个数据矢量 $\boldsymbol{Y}(k)$，于是阵列接收数据的协方差矩阵可由下式估计：

$$\hat{R} = \frac{1}{K} \sum_{k=1}^{K} \boldsymbol{Y}(k) \boldsymbol{Y}^{\mathrm{H}}(k) \tag{5-21}$$

由此可以获得噪声特征矢量矩阵的估计值 $\hat{\boldsymbol{E}}_N$，因此 MUSIC 算法为在可能的参数空间范围内寻找下式的峰点，从而得出各信号源角度 $(\theta_n, \phi_n)(n = 1, \cdots, N)$ 的估计值。

$$f_{\mathrm{MUSIC}} = \frac{1}{\boldsymbol{a}_n^{\mathrm{H}} \hat{\boldsymbol{E}}_N \boldsymbol{E}_N^{\mathrm{H}} \boldsymbol{a}_n} \tag{5-22}$$

干涉仪测向算法对天线布置的基线有一定的配比要求。而空间谱估计测向算法对天线单元的组阵位置关系要求相对灵活，阵元组阵形式具有更大的自由度。空间谱估计算法通用性强，能够适用于线阵、圆阵、面阵等多种阵型。

空间谱估计算法还有一个优势是同时具备多信号超分辨测向能力。阵列的角分辨力受到空域傅里叶限的限制，即阵列的物理孔径限制，通常称为瑞利(Rayleigh)限。阵列角分辨力的瑞利限是指位于一个波束宽度内的空间目标不可分辨。空间谱估计测向算法的角分辨力可以突破瑞利限，因此对物理孔径受

限的导引头,采用该算法可提高反辐射导引头对在一个波束宽度内同时到达的多信号的角分辨能力。

利用空间谱估计算法,在方位和俯仰测角范围内计算空间谱值,通过谱峰搜索既可以实现对单信号的测向,也可以实现对多个信号到达角的分辨和测量。利用空间谱估计算法,对不同频率单信号测向的空间谱如图 5-10 所示;对多个信号测向的空间谱如图 5-11 所示。可以看出,空间谱估计算法对单信号能够获得清晰的谱峰,并且信号频率越高,谱峰越尖锐,测向精度越高;对多信号也能够获得清晰的谱峰,实现对多个信号角度的有效分辨和准确测量。

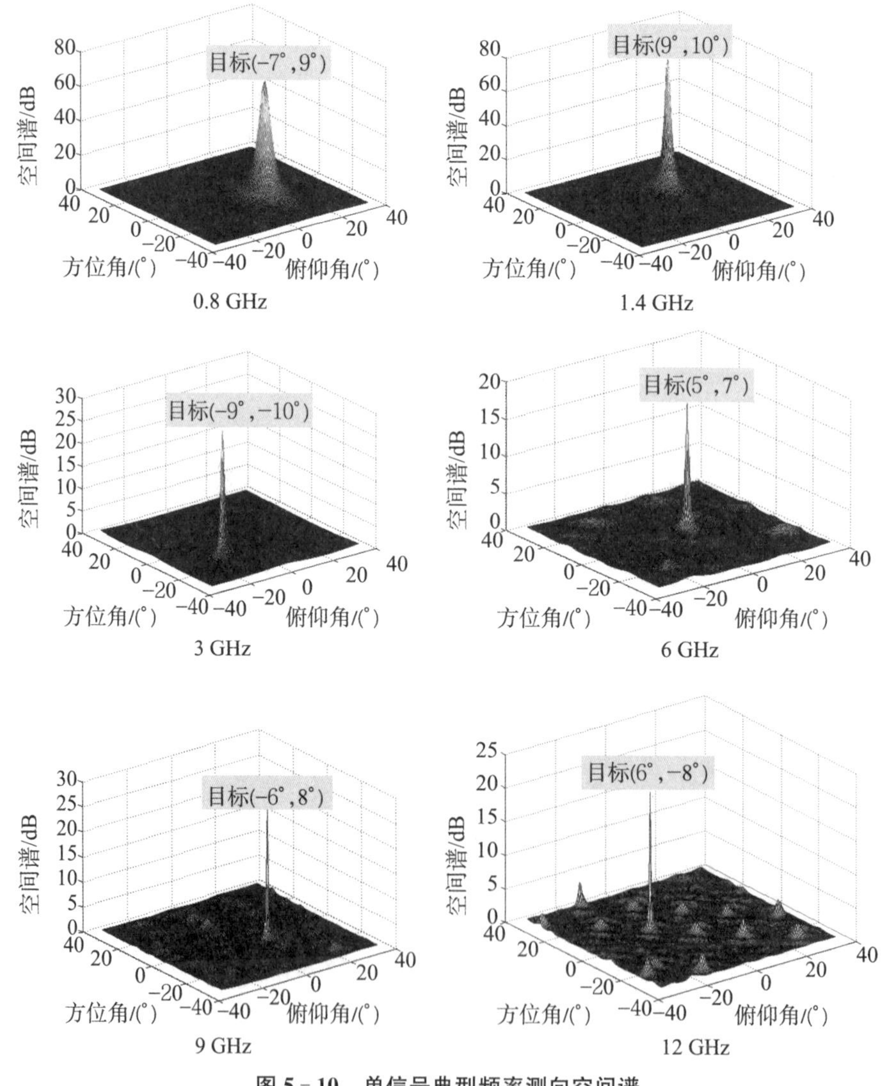

图 5-10 单信号典型频率测向空间谱

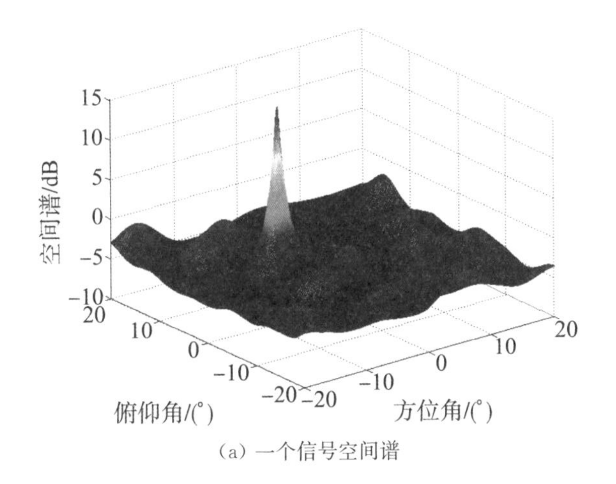

(a) 一个信号空间谱

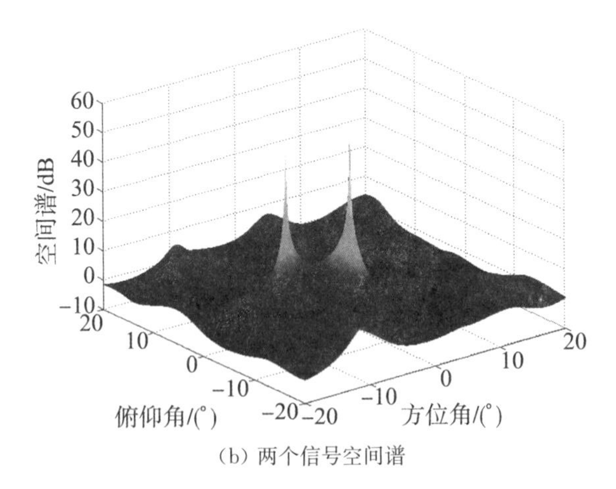

(b) 两个信号空间谱

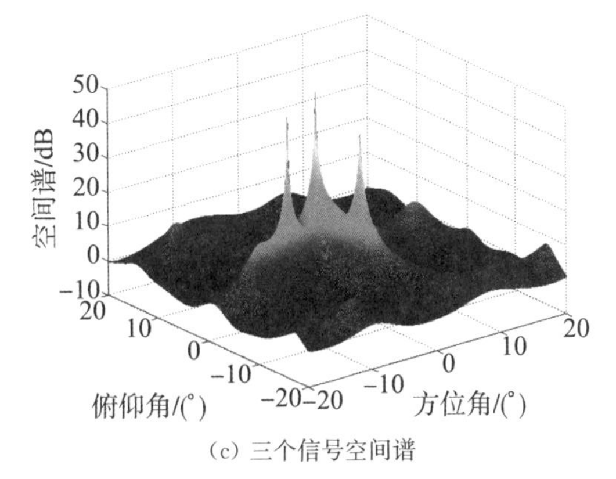

(c) 三个信号空间谱

图 5－11　多信号典型频率测向空间谱

5.4 反辐射导引头主要性能指标分析计算

反辐射导引头的主要性能指标有工作频段、系统灵敏度、搜索侦察距离、瞬时带宽、接收机动态范围、测向精度等。系统灵敏度的设计应满足导引头对探测目标的搜索侦察距离要求。由于雷达频率捷变范围较大,在导引头飞行过程中,接收到的雷达目标功率变化范围也较大,因此导引头系统设计需要满足大瞬时带宽、大动态范围要求。测向精度与导引头采用的具体测向体制有关。这里主要介绍工作频段、搜索侦察距离、接收机动态范围指标的计算方法。

5.4.1 工作频段

反辐射导引头的工作频段主要与天线、微波前端和下变频通道的工作频段相关,由反辐射无人机攻击对象的频率范围和工程实现的可行性决定,应覆盖目标雷达对象所在的工作频段,也可以根据需要覆盖重点目标所在频段。

反辐射导引头覆盖工作频段较宽,低频段天线尺寸较大。由于导引头孔径有限,因此天线阵列可以分频段设计,覆盖工作频段范围。

反辐射无人机的作战使命主要是攻击敌方防空系统中的警戒雷达、引导雷达、目标搜索与指示雷达、导弹制导雷达和火炮控制雷达等,分析上述几种雷达的常用频率,就可以确定导引头需要覆盖的频段。

但防空系统中的警戒雷达、引导雷达、目标搜索与指示雷达的作战频率都在C波段以下。而X、Ku波段的雷达大部分是火炮控制雷达、导弹制导雷达或末制导雷达。理论上讲,反辐射无人机的频率范围应该把这些雷达全部覆盖并且留有一定的余量,即从215.5 MHz直到18 GHz。但在实际选择反辐射无人机导引头的工作带宽时必须考虑以下几个因素:

(1) 反辐射无人机对雷达毁伤的可能性。一般1 000 MHz以下的雷达天线都是振子组阵。对这些稀疏的振子组阵,反辐射无人机的毁伤能力非常有限。尤其是对1 MHz以下的雷达天线毁伤的可能性更小。

(2) 反辐射无人机的尺寸限制。反辐射无人机机身的直径一般为250~350 mm。低频端天线尺寸太大,无法安装。如导引头采用的测向体制为干涉仪测向体制,其测向精度直接由组阵天线间距的电长度确定,频率低端天线尺寸大,在一定的载机直径限制下,测向基线的电长度较短,测向误差太大,尤其对1 GHz以下的雷达信号侦收的适应性较差。为保证反辐射无人机的最终攻击性能，系统工作频率不能太低。

(3) 天线和天线阵的性能。一个导引头覆盖全频段是最理想的。

(4) 成本和主要作战对象。从成本和主要作战对象考虑，频率高端在20 GHz比较合适。

因此，目前大多数反辐射无人机系统工作频率范围为0.8～18 GHz，用一个或多个导引头实现全频段的要求。

5.4.2　搜索侦察距离

导引头可达到的灵敏度按下式计算：

$$P_S = P_R - G_R + L \tag{5-23}$$

式中，P_S 为系统灵敏度；P_R 为接收机灵敏度，随带宽不同有所不同；G_R 为接收天线增益，随频率不同有所不同；L 为天线到接收机的电缆差损。

接收机灵敏度主要与接收机的噪声系数、处理带宽、检测信噪比等因素有关。

根据雷达功率传输方程，可计算导引头对雷达辐射源的搜索侦察距离：

$$P_r = \frac{P_t G_t}{4\pi R^2} \cdot \frac{\lambda^2}{4\pi} \cdot \frac{G_t'}{G_t} \cdot L \tag{5-24}$$

式中，P_r 为导引头系统灵敏度；P_t 为雷达发射功率；G_t 为雷达发射天线增益；L 为大气损耗，取1 dB；R 为侦收距离；λ 为信号波长，$\lambda = \frac{c}{f}$；$\frac{G_t'}{G_t}$ 为主副瓣增益比。

举例说明：对等效发射功率为300 kW的雷达目标，若导引头的系统灵敏度为－60 dBmW，则根据式(5-24)计算出导引头在2～18 GHz频段范围内对不同频率雷达的作用距离，如图5-12所示。可以看出，导引头的作用距离随频率升高而减小，在2 GHz时频率对雷达的作用距离约为180 km，而在18 GHz时频率对雷达的作用距离约为20 km。

5.4.3　接收机动态范围

反辐射导引头一般采用数字化接收机，包括前端放大、接收变频、频率合成器、数字处理器、参考源等部分。前端模块用于实现对天线送来的宽带微波信号的低噪声放大、滤波，并送给后端处理。

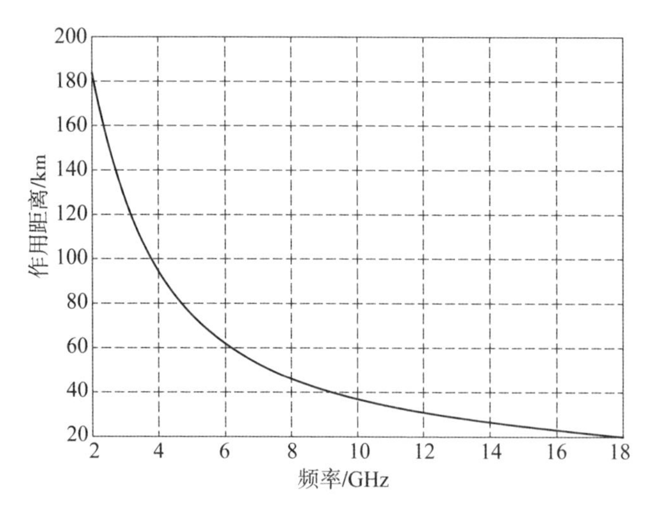

图 5-12 作用距离随频率变化曲线

多通道变频模块实现输入信号宽带下变频和增益控制功能。宽带变频通道完成对信号的预选、放大、变频、滤波等功能，每条通道的功能完全一致。变频模块可接收信号处理模块的控制指令，从而完成多通道统一快速衰减控制等。变频模块具有相位噪声低、杂散低、集成度高等特点。

与一般的侦察设备不同，反辐射无人机对雷达的攻击要求在离雷达很近时导引头还必须能正常工作。由于导引头在快速抵近雷达目标的过程中，接收到的信号功率迅速增强，因此接收机设计应满足大动态范围要求。按照数字化接收机设计，瞬时动态可以达到 A_s(dB)。接收机可设计 A_c(dB)的自动增益控制，扩展动态范围，动态范围可达到 A_s+A_c(dB)，从而满足大动态范围要求。为防止雷达主瓣大功率照射损坏反辐射导引头的被动接收机，必要时需要在接收机前端增加限幅器，满足特定的抗烧毁功率要求。

举例说明：假设反辐射导引头的最大跟踪距离为 30～50 km，最小跟踪距离为 50～200 m，则跟踪距离的变化会使接收信号强度产生 44～56 dB 的变化。

设反辐射导引头能准确跟踪−30 dB 以下的雷达副瓣信号，则天线主副瓣信号的起伏会产生 30 dB 信号变化。

设不同雷达的辐射功率变化为 10 dB，则因雷达辐射功率的不同而产生的接收信号起伏为 10 dB。

由此可得导引头接收机的信号接收动态范围 $D=(44\sim56)+30+10=84\sim96$(dB)，则要求导引头接收机具有 96 dB 的大动态范围。

5.5　本章小结

本章主要介绍反辐射导引头功能性能和设计要求、导引头组成与工作原理、导引头体制选择以及导引头工作频段、搜索侦察距离、接收机动态范围等主要性能指标分析计算方法。在导引头体制选择部分，重点介绍了比幅单脉冲测向、干涉仪测向、空间谱估计测向等体制，指出了空间谱估计测向是目前广受重视的一种高分辨率测向算法，是反辐射导引头发展最快的测向体制。在导引头工作频段、搜索侦察距离、接收机动态范围等主要性能指标分析计算中，举例说明了具体分析计算方法，让读者对这些性能指标有数量上的概念。

参考文献

[1] 顾敏剑. 多波束比幅测向系统精度分析[J]. 舰船电子对抗，2007，30(3)：70－73.
[2] 李东海，柯凯. 基于多基线干涉仪和多波束比幅联合测向天线系统的设计与实现[J]. 舰船电子对抗，2014，37(2)：97－99，110.
[3] 唐勇，马坤涛，王浩丞，等. 一种基于干涉仪布阵的方位俯仰相关测向方法[J]. 电子信息对抗技术，2019，34(3)：7－9.
[4] 王永良，陈辉，彭应宁，等. 空间谱估计理论与算法[M]. 北京：清华大学出版社，2004.

第6章　反辐射无人机箱式发射系统设计

为了满足反辐射无人机大批量集群作战的要求，反辐射无人机一般采用箱式发射方式。本章主要介绍反辐射无人机发射方式选择、反辐射无人机发射系统组成和设计要求、反辐射无人机发射车设计、反辐射无人机发射箱设计等内容，让读者掌握反辐射无人机箱式发射方法和技术。

6.1　反辐射无人机发射方式选择

固定翼无人机需要速度才能产生升力，升力与无人机速度的平方成正比。当升力大于或等于无人机重量时，无人机才能飞行，也就是说无人机达到一定的速度才能安全起飞。无人机的发射就是让无人机达到一定速度能够安全飞行的过程。

目前，固定翼无人机有多种发射方式[1]：火箭助推发射、气压/液压弹射、地面滑跑起飞、空中发射、车载发射、箱式发射等。

为了满足反辐射无人机快速机动和大批量集群作战的要求，一般采用贮运箱式发射方式，即反辐射无人机在发射箱内完成发射。这种发射箱既是贮存箱，又是运输箱，还是发射箱，因此称为“贮运发射箱”。反辐射无人机在贮运发射箱内完成发射还必须依靠外力获得飞行需要的初速，从而实现安全飞行。这种外力可以由助推火箭产生，也可以是气压或液压，因此反辐射无人机的贮运箱式发射方式从能量获得的角度讲，实际上是在贮运发射箱约束下的火箭助推发射或气压/液压弹射。

采用贮运发射箱式发射装置的优点如下[2]：导弹/无人机在箱内得到良好的环境保护，减少了检查和维修程序，延长了导弹/无人机使用寿命，提高了导弹/

无人机的可靠性。因导弹/无人机平常一直处于贮运发射箱中，省掉了作战时的装弹过程，缩短了发射准备时间，故导弹/无人机武器系统的应急反应能力提高。此外，贮运发射箱与另搞一套包装箱费用差不多，加之上述优点带来的导弹/无人机性能的提升，使整个导弹/无人机武器系统的经济效益明显提高。

由于贮运发射箱式发射方式的上述优点，20 世纪 80 年代以后出现的飞航式反舰导弹(包括水下发射和舰载导弹垂直发射)，均采用箱式发射技术。美军自 1982 年开始装备“战斧”巡航导弹，通用动力公司为其研制了专用的水下和水面发射容器，使之能从潜艇、舰艇和车辆上进行水下、水面和地面上发射，体现了箱式发射技术的当代最高水平[1]。

反辐射无人机自 20 世纪 70 年代诞生以来，成为成熟装备的(如以色列“哈比”)反辐射无人机也都采用贮运箱式发射方法。“哈比”反辐射无人机按 1 营套 54 架同时展开发射考虑，可以实现平均每分钟发射一架无人机。

6.2　反辐射无人机发射系统组成和设计要求

6.2.1　反辐射无人机发射系统组成

要求反辐射无人机系统机动性好、发射速度快，因而一般采用贮运箱式发射方法。反辐射无人机贮运箱式发射系统一般由发射车和贮运发射箱组成，其中发射车包括车底盘总成、发控舱、电气系统、起落架和液压系统等。由发射车和贮运发射箱组成的反辐射无人机贮运箱式发射系统如图 6-1 所示，其发射状态如图 6-2 所示。

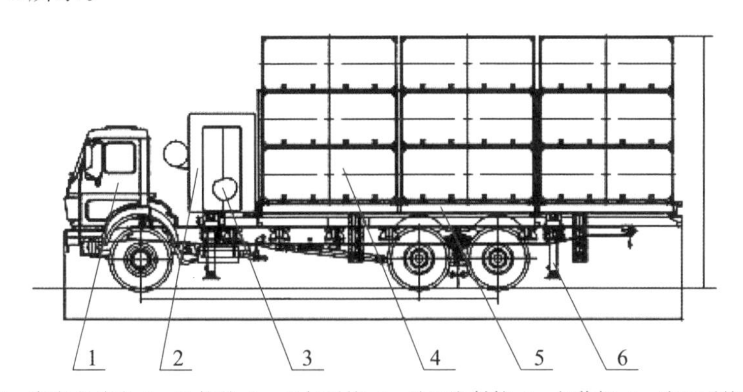

1—车底盘总成；2—发控舱；3—电气系统；4—贮运发射箱；5—起落架；6—液压系统。

图 6-1　反辐射无人机贮运箱式发射系统组成图

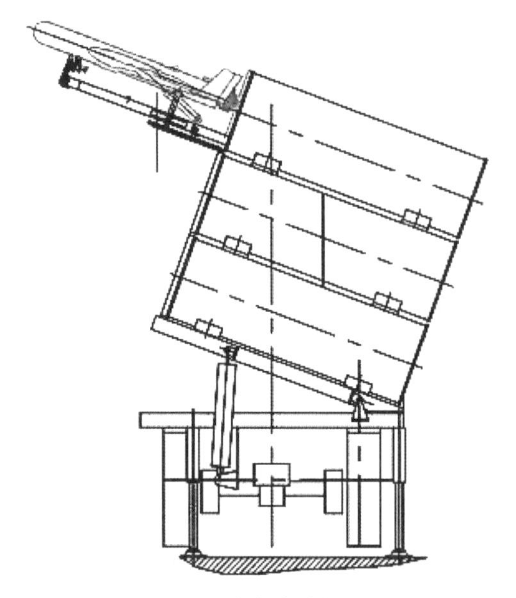

图 6-2 发射车发射状态

6.2.2 反辐射无人机发射系统设计要求

反辐射无人机发射系统主要完成反辐射无人机的贮存、运输和发射功能，为此，反辐射无人机发射系统设计首先要满足反辐射无人机的长时间贮存要求，同时要满足安全、可靠地运输和发射要求，还要满足反辐射无人机发射前的相关使用和保障要求，如燃油加注、发动机的启动等。其中使无人机安全、可靠地发射难度最大，关键技术最多，主要包括无人机与发射装置的适配及安全释放技术、无人机在箱内推力线的设置技术、动力装置与发射装置的协调和发动机启动技术、多箱多机发射的协调与控制技术等。

反辐射无人机发射系统主要技术指标要求如下：

(1) 尺寸要求：符合公路和铁路运输要求。

(2) 满载总质量和质心要求：满载总质量要在选定的发射车底盘允许的最大质量以内；质心要符合车辆安全行驶要求。

(3) 发射箱布置和数量：要根据车底盘的最大装载质量和最大长度、公路和铁路运输允许的最大高度、单个发射箱的质量和尺寸协调确定。

(4) 发射方式：一般为箱式倾斜发射，发射仰角由无人机发射特性确定。

(5) 发射速率：一般要求 1 营套同时发射时平均每分钟发射一架无人机。

(6) 可靠性：一般要求为 0.99。

(7) 维修性：要求一般性故障的平均修复时间(MTTR)不大于0.5 h。

(8) 环境适应性、电磁兼容性、机动性、安全性、测试性：符合国家和军队相关标准要求。

反辐射无人机发射系统设计一般选择如下设计规范：

(1)《装备可靠性工作通用要求》(GJB 450B—2021)。

(2)《装备维修性工作通用要求》(GJB 368B—2009)。

(3)《装备安全性工作通用要求》(GJB 900A—2012)。

(4)《航天系统地面设施电磁兼容性和接地要求》(GJB 1696—93)。

(5)《战术导弹箱式发射装置通用规范》(GJB 2904A—2020)。

(6)《专用弹簧垫圈》(QJ 2963.1～2963.5—97)。

(7)《战术导弹发射系统最低安全要求》(QJ 2022—90)。

(8)《结构钢、不锈钢熔焊技术要求》(QJ 1842A—2011)。

(9)《铝及铝合金熔焊技术要求》(QJ 2698A—2011)。

(10)《航天产品多余物预防和控制》(QJ 2850A—2011)。

(11)《印刷电路板通用规范》(QJ 201A—99)。

(12)《印刷电路板试验方法》(QJ 519A—99)。

(13)《航天产品设计文件管理制度　第9部分：设计文件的签署规定》(QJ 1714.9B—2011)。

(14)《起重机设计规范》(GB/T 3811—2008)。

(15)《涂装通用技术条件》(QJ 813A—96)。

(16)《导弹公路发射车通用规范》(GJB 1413—92)。

(17)《飞航导弹发射装置液压传动系统通用规范》(QJ 2473—93)。

(18)《发射车液压系统设计规范》(QJ 2977—97)。

6.3 反辐射无人机发射车设计

发射车主要用于在野战环境条件下运输、贮存和发射反辐射无人机，要求其具有较强的机动性和快速反应能力。

6.3.1 发射车设计原则

(1) 发射车的设计应使其结构简单、操作方便，并以可靠性、维修性、安全性和经济合理性为目标进行方案论证与优化。

(2) 满足反辐射无人机武器系统要求的功能、战术指标、协调关系和工作程序等。

(3) 满足良好的使用要求,设备配套尽量简化、实用,便于用户的操作和使用。

(4) 借鉴国内外同类产品的相关技术和成熟经验,充分利用成熟的研制经验及设计方案,满足发射要求。

(5) 在切实可行的基础上留有技术上发展或扩展的可能性。

6.3.2 发射车基本组件设计

发射车一般由车底盘总成、发射控制舱、电气系统、起落架和液压系统等组成。

1) 车底盘总成

车底盘总成主要由重型长底盘车和副梁组成。重型长底盘车一般选用满足多贮运发射箱装载要求的成熟重型底盘车,如包头的北奔重型汽车集团有限公司生产的 2629A/6×6 车底盘(见图 6-3)、陕汽康明斯德龙 F3000 车底盘等。

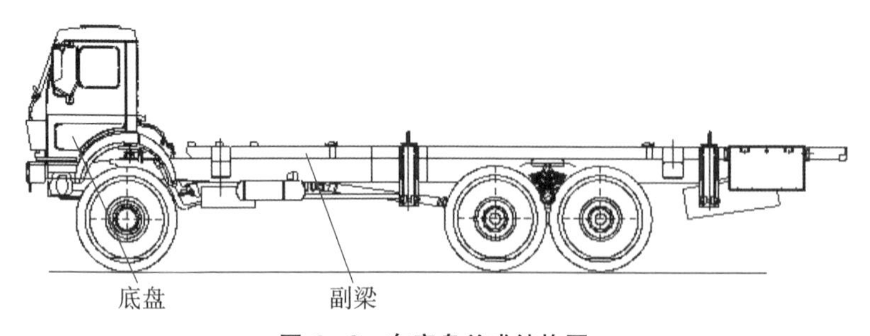

图 6-3 车底盘总成结构图

车底盘长度可根据 3×3、3×2、2×3 等多贮运发射箱装载状态要求确定,车底盘载重要根据多贮运发射箱装载满无人机后的最大重量,并考虑一定的安全裕量确定。

副梁是发射车上各设备的安装基础,承载发射运输车的上装设备并为上装设备提供安装基准,一般采用横梁、纵梁及辅梁为主的骨架钢结构,可以有效保证发射车上装设备的安装要求。

一般为副梁布置一定数量的横梁,形成网状结构,以保证副梁具有一定的刚性强度。副梁横梁的设置要避开底盘需要维修的区域,一般副梁左侧设置有起落架回转耳轴座、机械支腿安装接口,右侧设置有起竖电机安装座和电动推杆安装座等结构,前部左侧留有燃油加注装置安装接口,前部右侧留有电气设备舱安装接口，其结构如图6－4所示。

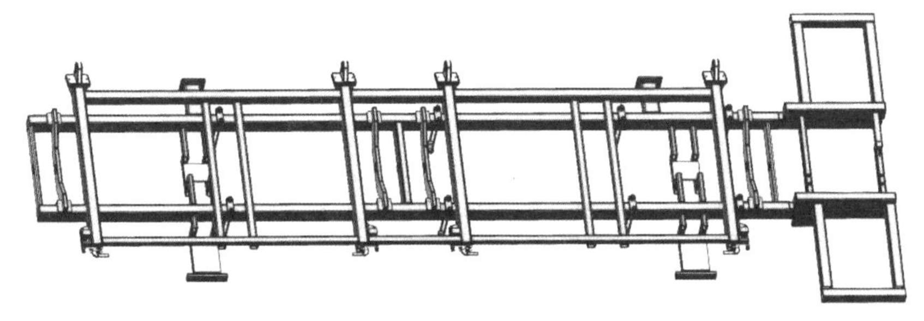

图6－4　副梁结构示意图

2）**发射控制舱**

发射控制舱是发射车电气控制设备的安装空间，通常内装有液压控制柜、发射控制柜、电源箱、变流机等设备，可在舱内进行发射车及发射箱的有关控制操作。发射控制舱本体一般为板式发泡组合结构，具有保温隔热效果，其结构如图6－5所示。

图6－5　发射控制舱结构示意图

发射控制舱有关控制操作主要功能如下：

（1）为发射控制计算机、综合电源、发射控制箱等电气设备提供承载环境。

（2）控制起落架起竖、回平。

(3) 控制各号位贮运发射箱开盖/关盖、启动电机。

(4) 发射控制计算机的助推器点火信号、无人机通信信号转接。

(5) 为发射控制计算机、无人机提供电源。

(6) 发射箱控制箱具备本控和遥控两种工作模式。

3) **电气系统**

发射车电气系统一般由发射控制柜、电源液压控制柜、发射车电缆网及外围设备、变流机等组成。

(1) 发射控制柜。

发射控制柜由多个发射控制箱和发射控制计算机组成，发射控制箱主要用于控制发射箱动作。控制发射箱的主要动作有开前盖、关前盖，开后盖、关后盖，每个发射控制箱分别控制对应号位的发射箱，各发射控制箱之间应设计为可互换。

发射控制计算机(简称“发控计算机”)主要用于对发射箱、无人机、发动机进行控制和状态检测，以及控制助推器点火。具体功能要求如下：

a. 发射控制。可根据指挥控制站的指令向贮运发射设备的控制箱发送控制电平，实现发射箱前盖和后盖开关控制、飞机加电或断电控制、发动机启动控制和火箭助推器点火控制。

b. 遥控遥测数据接收与发送。能够接收指挥控制站指令，并向指挥控制站回传无人机遥测数据和发射箱状态数据。

c. 状态检测。能够对无人机进行火工品电阻检测、助推器电阻检测、飞行器在位状态检测，发射箱状态采集。

发控计算机是贮运发射系统的重要组成部分，是反辐射无人机发射的控制核心，是发射阶段联系指挥控制车和无人机的重要纽带。

发控计算机中包括 CPU 板、AD 板、开关板、点火板、电源滤波板、底板以及箱体组件共 7 部分，其组成如图 6－6 所示，三维结构如图 6－7 所示。

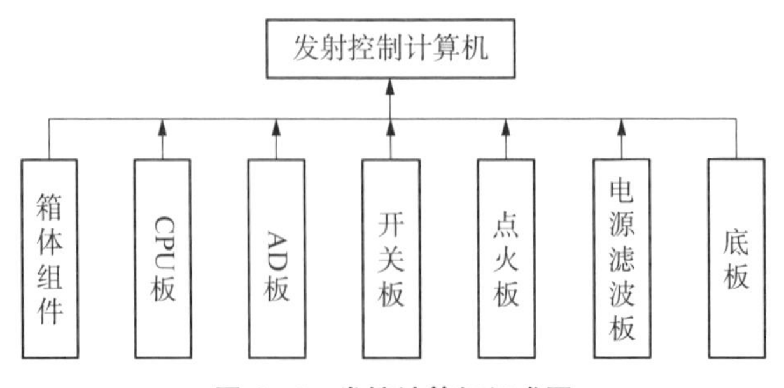

图 6－6　发控计算机组成图

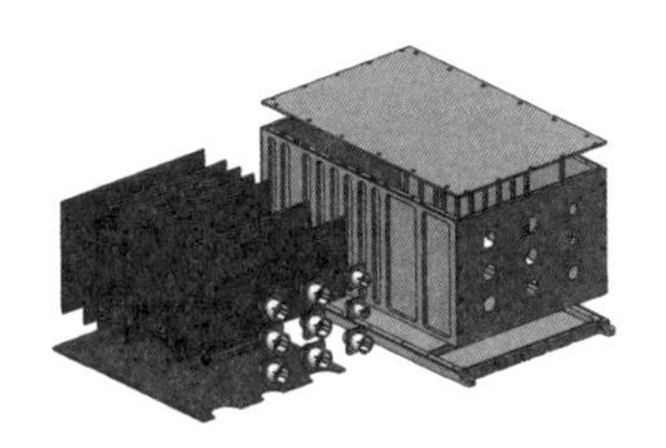

图 6－7　发射控制计算机三维图

（2）电源液压控制柜。

电源液压控制柜由液压控制箱、电源箱、工具箱以及内部线缆网组成。液压控制箱用于控制发射车液压系统调平/撤收、平台起竖/降落。电源箱用于向各部分提供工作电源。工具箱用于存放电气系统备件、工具。

（3）发射车电缆网及外围设备。

发射车电缆网将控制信号传送至相应的执行机构，并将反馈信号传送回控制设备。外围设备主要包括电源电缆盘、信号电缆盘和调平系统电源开关等。

（4）变流机。

变流机将输入的 380 V 交流电转化为 28 V 直流电，供发射箱内的电机使用，一般选用成熟的设备。

4）起落架

起落架是贮运发射箱在发射车上的安装基础，也是赋予无人机规定发射仰角的构架。起落架一般采用由矩形型材焊接而成的骨架钢结构，其结构如图 6－8 所示。

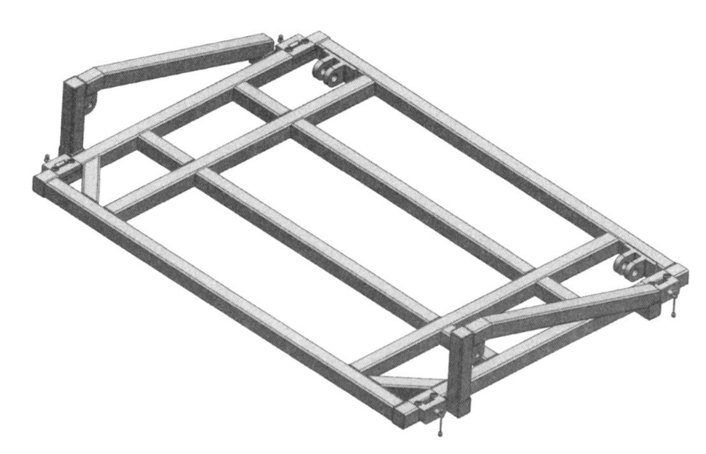

图 6－8　起落架结构示意图

5）液压系统

液压系统主要由调平和起竖油缸、液压锁、各种液压阀、油箱、齿轮泵等组成，它是发射车在发射阵地调平和起竖的执行机构。液压系统的工作动力由底盘车取力器提供，调平由程序控制的自动调平液压系统实现，起竖采用安全可靠的液压机构来实现其功能。

6.3.3 发射车的理论分析计算

1）发射车结构刚度、强度计算

发射车在运输、发射准备、发射等过程中主要的承力结构为起落架、支承平台和底盘。这些结构的刚度、强度对发射装置确保反辐射无人机安全运输和正常发射非常重要。为了保证结构设计可靠、准确，需要对这些结构的刚度、强度进行分析。

在发射车技术设计中，发射车底盘的结构刚度、强度由选购的车底盘研制单位给予保证。对其他承力结构，则应选用有限元分析软件分别对发射车起竖和发射工况进行分析计算，完成结构分析模型建立和刚度、强度分析。通过计算分析，得到发射车主要结构在各工况下的应力值和位移值。

通过计算分析，要确保发射车在运输、发射状态下的结构刚度、强度均满足要求，安全系数不小于3。如果计算所得的发射车主要结构在各工况下的刚度、强度不能满足安全要求，则必须提高发射车主要结构的刚度、强度。

2）液压系统主要参数计算

液压装置是发射车的重要组成部分，液压系统的分析计算是保证系统性能的一个关键。在技术设计中，对液压装置的工作压力、流量、元器件选型、传动效率等参数进行充分计算，以保证系统的性能满足要求。

如表6-1所示是某发射车部分液压参数的计算结果与设计值。

表6-1 某发射车部分液压参数计算结果与设计值

参数名称	计算结果	设计值
工作压力/MPa	11.43	18
系统流量/(L/min)	14	15
调平油缸活塞直径/mm	98.8	110
起竖油缸活塞直径/mm	66	90

（续表）

参数名称	计算结果	设计值
侧推油缸活塞直径/mm	25.87	63
调平回路油管内径/mm	7.37	8
起竖回路油管内径/mm	6.65	8
侧推回路油管内径/mm	5.74	8
油箱容积/L	80	100
调平油缸压杆稳定/kN	7.3	39.1
起竖油缸压杆稳定/kN	3.25	77.2

6.3.4 发射车的人-机工程设计

在反辐射无人机系统发射车设计中，必须对发射车的人-机环境进行全面分析，并进行人-机工程设计，确保发射车具有较好的可操作性和维护性。

（1）发射控制舱内设备应根据发射流程和发射箱位置关系，合理确定安装位置和各设备安装次序。

（2）发控舱内设备、操作人员座席的高度与尺寸设计应考虑操作人员的舒适性及方便性。

（3）应为发射车配备工作梯，结构设计有攀登扶手，便于操作和维修人员开展工作。

（4）应在发射车相应部位设置明显、确切的安全、防插错、操作等指示标志，防止操作和维修人员出现安全问题或错误操作。

6.4 反辐射无人机发射箱设计

贮运发射箱是反辐射无人机的贮存箱、运输箱、发射箱，因此，其对反辐射无人机的贮存、运输和发射均十分重要。

6.4.1 发射箱设计原则

（1）要充分借鉴国内外同类产品的相关技术和成熟经验，降低风险。

（2）满足反辐射无人机的贮存、运输和发射要求。

(3) 自动化开、关箱盖,使用方便,操作简单,反应快,适应能力强。

(4) 具有较高可靠性、维修性。

(5) 进行良好的人-机工程设计。

6.4.2 发射箱基本组件设计

1) 贮运发射箱组成

贮运发射箱一般由箱体、托架、丝杠、后盖及后开关盖电机、前盖及前开关盖电机、发动机启动电机、托架电机及发射箱电气系统等组成,其三维外形图如图6-9所示,无人机在发射箱内状态如图6-10所示。

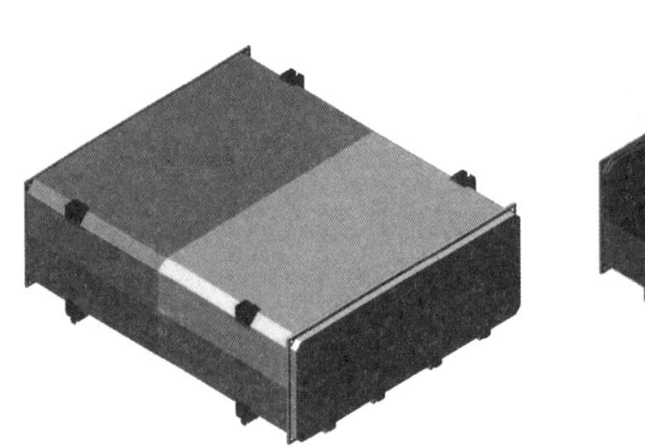

图6-9 贮运发射箱三维外形图

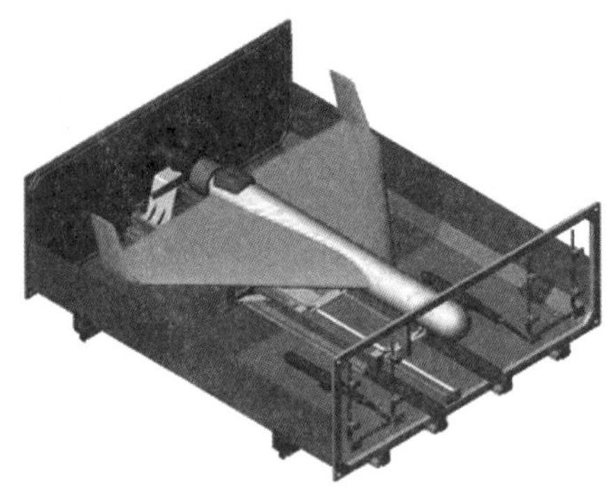

图6-10 反辐射无人机在发射箱内状态示意图

如图6-11所示为反辐射无人机典型发射箱剖视结构图。

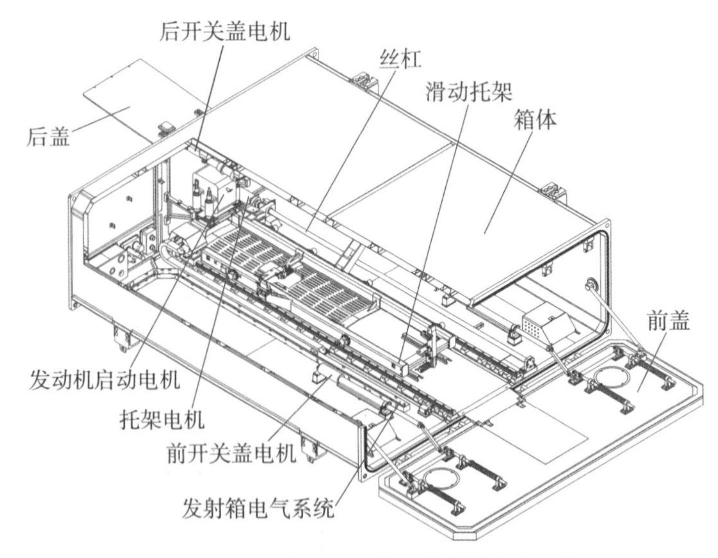

图6-11 反辐射无人机典型发射箱剖视结构图

2）箱体及其相关机构设计

箱体一般采用传统的法兰＋蒙皮＋加强筋的焊接形式，箱体材料选择铝合金，截面设计为八角形。

箱体设计为由前后法兰、内蒙皮、包角、加强筋等铝合金材料焊接组成承力骨架，在外部设计外蒙皮，并在四个棱边设计支脚、支脚座，在内部设计油管支架、直线导轨、防潮砂盒等部件及各电气设备的安装垫块等。为了发射箱能够隔热和保温，在外蒙皮与内蒙皮之间设计填充泡沫塑料。

设计支脚座和支脚用来实现发射箱与发射箱之间、发射箱与发射车之间以及发射箱与运输车之间的定位与固定，支脚座同时也是发射箱的起吊点（设计吊点标记）。

在内箱体后法兰后端的右下角，从左到右可依次设计油管接头窗口、仪表窗口和电气插座窗口。图 6－12 为发射箱后箱体典型布置图。

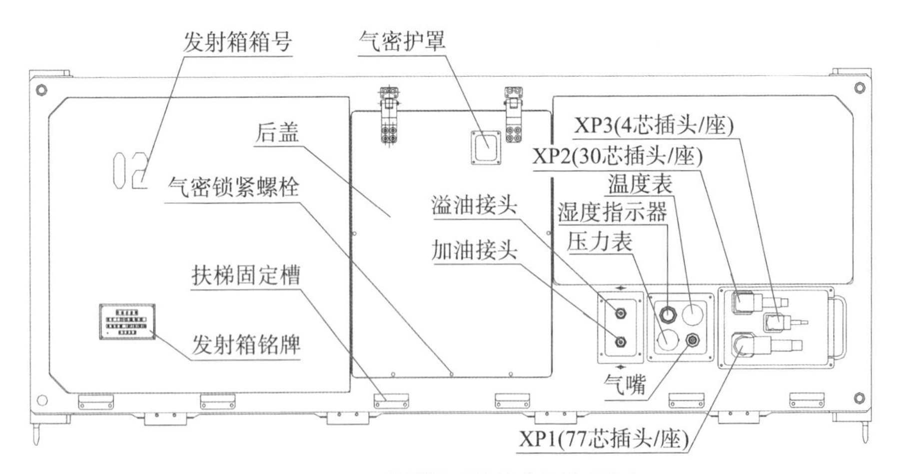

图 6－12　发射箱后箱体典型布置图

油管接头窗口内设计有两个油管接头，用来与加油车上的油管连接，以实现在发射阵地给发射箱内的反辐射无人机加油。两个接头上部为溢油接头，下部为加油接头，分别与箱内的溢油管和加油管连通。两个接头均应设计防尘帽，用来保护接头。

仪表窗口内设计有监视发射箱内气体状态的仪表，主要包括温度表、压力表和湿度指示器，分别用来监视和显示发射箱内部气体的温度、压力和湿度。仪表窗口内还要设计气嘴，用来给发射箱充放气。为了在发射箱内长期存放无人机，在发射箱内要充干燥气体或氮气。

电气插座窗口一般设计三个插头/座，分别是 XP1、XP2 和 XP3，用于发射箱与外部电气的连接。插头/座要根据实际需要设计和选择。

在内箱体后法兰的后端下部，设计扶梯固定槽，用来固定扶梯，防止人员在扶梯上进行相关操作时扶梯出现意外滑动而影响安全。扶梯平时放置在发射车底盘上。

发射箱内腔下部结构如图 6-13 所示。

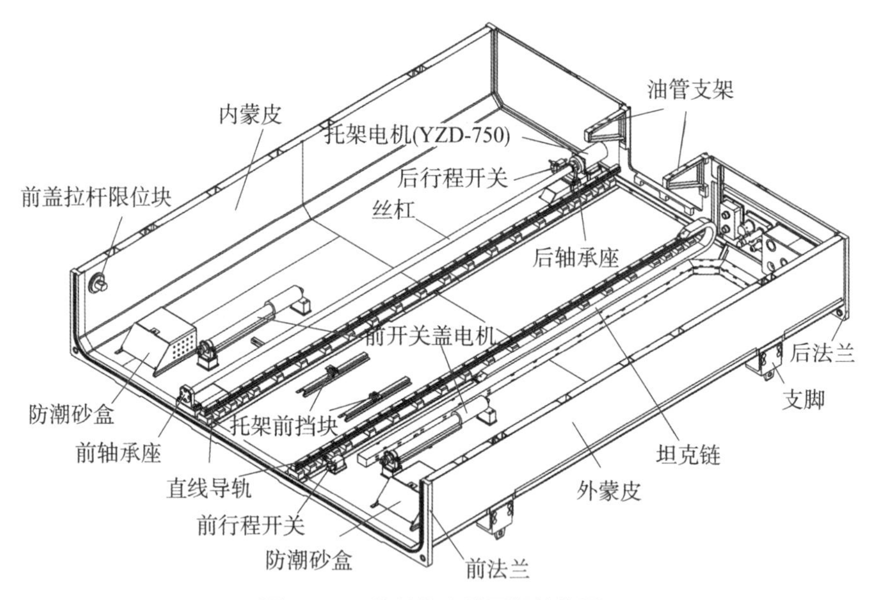

图 6-13 发射箱内腔下部结构图

在箱体内腔底面设计对称的两根直线导轨，用来支撑托架并为托架导向。在直线导轨内侧前端设计了两个托架前挡块，在托架收回时，这两个前挡块可限制托架前端的辅助固定块，从而限制托架左右移动。直线导轨的左侧有丝杠，丝杠螺母固定在托架上。当丝杠在电机的作用下旋转时，推着丝杠螺母移动，从而推着托架运动。通过控制电机输入电压的正负来实现正反转，从而实现托架的推出与收回，推出与收回的极限位置由前/后行程开关来控制。

在发射箱体内腔的底面前部，左右放置有防潮砂盒，用来放置防潮砂。防潮砂用来吸收箱内空气中的水汽，使发射箱内能维持较好的环境，避免水汽对箱内反辐射无人机造成不利影响。

在箱体内腔顶面的中后部，安装固定有左、右适配器压紧机构，分别压在无人机的左右机翼上，防止运输时无人机产生上下移动。

在箱体内腔的后表面中部设有两个油管支架，用来支撑和固定箱内的加油管和溢油管。

在箱体后法兰内腔下端设有托架锁紧装置，用于运输时锁紧托架。

发射箱前盖与箱体通过铰链连接，前盖铰链布置在箱体前法兰下部，前盖向下开启呈 90°；发射箱后盖与发射箱后法兰为整体结构，无人机发射时后盖不开启；在发射箱后盖中间开有一操作、维修窗口。

图 6-14 为某型发射箱内腔上部和前部结构图。

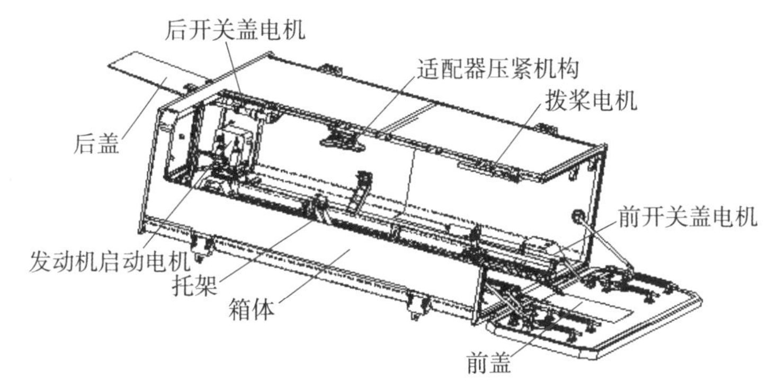

图 6-14　某型发射箱内腔上部和前部结构图

3）**托架及其相关机构设计**

滑动托架布置在箱内下部的对称中心线上。托架两侧有两根导轨，用螺栓固定在箱体内壁上，起到对托架限位及导向作用。

托架设计为钢型材焊接成焊接本体骨架，上面设有前支撑机构、左/右后支撑机构、助推火箭支撑机构及发动机启动电机机构等。通过这些机构，托架直接支撑并固定反辐射无人机，实施发射。平时托架放置在箱体内，在发射时被推出。图 6-15 为发射箱内托架整体结构图。

为防止托架前端出现左右及上下移动，在托架两侧设计辅助支撑轮，支撑在直线导轨上，可沿直线导轨滚动，提供辅助支撑。托架内侧前端设计辅助固定块，当托架收回到位后，辅助固定块被箱体上的辅助挡块限制住，这样可防止托架前端出现左右及上下移动。

4）**发动机启动电机机构设计**

发动机启动电机机构用来在反辐射无人机发射前启动无人机上的发动机，整个机构由前后左右调整机构、托板、螺杆、套筒柱、套筒、橡胶圈、压簧以及启动电机组成，如图 6-16 所示。

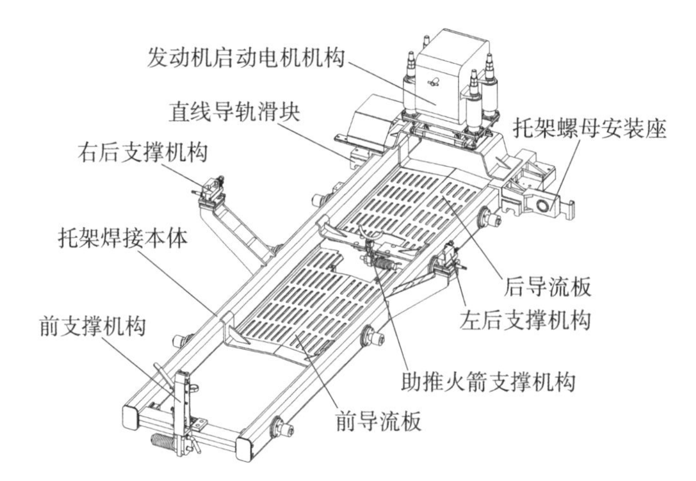

图 6-15　发射箱内托架整体结构图

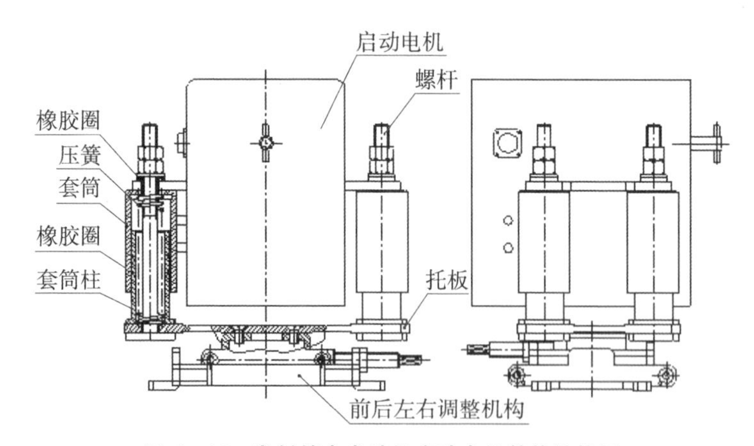

图 6-16　发射箱内发动机启动电机整体结构图

发动机启动电机机构设计的重点，一是启动电机的选型或定制，要按照发动机启动性能的要求选择可靠性高且能控制主轴伸缩的启动电机；二是安装启动电机的调整机构，可调节前后左右调整机构及螺杆上的螺母，使启动电机的主轴与发动机上的前桨垫同轴。

当启动电机接到启动控制指令后，主轴先伸出并插入发动机的前桨垫插槽内，插入到位后启动电机主轴旋转，同时带着发动机(螺旋桨)转动并启动。当启动电机主轴转速达到设定的某一转速后，主轴停转并收回，使启动电机与无人机脱离，完成启动任务。

5) **发射箱电气系统设计**

发射箱的电气系统由外接插座、电动机构、行程开关以及发射箱内电缆组成。

(1) 外接插座。

发射箱一般设计有三个外接电气插头/座,分别是XP1、XP2和XP3。这三个插头/座为发射箱与外部电气连接的纽带,所有的控制信号、指令及反馈信号都通过这三个插头/座输入或输出。

XP1插头/座用来完成发射箱功能和动作的控制,包括开关盖、托架推出与收回,启动电机动作、拨桨电机动作,根据需要的控制信号数量选用插头/座型号。

XP2插头/座为无人机专用的通信插头/座,型号与无人机协调选用。

XP3插头/座为单独的助推火箭点火插头/座,一般选用4芯插头/座。

(2) 电动机构。

发射箱内电动机构根据操控机构数量设计,一般有一个托架电机、两个前开关盖电机、一个后开关盖电机,它们分别用来驱动发射箱的不同机构,完成相应的操作。

托架电机安装在箱体内腔下表面左直线导轨外侧,用来驱动丝杠旋转,实现托架的推出与收回动作;开关盖电机完成发射箱前后盖的开启和关闭。

(3) 行程开关。

在发射箱内要设计行程开关。前行程开关固定在箱体内腔底面前部,用来控制托架推出的极限位置。当托架推出、托架上触板拨动前行程开关的拨杆时,托架电机断电、丝杠停转,使托架伸出到位,并给出伸出到位信号,同时也解除点火线路的保险,使助推火箭处于待发状态。

后行程开关固定在箱体内腔底面后部,用来控制托架收回的极限位置。当托架收回、托架上触板拨动后行程开关的拨杆时,托架电机断电、丝杠停转,使托架收回到位,并给出收回到位信号。

(4) 发射箱内电缆。

发射箱内的电缆要顺着发射箱内的电缆线盒走线,最终连接到相应的电气设备上;需要随托架移动的电缆全部进入坦克链内,通过转接再连接到电气设备上。

6.4.3 发射箱的理论分析计算

1) 贮运发射箱的刚度、强度计算

贮运发射箱箱体结构的刚度、强度将直接影响反辐射无人机的贮存、运输和发射,为此,对贮运发射箱箱体结构的刚度、强度进行分析计算,并采用结构有限元分析软件 MSC/NASTRAN,完成贮运发射箱结构分析计算模型的建立和各种工况下刚度、强度的计算。

(1) 车载运输状态的刚度、强度分析计算。

进行车载运输时,贮运发射箱主要承受以下载荷:

a. 上层发射箱的重量及过载。

b. 风载荷。

c. 滑动托架及飞机的重量和过载。

d. 发射箱前盖对箱体的作用力。

e. 箱体的自重和过载。

这时,箱体的最大变形发生在内蒙皮下表面上,最大应力出现在法兰的下角点附近。

(2) 车载发射状态的刚度、强度分析计算。

进行车载发射时,贮运发射箱主要承受以下载荷:

a. 上两层发射箱重量。

b. 风载荷。

c. 滑动托架及飞机的重量。

d. 发射箱前盖对箱体的作用力。

e. 箱体的自重。

f. 飞机助推器燃气流的冲击力。

这时,最大变形出现在前法兰下部中心线位置,最大应力出现在前法兰的下角点附近。

通过计算分析和校验,设计的贮运发射箱刚度、强度应满足使用要求,否则需要增加贮运发射箱的设计刚度、强度。

2) 滑动托架的刚度、强度计算

滑动托架为反辐射无人机贮运发射箱的关键组成部分,无人机、启动电机等的支承,固定及推出发射箱均由其承担,其刚度、强度能否满足要求,将直接影响发射的成败。

为此,要用有限元法,由 MSC/NASTRAN 有限元计算分析软件对滑动托架的刚度、强度进行计算分析,完成滑动托架结构分析计算模型的建立和各种工况下刚度、强度的计算。

(1) 工况 1。

无人机助推器刚点火时,滑动托架主要承受以下载荷:

a. 飞机重量。

b. 飞机所受风载荷。

c. 滑动托架自重。

d. 滑动托架所受风载荷。

e. 助推器燃气流冲击力。

经计算分析，最大变形发生在滑动托架前支承处，最大应力发生在主支架靠近箱体法兰处。

(2) 工况 2。

无人机刚起飞时，飞机重量及飞机风载荷不再对托架起作用，滑动托架主要承受以下载荷：

a. 滑动托架自重。

b. 滑动托架所受风载荷。

c. 助推器燃气流冲击力。

经计算分析，最大变形发生在滑动托架前支承处，最大应力发生在托架螺母中部靠近螺杆处。

通过计算分析和校验，设计的滑动托架刚度、强度应满足使用要求，否则需要增加滑动托架的刚度、强度。

6.4.4 发射箱的人-机工程设计

发射箱的人-机工程设计的主要要求是便于人员维修和使用操作。

前支承、脱落插头机构、剪切机构、助推器托架等均要布置在滑动托架上，随托架一起推出发射箱，便于人员维修、操作。

同时，贮运发射箱上要设计有明显、确切的操作指示标志，并置于操作人员易于观察的位置。

6.5 本章小结

本章重点介绍了反辐射无人机采用的箱式发射方式，给出了反辐射无人机箱式发射系统的组成和设计要求，详细介绍了反辐射无人机发射车和发射箱的设计方法，包括设计原则、各基本组件设计、强度和刚度计算校核以及人-机工程设计等内容。

参考文献

[1] 祝小平,向锦武,张才文,等.无人机设计手册[M].北京:国防工业出版社,2007.
[2] 张玲翔.飞航导弹箱式发射技术[J].飞航导弹,1996,1:20-28.

第 7 章　反辐射无人机系统未来发展

反辐射武器与被攻击的雷达目标一直在对立中相互促进，相互发展，共同提高。要确定反辐射无人机系统未来的发展方向和趋势，首先必须了解雷达的发展方向和趋势。因此，本章首先介绍对抗条件下雷达的发展趋势，包括持续挖掘现有体制雷达潜力，不断探索发展新概念、新频段、新体制的雷达，然后依据对抗条件下雷达的发展趋势，提出反辐射无人机系统未来的发展方向和趋势。

7.1　对抗条件下雷达的发展趋势

7.1.1　大力发展雷达新技术并研发新型雷达和提升现有雷达潜力

雷达作为一种全天候、全天时的感知手段，在军事领域发挥着重要作用。但是当前电磁环境与战场环境日益复杂和恶劣，这对雷达实际工作产生了严重影响。可以将其总结为“四大威胁”，即智能化的快速应变的电子侦察及全频段、强功率的电子干扰，具有掠地、掠海能力的低空、超低空飞机和巡航导弹，使雷达散射面积成百上千倍减小的隐身飞行器，快速反应自主式高速反辐射武器。因此，对雷达的要求越来越高。首先，应减少雷达信号被电子环境监测器(ESM)、反辐射武器截获的概率，使雷达信号更难以被这些装置发现和跟踪。同时，雷达应保证实时、可靠地从极强的自然干扰(杂波)和人为干扰中检测大量目标。由于目标的雷达横截面积在很低值(“隐身”目标)到相当高值(大舰只、大飞机或强杂波)的范围内变化，所以还要求雷达有很大的动态工作范围和很高的虚警鉴别力，即使在多目标(如群目标袭击)环境中也能如此。此外，还应当采用目标分类和威胁估计，并将被处理的数据有效地传送给电子计算机和终端录取及显示装置，且要简便易行[1]。雷达面临的电磁环境和采取的“四抗”措施如表 7 - 1 所示[2]。

表 7-1 雷达面临的电磁环境和采取的“四抗”措施

目标反雷达措施	对雷达的影响	雷达“四抗”
雷达告警接收机探测到威胁雷达信号,施放电子干扰	使雷达失去或降低探测功能(失去或部分失去作战能力)	抗电子干扰
反辐射武器沿雷达波摧毁雷达	被摧毁(失去作战能力)	抗摧毁
目标本身采用隐身技术	使雷达作用距离下降,推迟或丧失探测能力	反隐身
低空或超低空突防	利用雷达盲区或低空特性不佳的缺陷,使雷达丧失防御能力	反(低空)突防

为了应对这些挑战,雷达界已经并将在未来继续开发一些行之有效的新技术:

(1) 频率、波束、波形、功率、重复频率等雷达基本参数的捷变或自适应捷变技术。

(2) 脉冲压缩、相干积累技术。

(3) 扩谱技术。

(4) 超低旁瓣天线技术。

(5) 功率合成、匹配滤波、相参积累、恒虚警处理(CFAR)、大动态线性检测器、多普勒滤波技术。

(6) 极化信息处理技术。

(7) 多种发射波形设计技术。

(8) 数字波束成形技术。

在采用上述新技术的基础上,正在研制和发展多种新型雷达及改进现有雷达。

1) 全相参、全固态、有源相控阵多功能雷达

相控阵雷达采用电子扫描的方式,通过移相器改变天线表面各个阵元的相位,最终通过波束合成技术来改变天线波束的指向,完成对指定空间的搜索和跟踪。相控阵雷达具有灵活的波束指向,并且改变天线波束指向的时间仅需数微秒,极大提高了雷达的目标跟踪性能,能够同时对多个目标进行跟踪[3]。相控阵雷达具有波束捷变、分辨率高、功率管理和抗干扰能力强等诸多优势,在现代战场上出现的各种雷达体制中占据主流地位[4]。

相控阵雷达未来将向着固态化、积木化、通用化和数字化以及多功能化、高性能化和智能化的方向发展[5]。全相参、全固态、有源相控阵多功能雷达是近年来的最新发展成果。该体制雷达具有全相参自适应捷变频(脉间、脉组、波束间)能力,能在对干扰进行频谱分析后自适应捷变频到受干扰最小的频率范围内工作;采用自适应动目标显示和动目标检测技术,配合杂波图能自适应调整各个信号处理多普勒滤波器或接收机灵敏度电路的门限和权值;可在较宽频率范围内自适应变频,抗多种有源干扰。该体制雷达集监视、跟踪、截获、干扰、摧毁、识别和火控支援以及杀伤效果收集评定等功能于一身。

2) 超宽带合成孔径、干涉式合成孔径及逆合成孔径雷达

目标的两维像(径向距离和横向距离)可以通过合成孔径雷达(SAR)、逆合成孔径雷达(ISAR)等来获得,其中,逆合成孔径雷达通常对非合作运动目标行成像。

合成孔径雷达是主动式微波成像雷达,利用信号相干处理技术(合成孔径和脉冲压缩),以小的真实孔径天线实现高分辨力成像。与可见光/红外遥感技术相比,合成孔径雷达自带照射源,在白天和晚上均能获取图像。雷达工作在微波区,能穿透云层、薄雾和雨,可在不利天气条件下工作。

干涉式合成孔径雷达(InSAR)是合成孔径雷达的新发展,代表了 SAR 的又一发展方向。InSAR 将 SAR 的测量从二维拓展到三维空间,具有测绘成果覆盖面大、精度高、有统一的基准等优点,是一种非常重要的遥感测绘技术。InSAR 通过装载两路相互独立的 SAR 通道(两通道的天线之间保持一恒定距离),分别对同一区域进行测绘,得到两幅 SAR 图像,进行干涉处理得到干涉相位图,再经相位展开算法计算目标与不同天线之间的距离差,根据 InSAR 的成像几何关系计算地面目标的高度值[6]。

超宽带合成孔径为近年来发展的最新成果。超宽带合成孔径雷达(UWB SAR)将超宽带技术与合成孔径技术相结合,同时具有很高的距离分辨率和方向分辨率,能够对叶簇、地表等覆盖下的目标进行探测和高分辨成像识别,同时,它工作在微波的低波段,能提高对隐身目标的探测能力。当前,几种典型的 UWB SAR 系统有关参数如表 7-2 所示[6-8]。

表 7-2　典型的 UWB SAR 系统有关参数

名称	工作频段/MHz	带宽/MHz	分辨率/(m×m)
P3UWB SAR	215～900	509	0.66×0.33
SRI	200～600	200×2	1×1

（续表）

名称	工作频段/MHz	带宽/MHz	分辨率/(m×m)
ARL BOOM SAR	60～1100	1000	0.127×0.1524
CARABAS Ⅱ	20～90	70	1.5×3
DERA UWB SAR	200～3200	3000	0.5×0.05

未来 SAR 将向多波段、共极化、多模式、多功能、高重访速率、大覆盖范围、高分辨力、高定位跟踪精度、小质量、组网工作等方向发展。

逆合成孔径雷达是一种相参雷达，利用距离和多普勒分辨技术得到目标图像，即利用宽频带脉冲信号得到很高的径向分辨力，利用目标相对雷达的姿态转动产生的多普勒频率变化梯度得到很高的横向分辨力，然后进行相应处理，获得目标的二维雷达图像。

3）低截获概率雷达

低截获概率技术是提高雷达作战能力和生存能力的根本途径。低截获概率(LPI)雷达(截获因子 $\alpha \leqslant 1$）以极低的峰值功率探测空间、捕获目标，具有主瓣增益极高、副瓣增益极低的特点。由于其辐射的峰值功率极低，因此使反辐射武器导引头难以对其进行截获、分选、识别、跟踪，从而达到隐蔽的目的[9]。

LPI 雷达采用复杂的功率管理及波形设计技术，使现有干扰机难以截获和识别其信号；采用连续、准连续波形式，具有微弱的脉冲参数特征，导致现有的干扰模型难以有效利用其参数；采用先进的信号处理方式，导致现有干扰样式无法实现较好的干扰效果[10]。

4）新型脉冲多普勒雷达

脉冲多普勒(PD)雷达是在动目标显示(MTI)雷达的基础上发展起来的一种新型雷达体制，通过脉冲发射并利用多普勒效应检测目标信息，具有脉冲雷达的距离分辨力和连续波雷达的速度分辨力，有强的抑制杂波能力，能在较强的载波背景中分辨出动目标回波。

合成宽带 PD 雷达是 PD 雷达的最新发展成果。合成宽带 PD 雷达是一种频率步进信号与 PD 雷达结合的新体制雷达，可进行距离速度二维高分辨成像，具有更高的距离分辨率与测量精度，能够抑制极强的地海杂波的干扰，可以进行高精度检测、跟踪、高分辨率成像与目标识别，具有更强的抗噪声与抗转发式干扰能力，是未来雷达的重要发展方向[11]。

5) 双(多)基地雷达[12]

双(多)基地雷达是一种收发异址、多发多收、以离散形式布站的新雷达体制。为了对付日趋发展的“四大威胁”的挑战,双(多)基地体制雷达成为当前和今后重要的发展方向。

由于双(多)基地雷达使用两个或两个以上的分离基地(包括发射和接收基地),因此,按照不同的军事要求,在防御体系中有多种组合形式,如地发/地收,空发/地收,地发/空收,空发/空收等。按照发射系统和接收系统的数量,还可编组成一发多收、多发多收等形式。

双(多)基地雷达系统接收站是无源的,机动性强,处在极为隐蔽的地方,受到敌方电子侦察的概率几乎为零。一部双(多)基地雷达接收机可以利用几部不同发射机的照射信号,一旦某个发射机受损,系统仍能坚持工作。所以,如果能够合理配置发射站,如远离战区或将发射站置于飞机或卫星上,则可避免反辐射武器的攻击,增强防御系统的抗摧毁能力。

不仅双(多)基地雷达系统接收站相对比较隐蔽,对方无法侦察其具体位置,而且可以通过两个以上接收站间的交叉测向确定干扰源的位置,适时地避开干扰源。由于敌方的主干扰方向只是雷达天线所在的方向,因此,对接收站而言,主要面临的是从副瓣进入的干扰,这对整个系统的工作不会产生太大影响。对无源干扰,因为既不可能选定准确的投放位置,又很难把握投放时机,无论是箔条还是其他假目标都很难发挥干扰效果,因此,不管是有源干扰还是无源干扰,双(多)基地雷达系统被干扰的概率和受干扰的影响都大大减少。

双(多)基地雷达利用目标的侧向或前向反射回波来探测目标特征,可以得到更大的雷达反射截面积,从而降低了隐身飞行器的隐身效果。另外,不同频段的双(多)基地雷达组网不仅可扩大雷达的覆盖范围,而且可根据隐身目标的空域特性多视角地探测隐身目标,可提高对隐身目标的探测和跟踪能力。

双(多)基地雷达的接收机可以探测到发射机视线(地平线)以下的目标,还可以利用空中、空间的照射源隐蔽发现远区低空目标。对近程防御而言,可采用一些小型多基雷达网来扩大覆盖范围和提高探测精度;对远程低空防御而言,则采用空间双基体制,以便提供充分的告警时间。此外,利用双(多)基地雷达探测目标,可以充分发挥雷达的性能优势,收发站分置又减少了对天线转换开关和接收机保护设备的需求,高频损耗亦可降低大约 4 dB。

双(多)基地雷达是军用雷达的重要探测手段之一,在未来高技术战争中将发挥不可替代的作用,与固态有源相控阵雷达和多频谱有源/无源综合雷达共同构成21世纪新一代军用雷达的基本体制。今后，双(多)基地雷达将向空基地以及小型局部区域布防发展。

6）多输入多输出体制雷达

多输入多输出(MIMO)体制雷达是把无线通信系统中的多输入多输出技术引入雷达领域，并与数字阵列技术相结合而产生的一种新体制雷达，具有可控自由度多、发射波束设置灵活、测角精度高以及抗干扰能力强等优点，是新体制雷达的标志与代表，是雷达未来发展的重要方向。

MIMO雷达可分为密集式MIMO雷达和分布式MIMO雷达。分布式MIMO雷达[13-14]采用大间隔、分散式的阵元配置方式，能够获取充分的空域信息以及空间分集增益，对闪烁目标的检测能力明显增强。分布式MIMO雷达在进行目标探测时，即使部分回路回波会由于目标RCS起伏出现衰落状况，整体上仍可通过对所有由不同视角获得的统计独立回波进行非相干积累，对目标起伏特性加以利用，从而提升系统处理增益，尤其针对隐身目标的探测性能将明显改善。可以通过对分布式MIMO雷达收发天线进行不同的空间配置，获取对目标充分的空间分集增益，主要为三类[15]：当发射阵列(TA)为分散式配置、接收阵列(RA)为紧凑式配置时，为发射分集MIMO雷达；与此相反，当RA为分散式配置、TA为紧凑式配置时，为接收分集MIMO雷达；当TA、RA均为分散式配置时，即为收发全分集MIMO雷达，又可称为“统计MIMO雷达”[16](statistical MIMO radar)。

与分布式体制不同，集中式MIMO雷达[17-18]的阵列配置类似于传统相控阵雷达(PAR)，TA、RA均为分散式布阵。相比于PAR，其主要特征在于发射波形正交，故又可称为“相干MIMO雷达”(coherent MIMO radar)。当目标与阵列满足远场条件时，集中式MIMO雷达可采用传统阵列信号处理方法，实现数字波束形成(DBF)、高分辨率空间谱估计等多重任务。通过形成虚拟阵列孔径扩展，集中式MIMO雷达与传统PAR相比，目标辨识能力(即可分辨目标数量)提升，参数估计克拉美罗界降低，强杂波背景下低速弱目标检测能力增强，同时自身被截获概率降低。集中式MIMO雷达TA、RA可配置为单/双基地形式，即分别反映TA与RA的同置与分置状态，因此，集中式单/双基地MIMO雷达(monostatic/bistatic MIMO radar)分别对应收发同置MIMO雷达与收发分置MIMO雷达。

MIMO雷达的主要特点与优势[19]如下：

(1) 抗截获性能大幅提升。

(2) 雷达检测弱目标的能力提高。

(3) 雷达的速度分辨力提高，有利于在强杂波中检测低速目标。

(4) 雷达的抗干扰性能增强。

(5) 雷达系统前端的各项指标要求降低。

(6) 形成虚拟阵列，阵列的孔径自由度提升。

7) 稀布阵综合孔径雷达

稀布阵综合孔径雷达(SIAR)是一种新型米波分布阵体制雷达，在低截获、反隐身、抗反辐射导弹和抗干扰等性能上具有明显的优势，是目前较为接近低截获概率雷达性能的一种新体制雷达，对目标还具有四维(距离、方位、俯仰、速度)测量能力[20]，主要用于远程警戒与跟踪。SIAR以超宽带方式工作，带宽可以做得很大。SIAR最主要的特点是天线采用了稀布阵，总体上是无方向性反射，其发射和接收方向图是在接收端通过数字信号处理得到的，因此，它可同时形成多个波束以同时观测多个方向。它通过计算形成波束能够长时间不间断地盯住目标而进行长时间的相干积累，提高了雷达的探测能力。

今后还将发展微波稀布阵综合孔径雷达技术，用于研制具有低截获、抗反辐射武器和抗干扰能力的小型、高机动、高精度防空火控雷达系统，适应未来现代化高科技战争的需要[21]。微波稀布阵SIAR实质上是一种多载频MIMO雷达，具有一定角域内的等功率辐射；发射波束形成，即在接收端通过孔径综合处理形成窄的发射方向图；长时间相干积累；机动灵活；接收站不辐射信号；可以有任意多个接收站(都共享一个发射站辐射的信号)等特点。

8) 新体制超视距雷达

常规微波雷达对海面目标的探测距离通常在100千米内。相比之下，超视距雷达(OTHR)利用电磁波能量在大气层折射或者海面绕射的特性，可以实现对空中及海上目标的超视距探测。同时，该雷达兼具较强的反隐身能力，且造价低廉，可适应未来战争的作战需求，已成为雷达的重点发展方向。

超视距雷达工作在3～30 MHz的高频段，信号的传播模式可以分为天波模式、地波模式和天地波混合模式。天波模式下的高频电磁波借助电离层的反射机理实现探测；地波模式下的高频电磁波通过海面的绕射机理实现超视距探测；天地波混合模式下高频电磁波的传播路径包含上述两部分，是一种混合机制的探测。按照这三种模式，可以分为高频天波超视距雷达、高频地波超视距雷达以及天地波混合超视距雷达[21]。

未来，超视距雷达将采用多基地体制和MIMO体制两种新体制，如表

7－3所示[22]。

表 7－3 两种新体制超视距雷达对比

新体制超视距雷达类型	主 要 特 点
单站式 MIMO－OTHR	优点：天线规模减小，可在不需要电离层探测设备的情况下实现工作频率选择，系统整体规模与复杂度降低，能够有效抑制电离层多模多径传播以及抗干扰，降低对外部环境的依赖，在灵敏度和探测范围之间可灵活折中处理；把方向性纳入雷达资源管理 缺点：MIMO 波形设计复杂，二维阵列实现代价大，自适应处理数据维数增加，算法复杂度增加明显
分布式 MIMO－OTHR	优点：部署机动灵活、不受地域限制，任务扩展性与兼容性好，可改善低空盲区探测性能，可应对目标 RCS 起伏，抗摧毁能力提高 缺点：系统架构复杂，整体设计要求高，受电离层等外部环境影响大，需要应对直达波干扰，多个分布子系统需要严格同步

7.1.2 探索发展新概念、新频段、新体制雷达

未来战争将是一场高度信息化的战争，其主要特点如下：

(1) 作战空间全域化，可能从太空、邻近空间、空中、陆地、水上、水下等开展全高度、多方位、全距离、多样式的作战。

(2) 作战时间敏捷化，高超声速飞行器、高能微波、高能激光武器将显著压缩从信息获取到目标摧毁的时间，实现敏捷打击。

(3) 作战对象隐身化，作战对象除前向隐身外，侧向和后向隐身能力将得到增强，隐身频段得到扩展。

(4) 作战平台无人化，各种体积、质量、用途的无人平台将得到应用，无人平台承担更多的作战任务。

(5) 作战方式协同化，有人/无人平台、空空平台、空面平台等通过信息共享、任务协同实现高效作战。

(6) 作战效果精确化，基于高精度探测、定位、跟踪、制导等手段，实现外科手术式精准"点穴"打击，降低附带损伤。

(7) 作战背景复杂化，作战区域杂波类型多样，自然干扰、无意干扰、欺骗式干扰、压制式干扰、主瓣干扰、副瓣干扰等电磁干扰交织[23]。

高度信息化战争对雷达提出了更高要求，未来，雷达需要具有体系协同、多功能多任务、精细处理、智能决策的能力。

针对实际的需求，未来，一方面将大力探索发展新体系、新体制、新频段、新处理技术，提高雷达灵敏度，增加对隐身目标等低可观测目标的探测距离，提高对高超声速目标的跟踪稳定性，改善对远程小尺寸目标的分辨率，提升复杂环境下的杂波干扰抑制能力和识别效果，满足不同任务场景的作战需求；另一方面，探索发展共形阵、机会阵、分布式相参阵列，增加孔径面积，降低雷达对承载平台空间、功率的需求，提高平台适装性。

已经取得显著进展的未来新型雷达如下：

1）太赫兹雷达

太赫兹波是电磁波谱上介于毫米波与红外光之间的电磁波，频率范围为100 GHz～10 THz（1 THz＝10^{12} Hz），波长范围为3～30 μm[24]，具有光子能量低、脉冲宽度窄、穿透性强、频带宽、抗干扰能力强等微波和红外辐射所不具有的特殊属性[25]。

太赫兹雷达频率高、频带宽、波束窄，具有测速精度高、反隐身能力强、被截获概率低、抗电子干扰性能好等突出优点，能在雾、烟、雨等恶劣天气条件下提供高分辨率三维图像，可为精确打击提供目标定位信息。因其目标成像速度快，可对高速移动目标进行快速定位，为快速打击时敏目标提供精确信息[26]，所以是未来高精度、反隐身雷达的发展方向之一。

2）微波光子雷达[26]

微波光子雷达是将微波光子技术用于雷达收、发系统的一种新体制雷达，突破了传统有源相控阵雷达在宽带、数字化和多通道发展中面临的技术瓶颈。

微波光子雷达的特点如下：一是超宽发射带宽，可产生超稳定宽带微波信号，无须变频即可直接进行信号数字化检测，极大地扩展了雷达工作带宽；二是超高成像分辨率，采用高稳定光生基准源，比传统雷达基准源相位噪声低；三是超强抗干扰能力，可有效对抗瞄准式和阻塞式有源干扰，提高复杂环境下的干扰对抗能力；四是采用光子器件，减小了天线质量和尺寸。

微波光子雷达是下一代雷达的重要发展方向，可部署在天基系统、空基有人/无人平台上，实现超远程、超高精度、超大范围目标探测与超精细识别，特别是在洲际弹道导弹真假弹头识别、高超声速飞行器探测跟踪与识别、小型无人机/无人机蜂群载荷侦察识别等领域具有颠覆性影响，将大幅提升现有雷达系统的作战性能。

3）量子雷达

量子雷达是将传统雷达技术与量子信息技术相结合，利用电磁波的波粒二象性，通过对电磁场的微观量子和量子态操作和控制实现目标探测、测量和成像的远程传感器。量子雷达技术是借鉴量子物理基本原理发展而来的新的雷达探测、测量与成像技术，属于学科交叉前沿探索研究，学科基础主要包括量子物理、电子科学与技术、信息与通信工程、光电科学与技术等[27-28]。量子雷达具有极强的反隐身能力和生存能力，是未来雷达技术发展的重要方向。

量子雷达相对于经典雷达的主要特点如下[28]：

(1) 信息载体与信号体制不同。经典雷达基于电磁波的波动性，对其在时域、频域、极化域进行调制与解调，以获取被探测目标的信息；量子雷达更加注重电磁波的粒子性，尤其是利用量子纠缠等特殊量子效应，有望获取更多目标信息。

(2) 信号处理手段与信息获取方式不同。经典雷达的目标探测机理大多是基于信噪比最大准则，利用回波信号宏观的相参特征实现目标参数的估计；量子雷达通常不需要复杂的信息处理过程，而是利用精准的量子测量手段从回波中“测量”出其携带的目标信息。

(3) 发射机与接收机结构和器件不同。在量子雷达领域，量子效应将导致传统器件无法有效工作，需要设计符合量子电动力学规则的量子器件。经典雷达系统噪声在量子雷达系统中主要表现为量子噪声，因而量子雷达通常具有极低的底噪。

根据利用量子现象和信息获取方式的不同，量子雷达有以下几种类型：

(1) 量子纠缠雷达。雷达发射纠缠的量子态电磁波，发射机将纠缠光子对中的信号光子发射出去探寻目标，“备份”光子保留在接收机中，如果目标将信号光子发射回来，则通过测量信号光子和“备份”光子的纠缠，实现目标检测。

(2) 量子增强雷达。雷达发射经典的电磁波，使用光子探测器接收回波信号，利用量子增强检测技术提升雷达的性能。

(3) 量子衍生雷达。在量子物理理论的基础上发展而来，可以显著提升传统雷达的性能但并不依靠真实量子物理体系来实现，在雷达成像领域发展较快。

根据探测信号形式的不同，量子雷达还可分为单光子探测量子雷达和多光子探测量子雷达。

量子雷达在发射端对电磁波进行量子态调控，使其具有更高的信息维度，在接收端通过量子增强接收、量子最优检测等技术手段，优化接收机的性能，因而可以获得比传统雷达更好的探测性能。

量子雷达的系统架构主要包括量子发射机和量子接收机，如图 7-1 所示。

量子发射机包括激励源、量子态调制和波束形成等模块。激励源模块主要用于产生电磁波，提供信息的物理载体；量子态调控模块对电磁波进行偏振态、纠缠态、压缩态等量子态的调制；波束形成模块对量子信号进行分束和整形。量子接收机包含量子接收前端和量子信号检测模块。量子接收前端完成对量子信号的接收、滤波、放大；量子信号检测模块完成对回波量子状态的检测及目标信息的提取。收发转换开关用于切换量子雷达发射和接收两种工作模式[29]。

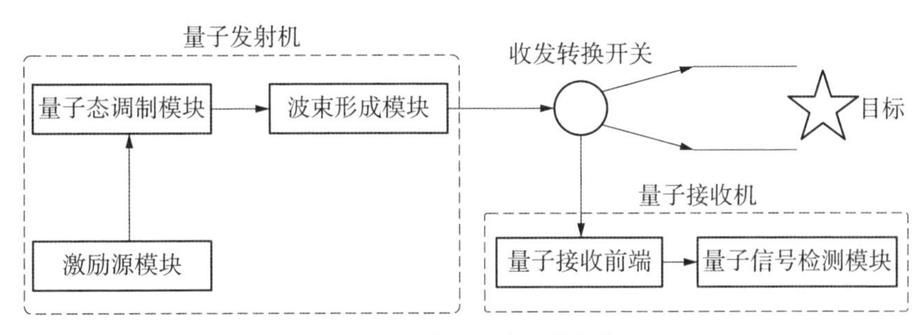

图7-1 量子雷达系统架构

相对于传统雷达，量子雷达的技术优势如下：

(1) 更远的探测距离。传统探测对电磁波的幅度、相位等宏观物理量进行检测，而量子探测通过对光子量子态的检测，实现超高灵敏度的探测。因此，量子探测相比于传统的探测手段可以检测到更微弱的信号，理论上其作用距离可以提升数倍甚至数十倍。

(2) 更低的发射功率。由于量子探测具有极高的灵敏度，因此相比传统的探测手段，在保持目标检测能力不变的前提下，量子探测所需的发射功率更低，在载荷有限的平台上应用具有较大优势。

(3) 更丰富的探测手段。相比于传统雷达利用电磁信号在空域、时域、频域上的特征，量子探测利用量子资源，可以在更高维度上提取目标信息，从而具有更丰富的探测手段。

(4) 更强的抗干扰能力。一方面，量子探测的发射功率低，降低了其被截获和侦收的概率；另一方面，量子探测通过对信号进行量子态调制，增强目标与杂波、干扰信号的区分度，从而提升其在电子对抗环境下的抗干扰能力。

4) 机会阵雷达

受限于雷达的孔径尺寸，且考虑到平台机动性、电磁隐身性和作战能力，天线阵面的尺寸受到很大限制，在很大程度上影响了雷达的作用距离和分辨率。

针对此问题，美国海军研究生院（NPS）率先提出了以孔径结构（aperstructure）为基础的无线网络化机会阵雷达概念[30]，突破了传统相控阵雷达孔径布局和尺寸的限制，提高了雷达的探测威力和覆盖范围，改善了平台隐身性、机动性和作战能力[23]，是未来具有重要军事价值的新概念雷达。

机会阵雷达突出“随机性”的特点，改变了以往雷达系统设计与载体平台设计相互独立的传统理念，以数字阵列技术为基础，以平台隐身性设计为核心，将天线与数字收发单元（DTR）随机分布于载体平台三维空间内任意可获得的开放位置，采用不同于传统平面相控阵雷达阵列的孔径结构方式，使雷达与载体平台高度紧密结合，是建立在传统数字阵列雷达基础上的又一次体制创新[31]。

不但机会阵雷达天线阵元的分布具有“随机性”，其信号处理、数据处理、战术功能、资源管理等同样具有“随机性”的特点。其通过实时感知战场环境变化并做出“随机性”决策和工作模式“随机性”选择，将搜索、跟踪、火控、引导、通信等功能集成于一体，可提供丰富的空间资源，可以灵活实现多种雷达工作模式。从雷达波束形式来看，以数字阵列雷达为基础的泛探、MIMO 等[32]多种灵活的雷达波束形式，均可在机会阵雷达上实现。

机会阵雷达阵元相互独立且随机分布，嵌入作战平台载体的表面或内部，阵元除了电源供给外没有其他硬件电路连接。绝大部分阵元的控制信号和数字化信号都通过无线方式在阵元和一个中央信号处理器之间传输，极少数有特殊要求的阵元可采用光纤连接方式进行补充。正是由于采用了无线信号传输，因此即使阵元处于平台内部也能较好地保持平台的隐身性、生存性和机动性等特点，同时也具备经济上的改造更新能力。此外，天线阵列单元的摆放具有共形阵和稀疏阵的特点，在三维空间可以预先随机分布，甚至可根据战术目的和要求有选择地让一部分单元工作而另一部分关闭或一起工作，从而使波束形成具备极大的灵活性、实时性和鲁棒性。

机会阵雷达具有以下突出优点：海量阵元非规则、随机排列的孔径结构提供丰富的时间、空间和能量三维资源，并可集目标探测、通信、火控、电子对抗等多种功能于一体；与载体最大尺寸匹配的大孔径所提供的极高角分辨率；适应载体隐身与反隐身需要的自适应可变作用距离；采用无线传输技术和大批量商用货架产品（COTS）部件带来的显著成本优势；随机排列的海量阵元提供的良好的可重构性和增强的生存能力。

机会阵雷达可广泛应用于多种战场环境和作战平台。根据地形地势，可在地面常规建筑物或山体和丘陵地带布置机会阵单元，形成分布广泛的雷达网，用于搜索和跟踪导弹和飞机；即使部分区域的阵元遭到摧毁，也不影响系统的整体探测性能，且能够快速得到恢复。舰载机会阵雷达的天线单元可以做到与舰体表面共形，以保持载体的隐身性能，同时可以获得大功率孔径积和极高的角分辨率，能在大范围内对陆地、海面和天空中的弹道导弹发射过程进行早期预警。星载、机载、舰载分布式机会阵雷达可通过无线传输实现平台之间的联合，实现资源共享与信息融合，平台间可合作或非合作地照射目标，从整体上提高平台的作战能力和隐身性等。

5）**频控阵雷达**

频控阵(FDA)雷达是由美国空军研究实验室的 Antonik 等人提出的一种新概念雷达[33]。频控阵雷达在每个天线阵元上使用不同频率信号，形成具有距离依赖性的发射波束指向，克服了传统相控阵雷达不能有效控制发射波束的距离指向的问题，具有射频隐身、检测和分辨能力强等优势[23]。频控阵技术与几种典型阵列的技术特点对比如表 7-4 所示[34]。

表7-4 频控阵技术与几种典型阵列的技术特点比较

阵列类型	工作模式	发射信号	阵列增益	发射阵列方向图	
				距离依赖	方位角依赖
频控阵(FDA)	非正交载波	相干	有	有	有
相控阵	非正交载波	相干	有	无	有
正交频分复用(OFDM)	正交载波	非相干	无	无	有
多输入多输出(MIMO)	相同载波	非相干	无	无	有
频率扫描	相同载波	相干	有	无	有
时间调制阵列	相同载波	相干	有	无	有

频控阵雷达不但具有相控阵雷达的所有功能优势，而且因其发射波束的距离依赖性、距离-方位角耦合性和空变特性，将颠覆现有的有源雷达探测技术、无源被动侦测技术和电子对抗与干扰技术。

频控阵雷达的主要特点如下[35]：

(1) 具有射频隐身和低截获能力。频控阵发射波束图具有可控的“弯曲”特性，容易使得其被侦察测向定位失准，被探测和攻击的概率大大降低，从而实现一定程度的射频隐身效果。此外，还可通过对频控阵各阵元的频偏进行特殊编码,使阵列瞬时辐射功率在距离-方位角空间内尽可能均匀分布,并通过特定的相位调制来降低发射信号被截获解调的概率,最后在接收端通过波束的相位解码和接收波束形成恢复得到高增益的发射阵列方向图,有望进一步提高频控阵有源探测装备的射频隐身能力。

(2) 具有强抗干扰抑制能力。传统相控阵雷达通常利用空域自由度,对副瓣干扰具有较好的抑制效果。但是,当雷达面临强干扰或主瓣干扰时,传统的基于空域滤波的副瓣干扰抑制方法性能将严重下降甚至失效,此时雷达很难对目标进行有效探测。频控阵不同阵元发射载频具有偏差的相同信号,其方向图具有距离-角度二维自由度,具有强抗干扰抑制潜力。

(3) 具有前视目标探测能力:前视目标探测具有重要意义,但现有的基于相控阵的前视探测方法不能解决目标多普勒参数在方位向的左右对称模糊问题,而且当面对强地杂波时需要进行杂波抑制处理,但当存在距离模糊时目前的杂波补偿方法均会失效。利用频控阵波束的主瓣走动特性和距离依赖特性,有助于分离和抑制干扰,从而可在一定程度上抑制距离模糊杂波。

(4) 具有目标多维参数联合估计与定位能力。在阵元数目相同的情况下,当干扰与目标的角度比较靠近时,频控阵对干扰的抑制度比相控阵更高,甚至可以抑制与目标有相同角度方向的干扰。此外,在用于目标参数估计时,频控阵能够估计一些在相控阵雷达中无法估计的目标,如方位角相同而距离不同的目标。

(5) 具有自动波束扫描能力。频控阵发射波束具有距离-方位角自动扫描能力,弥补了相控阵不能进行距离维自动扫描的缺点。

(6) 具有“定点”发射波束形成能力。与相控阵只能实现“定向”发射波束形成不同,频控阵还能够通过干涉效应实现“定点”发射波束形成,可用于开发频控阵定点干扰新技术。

(7) 具有大范围群体目标欺骗干扰能力:利用频控阵波束的自动扫描、阵元频偏优化设计和距离-方位角耦合特性,频控阵干扰机能够对敌方探测雷达形成大范围群体目标欺骗干扰效果。

6) 软件定义雷达[26]

随着数字化技术不断发展成熟,雷达将逐步从传统的“以硬件技术为中心,面向专用功能”的开发模式发展为“以软件技术为中心,面向实际需求”的开发模式。这一发展趋势使得软件定义雷达技术应运而生。

软件定义雷达是软件无线电技术在雷达领域的扩展,它采用通用开放式体系架构和面向应用的标准化模式,通过软件实现系统功能。

软件定义雷达的特点如下：一是基于开放式体系架构、模块化设计，可快速将新理论、新算法、新设备应用于雷达系统关键模块；二是通过硬件重组、软件重构实现功能重构；三是开发过程简化，开发周期短，便于升级；四是降低研制经费，雷达各项功能通过软件定义实现，不涉及硬件电路和驱动程序。

软件定义雷达是雷达技术发展的重要阶段，可根据实际作战需求，快速、灵活地进行资源配置、多模式切换，适应复杂电磁环境，更有效地应对威胁，该技术还为后续“智能化”雷达系统奠定了坚实的技术基础。

7）**认知雷达**

作为一种传感器，雷达是通过与环境、目标相互作用来获取信息的。在复杂的背景下，固定的工作模式和不变的发射波形很难获得满意的性能，这是传统雷达的不足，也是雷达进一步发展所必须解决的问题。在整体能量、时间、频谱等资源有限的情况下，根据目标、环境变化合理分配和有效利用这些资源是下一代雷达发展必须面对的挑战。认知雷达可根据目标和外部环境特性智能地选择发射信号和工作方式，并进行资源最优分配，是未来雷达发展的重要方向之一[36]。

认知雷达是加拿大的 Haykin 教授率先提出的，是引入并模仿人类认知特性的新一代智能雷达。该雷达具有完善的接收和发射自适应特征，通过与环境的不断交互和学习，获取环境信息，结合先验知识和推理，不断调整接收机和发射机参数，自适应探测目标，旨在提高复杂、时变以及未知电磁环境与地理环境下的探测性能[37]。

认知雷达的目的是通过引入人类认知思维，构建具有精度高、调度快、性能稳、资源省等优点的全新雷达架构。这不仅是现代战争对雷达系统的需求，而且是未来雷达系统的发展方向。

认知雷达具有机器认知处理和人类认知监管两个层面。第一个层面是机器处理的层面，利用机器在海量数据处理等方面的优势，实现对环境和目标特性的实时感知，对目标的探测、跟踪和识别等。第二个层面是人类监管的层面，利用人类的经验和感觉等非因果处理能力，对认知雷达中机器处理的过程进行监管，避免过度优化、死循环等情况的出现。

认知雷达具有环境自感知、处理自适应、能力自提高等三种能力。环境自感知是指雷达能够自主感知外界环境，解析战场态势，分析干扰样式；处理自适应是指雷达能够自主分配系统资源，选择处理策略，认知收发处理；能力自提高是指雷达能够自主记忆处理结果，推演最优算法，更新知识结构。

Guerci 编写的首部认知雷达专著《认知雷达：知识辅助的全自适应方法》

(*Cognitive Radar: The Knowledge-aided Fully Adaptive approach*)，将传统雷达和认知雷达进行比较，指出认知雷达区别于传统体制雷达的两个关键是知识辅助和自适应发射。认知雷达具备接收机向发射机的信息反馈和波形自适应发射能力。认知雷达的基本结构如图 7－2 所示[38]。

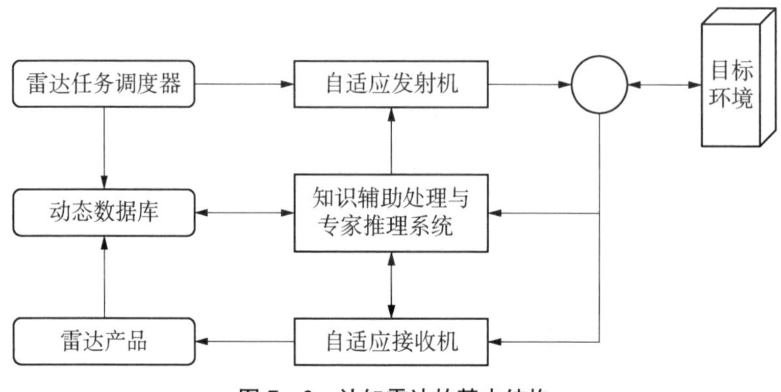

图 7－2 认知雷达的基本结构

图 7－2 中，自适应发射机、自适应接收机与目标环境构成了认知动态系统结构，称为“知觉动作回路”(PAC)。PAC 的作用是实现雷达发射波形的优化，使雷达系统获得与环境的交互能力；知识辅助处理与专家推理系统为雷达系统提供先验知识和准则预案，使其能够应对复杂环境。

认知雷达的系统架构包括高性能收发前端、动态知识库、环境感知模块、收发自适应处理、专家判决与人机交互模块等五个主要模块。高性能收发前端主要完成雷达信号的发射和接收。相比于传统雷达，认知雷达需要获取的信息更多，因此对收发前端提出了更高的要求。动态知识库主要用于存储、调度和更新各种类型的先验知识。动态知识库的存在是认知雷达走向智能化的重要基础，认知雷达的所有处理均离不开动态知识库的支撑，知识库应该包含环境知识、算法知识、系统知识、升级知识等多个层面的知识体系，并且能够实现知识自主更新和升级。环境感知模块主要完成对战场环境的感知，获取雷达所需要的地理和电磁环境信息，同时可以实现与多源传感器和多平台的信息交互，并在先验知识的辅助下，完成对环境信息的分析和识别，对地理环境、电磁环境、干扰样式等进行有效甄别，为信号处理和资源配置提供相关的信息。收发自适应处理模块主要完成认知雷达的信号处理。相比于传统雷达，认知雷达的信号处理首先是全自适应的闭环体系，其不仅在接收端实现自适应，而且实现收发处理联合自适应处理，先验知识与接收数据联合处理，算法、资源、策略多层次自适应调度，充分发挥多源信息和先验知识具有的优势，同时利用实时数据弥补先验知识在时效性上的缺陷。专家判决与人机交互模块完成对雷达性能的评估和反馈。专家判决与人机交互的存在是认知雷达走向智能化的重要标志，不同于机器人，雷达性能评估和作战使命不应该将人为因素排除在外，但考虑到人和机器在信息处理、信息交互等多个方面存在的不对称性，必须通过专家判决与人机交互进行权衡，不仅避免了人在信息处理方面的瓶颈，而且回避了机器自适应处理时因为过度优化而导致的系统性能损失。认知雷达最重要的核心就是"全自适应的智能化认知处理"，这是整个认知雷达的"大脑"，特别是在当前雷达硬件趋同的大背景下，先进的信号处理体系直接决定了雷达的性能[37]。

认知雷达技术未来将朝着智能化、数字化、模块化和网络化的方向发展[36]。

(1) 智能化。

智能化是认知雷达的本质特征。发展认知雷达的初衷便是提升雷达对未知的、复杂的任务场景的普适性，使雷达能够在崭新的、多变的探测环境下智能地应对情况，智能化是认知雷达区别于传统雷达的本质，且取决于认知雷达的全新体制。智能化的思路如下：一是雷达智能结构的构建；二是知识的获取、表征与利用。

(2) 数字化。

数字化是认知雷达的内在要求。自适应发射是认知雷达的基本特征，面对不同场景，自适应发射机需要发射不同的最优匹配波形，因而任意波形产生技术（AWG）将是认知雷达不可或缺的技术，而数字信号生成是最为可行的发展方向；数字化的相控阵天线技术是雷达照射在空间内任意分布的基本保障；此外，现代数字技术和超大规模集成电路技术也将为直接数字信号波形奠定基础。数字化将在认知雷达的波形产生、信号发射以及信号采集和处理等方面发挥至关重要的作用。认知雷达所需技术的特征决定了其朝向数字化的方向发展。

(3) 模块化[39]。

模块化是认知雷达的基本形态。一方面，当前认知雷达尚处于起步研究阶段，模块化有利于未来的进步更新；另一方面，模块化有利于雷达系统的简化。因此，模块化也是认知雷达的发展原则。为实现简化和可持续改良的目的，可以将认知雷达初步划分为发射模块、接收模块、知识储备模块以及知识应用模块。

发射模块包含自适应发射机，涉及波形优化、波形产生及发射功能，认知雷达相比于传统雷达的优越性体现为自适应发射功能，自适应发射需要根据接收模块获取信息，联合先验知识，通过执行波形优化算法，经由任意波形产生器实现。

接收模块不仅要完成回波信号的采集，而且要进行实时的自适应处理，在实现接收端自适应的前提下，将获取的信息一方面用于发射机的反馈，另一方面用于知识库的更新。

为充分提升知识在系统中的作用，可将知识从雷达系统中剥离，单独形成一个可实时更新的动态知识库，即知识储备模块，以利于知识辅助系统的完备性，动态知识库包含一切与探测任务相关的系统、目标、环境信息及刻画其相互作用关系的模型、优化算法。

将现有知识应用于雷达目标信息获取的模块为知识应用模块，如知识辅助处理与专家推理系统，知识应用模块的功能在于基于规则的知识应用，即在什么准则下、根据什么经验、采用什么算法、执行什么操作来应对当前情况，归根结底属于决策过程。

以上各个模块的研发与攻关将成为未来认知雷达发展的关键。

(4) 网络化。

网络化也是未来雷达发展的一个重要方向。多部雷达相互合作可实现远超过单部雷达的远程感知能力。认知雷达网络可以有两种形式：一种是分布式，即每部雷达都具有认知能力；另一种是集中式，即设置一个中心基站，只有该基站雷达具有认知能力。集中式认知雷达网络可以充分利用传统雷达组成网络的节点，在提高雷达系统综合能力的同时降低成本。而网络节点上的单部雷达可以是传统的雷达，也可以是仅具有接收系统的被动雷达。

7.2 反辐射无人机未来发展

雷达技术不断发展，各种新体制雷达和新概念雷达不断涌现，应对“四大威胁”的“四抗”能力越来越强；同时，敌方“海、地、空、天、电”五维一体化防御体系不断完善，协同探测、干扰、拦截能力不断加强，这些都为反辐射无人机的作战效能和战场生存能力带来了巨大考验。为应对各种新体制雷达和新概念雷达，未来反辐射无人机武器装备也应具备相应的创新发展措施。

7.2.1　持续改善和提升反辐射无人机综合作战能力

1）进一步提高飞行速度，增大航程和滞空时间

未来反辐射无人机将继续提高飞行速度，增大射程和滞空时间，实现超视距、大范围的高速突防及攻击作战能力，增加攻击的突然性、隐蔽性和自身的安全性。

2）进一步提高毁伤能力

采用高效能的战斗部，提高单位体积爆炸威力，以扩大战斗部的有效杀伤半径；采用高性能的引信（高精度的激光引信和高可靠性的触发引信），以便当反辐射无人机处于对雷达破坏力量最大的位置时使战斗部起爆，提高反辐射无人机的毁伤能力。

3）全向宽频隐身

随着先进防空武器技术的发展，未来反辐射无人机将会面临更加复杂、严酷的战场环境。因此，非常有必要采用各种技术措施来增强自身的战场突防/生存能力，首要的就是进一步提高隐身性能。为此，未来反辐射无人机在通过特殊外形设计、吸/透波材料、有源对消甚至等离子体等技术来获得全向（前、后和侧向）和宽频（可对付低频雷达）雷达隐身性能的同时，还将通过非常规喷管外形、燃油添加剂、隔热/屏蔽等技术来削减红外信号特征，通过先进蒙皮/涂料、凝结尾迹消除等技术来降低目视信号特征，通过低噪声发动机、吸/隔声材料等技术来改善声学信号特征。

在此基础上，再结合电子对抗、任务规划等措施，未来反辐射无人机的突防/生存能力将会得到显著提高，足以穿透敌方先进防空系统，对受到严密保护的重要目标构成威胁。

4）进一步改善和提高导引头性能

（1）采用超宽频带技术，进一步拓展导引头工作频率，以应对防空雷达频段向两端延伸的发展趋势（如微波光子雷达、太赫兹雷达），使反辐射导弹几乎能覆盖所有频段的各种辐射源目标。

（2）进一步提高导引头接收机的灵敏度和动态范围。在低截获概率雷达中，雷达旁瓣压缩技术已得到广泛应用。要使雷达有效攻击这些目标，必须从雷达旁瓣和背瓣进入攻击。此外，双（多）基雷达的应用增加了反辐射无人机的打击难度。因此，需要导引头接收机的灵敏度和动态范围进一步增加。

（3）加强信息处理能力。战场电磁环境日趋复杂，在战区飞机上同时接收的电磁信号密度将达每秒百万次以上。信号体制更多样化，防空武器的反应时间将显著缩短。这些都要求导引头在信号的筛选能力、处理速度等方面有较大提高。

(4) 进一步小型化、高度集成化。随着电子集成、微系统等技术的快速发展,导引头设备的集成度也越来越高,未来将在更小的体积基础上,实现极化复合、频段复合、多模复合等多种探测体制的一体化集成。

7.2.2 向适应新型体制雷达的方向发展

与对抗条件下雷达的发展一样,为应对发展的新概念、新频段、新体制雷达,反辐射无人机的导引头技术、末制导技术和引信战斗部技术也向着对抗新型雷达体制的方向发展。

1) 研究、发展、探测和识别新概念、新频段、新体制雷达的导引头技术

前一节讲到,正在发展的新型雷达有太赫兹雷达、微波光子雷达、量子雷达、机会阵雷达、频控阵雷达、软件定义雷达、认知雷达等,为了能够攻击这些新型雷达,首先必须研究和发展能够探测和识别这些新型雷达的导引头,并能够对新型雷达进行高精度测向,为制导系统提供导引信息。

2) 发展高维度高分辨率探测技术[40]

为了进一步提高反辐射无人机攻击新概念、新频段、新体制雷达的能力,需要发展远距离目标探测、识别能力,复杂战场适应和多功能能力,其制导技术将继续向着多维、多谱、多极化(多偏振向)、多模的高维度、高分辨率探测的方向发展,包括以下几个方面:

(1) 多波段/多光谱红外成像探测、偏振成像探测——提高识别能力、复杂环境抗干扰能力的途径。

为了显著提高导引头的目标识别能力、抗干扰能力、反隐身能力并实现功能一体化,未来重点发展方向是双波段红外成像制导技术和多光谱红外成像制导技术,光谱信息是描述物体内在属性的信息,对区分目标和诱饵具有十分重要的作用,可采用多光谱和高光谱成像技术来分析目标和诱饵的光谱信息。

(2) 激光雷达成像探测——三维高分辨率成像,提高识别能力的途径。

由于在复杂电磁环境下具有更强的对抗能力和更高的制导精度,因此基于激光成像雷达的制导技术越来越引起关注,并逐渐成为未来精确制导技术的重要发展方向之一。

激光雷达是以激光波束作为信息载体(载波)的雷达,它不仅可以精确测距,而且可以精确测速、精确跟踪。继无线电雷达、超高频雷达、微波雷达之后,激光雷达把辐射源的频率提高到光频段，比毫米波高出2～3个数量级，具有高空间分辨率，这使之能够探测迄今所碰到的任意微小的自然目标，包括极细的导线和发射的粒子，而且可以获取目标的尺寸、形状、速度、振动及旋转速度等多种信息，可实现对目标的精确识别和跟踪。此外，激光雷达具有很强的抗干扰能力，对地面多路径效应不敏感，激光雷达发射的激光波束很窄，被截获的概率很低；在功能相同的情况下，激光雷达的体积和质量比微波雷达均要小得多。

以激光成像雷达来实现制导具有如下优点：由于激光雷达采用单色光且发射波束极窄，所以隐蔽性较好；由于激光成像雷达对背景具有极强的抑制能力，对环境变化具有较强的适应能力，因此其在复杂战场环境下的对抗能力更强；由于激光成像雷达能够提供用于描述场景的三维和四维图像信息，因此能够提供更多、更丰富的目标信息，并且具有更高的分辨率；可以穿透伪装，进而根据目标特征找出拟攻击目标的薄弱点。以上这些优点使其在解决复杂背景下小目标识别及目标瞄准点精确选择等难题时具有较大优势。

(3) 高分辨率毫米波、微波成像探测——提高全天候目标识别能力和跟踪精度的途径。

合成孔径雷达成像末制导或高分辨率微波毫米波成像制导是最有希望对复杂作战环境中的目标实施全天候(尤其是恶劣气象条件下)精确打击的技术途径。

(4) 多模复合探测——提高抗干扰能力、识别能力的途径。

为了显著提高全天时、全天候工作能力，抗多种电子干扰、光电干扰和反隐身目标能力以及在复杂环境下识别目标的能力，重点发展体制差异大、频段差异大、信息含量丰富的多模复合制导技术，如合成孔径雷达/红外成像复合制导技术、超宽带被动/红外成像复合制导技术。

3) 研究和发展新型高性能制导控制技术

为适应新概念、新频段、新体制雷达的导引头技术和高维度高分辨率探测技术，需要研究和发展新型高性能制导控制技术，实现对新概念、新频段、新体制雷达的精确攻击。

4) 研究和发展新型高性能引信战斗部技术

太赫兹雷达、微波光子雷达、量子雷达、机会阵雷达、频控阵雷达、软件定义雷达、认知雷达等新型雷达，其结构和工作方式与现有雷达显著不同，要根据结构和工作方式的不同特征，研究和发展新型高性能引信战斗部技术，才能确保对新型雷达的有效毁伤。

7.2.3 向集群化方向发展

随着科学技术不断发展,现代战争向着“海、地、空、天、电”一体化方向发展,新的军事理论、军事技术与武器平台不断出现。无人系统具有智能、隐身性好、自主能力强、可回收利用等特点,在近年来发生的几场世界局部战争中展现了自身优势,军事地位不断提高,逐渐由执行辅助任务转为主要作战力量。可以预见在未来高度立体化、信息化、电子化的战场上,无人作战将成为军事强国作战的主要方式之一。现代战争中,雷达等探测系统的搜索能力和防御火力逐渐增强,日益复杂的作战环境、日益多样的作战样式和日益扩大的作战范围使无人作战面临严峻的挑战。因此,功能多样、能力简单的机器人集群和无人平台(无人机、无人船、无人车等)集群化是未来无人系统发展的趋势。军事上无人系统的应用趋势也是集群系统代替传统系统执行任务。集群协同作战更能发挥无人系统的优势,提高任务成功率,完成无人作战个体难以完成的任务。

无人机集群作战是指具备部分自主能力的无人机通过有人/无人操作装置辅助,实现无人机间的实时数据共享、多机组网、协同配合,并在操作员引导下,完成区域搜索与攻击、侦察与压制、心理战、战术压制等作战任务的过程。

早在 2000 年,美国国防部高级研究计划局(DARPA)就曾对无人机集群空战进行了仿真研究,但真正大规模开展系统层实物研究是在“第三次抵消战略”之后。美军认为,世界军事强国日益完善的一体化防空系统对其全球介入能力构成了巨大威胁,急需改变观念,开发出具有经济可承受性且能满足作战能力要求的武器系统,继续保持其在强对抗环境下的绝对优势。于是,美国国防部于 2014 年提出了“第三次抵消战略”,该战略的核心任务是构建和部署全球监视和打击网络,及时在全球任意地点发现目标并迅速向目标地点投送兵力,从而有效应对潜在敌人的反介入/区域拒止能力提升,并明确了驱动此次“抵消战略”的五个关键技术领域:具有自主学习能力的机器、人机协作、人类作战行动辅助系统、先进有人/无人作战编制、针对网络(攻击)和电子战环境进行加固的网络赋能自主武器等。无人机集群作战概念正是在这种需求的牵引下应运而生,并蓬勃发展[41]。

从 2010 年前后开始,美国国防部、空军、海军分别针对特定军事应用需求,开展了一系列无人机集群作战相关概念技术研究及演示验证项目。集群作战概念及技术研究主要以 DARPA 为主,包括拒止环境中协同作战(CODE)[42]、体系综合技术和试验(SoSITE)[43]、进攻性蜂群使能技术(OFFSET)[44]等。项目各有侧重,均为实现无人机集群作战走向实战探索技术途径和实现方法。其中

CODE、OFFSET项目主要针对拒止空间、城市环境作战，进行集群作战的战法、架构和编队协同技术研究；SoSITE主要针对集群编队实施分布式作战的概念、支撑架构和工具开展研究；由于SoSITE提出的作战概念需要部署大量低成本、可重复使用的无人机，因此“小精灵”项目启动，对无人机空中发射与回收技术进行突破，解决无人机的重复使用问题。

涉及无人机集群作战技术的相关项目如表7-5所示[45]。

表7-5　涉及无人机集群作战技术的相关项目

基础能力	主要涉及项目	时间	功能/目的
系统架构	SoSITE	2015年	(1) 系统级架构，如电子模块载荷的开放接口标准，综合射频相关标准等 (2) 系统之系统级架构，是SoSITE项目研究的重点，包括各种系统之间的开放系统接口标准OSA等
战场平台实时通信	C2E、DyNAMO	2014年(C2E) 2015年(DyNAMO)	(1) 发展抗干扰、难探测的通信技术 (2) 保证原始射频数据在目前不兼容的空基网络之间进行通信，不仅进行数据传输，还能把数据转化为各类航空平台均能理解和处理的信息
无人平台部署、重复使用	“小精灵”、LOCUST、“山鹑”	2015年(“小精灵”) 2015年(LOCUST) 2014年(“山鹑”)	通过在防区外发射携带侦察或电子战载荷、具备组网与协同功能的无人机蜂群，用于ISR、电子攻击，并在任务完成后对幸存无人机进行回收
平台自主协同能力	CODE	2014年	发展新型软件和算法，提高现有无人机在高对抗环境中的自主性和协同作战能力
感知与规避能力	ALIAS	2016年	为促成有人/无人机自主探测附近的飞机，避免可能的空中撞机而设计，可评估飞行平台间路径相交的可能性，还具备碰撞规避能力，可引导主机脱离危险航线
作战管理、决策辅助	STRATUS、DBM	2014年(STRATUS) 2014年(DBM)	开发用于作战管理的控制算法和决策辅助软件，用于驾驶舱的先进人机交互技术，形成管理空空、空地作战任务的综合分布式管理能力

当前反辐射无人机的一次齐射、分波次、对单目标实施饱和攻击等方式已不能满足未来需求。反辐射无人机集群根据作战任务，可从不同方向、不同地点发射，沿着不同路径飞行，同时到达某一目标区域，按系统作战的原则对单个或多

个目标实施攻击，还能够进行毁伤评估。对具有一定纵深防御体系的敌方来说，反辐射无人机集群能够大幅提高突防成功率和生存能力以及打击范围和打击成功概率。

7.2.4 向智能化方向发展

1）反辐射无人机智能化发展需求

（1）反辐射无人机智能化是适应未来战场复杂电磁环境的客观需要。

未来战场“海、地、空、天、电”五维空间一体，战场电磁环境复杂。敌方进行电子对抗时，被动侦察告警、雷达有源干扰及无源干扰诱饵等多种手段并用，可形成远、中、近程层层设防的完整体系，并可通过综合电子战系统提供完整的战场态势信息，结合优化匹配的软硬兼施干扰措施，在较短时间内快速拦截反辐射无人机。除电子对抗环境外，复杂电磁环境主要还包括通信环境、导航电磁环境等。另外，未来海战场可能涉及采用隐身、伪装的特种设施，且敌我友态势复杂。发展智能反辐射无人机，使其能够自动识别所遭受的各种电磁干扰，并可根据电磁环境的类型、影响和战术态势等因素做出相应最优决策。

（2）反辐射无人机智能化是实现远程精确打击的紧迫需求。

随着反辐射无人机向长航程发展，飞行时间增加，目标机动散布范围和各种射击误差都随之增大。因此，必须增大导引头的搜索范围，但反辐射无人机的末制导系统作用距离有限，难以完全覆盖目标的可能散布区。目前普遍采用中继制导解决该问题，但中继制导也有制导距离有限、牺牲导弹攻击的隐蔽性、中继平台的安全性难以保证等问题，不易满足对抗激烈的未来作战的要求，必须发展对中继制导系统依赖程度低的智能反辐射无人机。

（3）反辐射无人机智能化是实现目标高效毁伤的必然趋势。

未来作战目标多元化、电子干扰强，仅靠单一的引信-战斗部系统难以对各类目标实施高效毁伤。反辐射无人机应具备智能杀伤能力，能根据目标特征、遭遇条件信息和环境条件信息等的不同，自适应调整引信启动点和战斗部起爆方式，自动选择攻击目标的要害部位，充分发挥战斗部的威力。此外还要具备区分真假目标、诱饵的功能，引信获取的信息不能仅限于无线电回波信号，还应包括红外信息、图像信息等。

（4）反辐射无人机智能化是破击敌方协同防御体系的必由之路。

未来协同防御系统将使得防御武器具备超视距的作战能力，实现完全网络化分布式远程协同防御，实现目标拦截最优化。采用传统的没有协同能力的反辐射无人机及相应作战模式很难完成作战任务，必须发展具有多机协同攻击能力的智能反辐射无人机。

2）反辐射无人机作战能力需求

未来，反辐射无人机不仅需要具备传统能力，还要具备信息感知、智能毁伤、战场自适应、自主突防、主动电子对抗、多机协同作战等体现智能化特征的先进能力。

（1）信息感知能力。

信息感知能力主要包括目标场景信息获取能力和感兴趣目标自动识别能力。目标场景主要指反辐射无人机所面对的战场环境，不仅包括感兴趣目标，还包括大量自然干扰与人为干扰。目标场景信息获取能力指对伴有噪声、自然干扰、人为干扰信息的场景信息进行精确处理与分析的能力。感兴趣目标自动识别能力指结合目标先验知识，按需求给出目标的不同层次（特定目标检测、类型识别、关键部位识别）的状态信息与识别结果的能力。

（2）智能毁伤能力。

智能毁伤能力指针对不同的目标类型，尤其是低可观测目标，反辐射无人机能根据战场环境、目标特征、与目标交会条件和目标要害等的不同，自适应调整引信工作方式，选择炸点或起爆方式，改变战斗部的杀伤方式，达到最佳的引信-战斗部配合效果，实现对不同目标的最佳毁伤[46]。因此，智能反辐射无人机要具有捕获敏感目标类型、环境及其特性的能力，并能自动识别目标要害或脆弱部位，适时引爆战斗部，给目标以重创，并将附带毁伤降到最低。

（3）战场自适应能力。

智能反辐射无人机能根据战场态势变化，自主形成相应的对策，具备灵活的任务在线规划和自适应能力。一是自主选择飞行航迹的能力，反辐射无人机能够根据目标信息，对指定目标实施打击。二是电子对抗和智能抗干扰能力，反辐射无人机能够克服战场地理、气象与电磁环境带来的不利影响，防止被敌方干扰信息中断、诱偏、欺骗，实现复杂战场环境中的有效作战。三是智能目标打击能力，反辐射无人机能够接收指控系统的指令，重新确定打击目标，在飞行中可改变方向，打击新的机动目标。

（4）自主突防能力。

自主突防能力主要包括自主规避机动（威胁判断、告警、实时规避），自主改变速度，自主改变高度，自主改变方位等能力[47]。反辐射无人机在飞行过程中能够根据战场态势、所受电磁干扰和火力对抗情况进行威胁判断，综合做出最优的对抗决策，并控制导弹采取相应的对抗措施，如改变飞行高度、飞行速度，进行机动以对抗敌方拦截，提高突防概率。

(5) 主动电子对抗能力。

智能反辐射无人机对所遭受的多种干扰应具有主动电子对抗能力，即能够根据干扰类型、时机、效果以及导弹所处的战术态势等因素及时、主动地对硬拦截进行干扰，对软对抗进行反干扰。一是当探测到硬拦截威胁时，控制诱饵释放装置自主释放诱饵或为有源干扰机选择最佳工作模式等；二是面对各种有源、无源、诱饵等软对抗时，综合判断各个方向受到电子干扰的强弱，为选择最佳突防方向提供有利参考；三是迅速进行频率捷变，拓宽反辐射无人机导引头的频谱范围，利用超宽谱雷达在大范围内进行捷变，实施主动对抗。

(6) 多机协同作战能力。

少量反辐射无人机参与齐射、分波次攻击、对单目标实施饱和攻击等方式已经不能满足作战需要，反辐射无人机应具备多机协同作战能力。根据作战任务，多架智能反辐射无人机可组成一个协同攻击编队，编队由 1～2 架无人机担任长机，其他充当僚机。长机负责整个编队中各成员作战任务的协调分配，通过数据链向僚机或指挥控制平台传输信息及作战指令，引导僚机进行多方向或多波次攻击。多机协同作战时无人机可从不同方向、不同发射平台，沿着不同路径飞行，同时到达某一目标区域，按系统作战原则对单个或多个目标实施攻击，通过长机来判别攻击效果，决定是否实施下一波攻击。

3) 智能反辐射无人机发展涉及的关键技术

发展智能反辐射无人机是一项复杂的系统工程，涉及诸多关键技术，包括智能导引头、智能杀伤、智能决策、智能突防、多传感器信息融合、高速数据链和集群攻击智能协同等主要关键技术。

(1) 智能导引头技术。

导引头复合能力的提高增强了其对复杂战场环境的广域信息感知能力，能够在更高维度的信息空间中实现对目标和场景更加全面、精细的描述，但同时也对导引头的多维度、多属性、大规模信号处理能力、智能化水平等提出了更高的要求。

对信号分析与模式识别问题，人类专家在复杂模式分析、归纳、学习等方面具有无可比拟的优势。使反辐射无人机在精确制导过程中模拟、达到甚至超越人类专家的表现，是导引头智能化发展的终极目标。

近年来，在大数据、高性能计算等技术的支撑下，以深度学习为代表的人工智能技术在图像识别、语音处理等领域取得重大突破，并获得广泛应用。按照学习机制的不同，人工智能可细分为感知智能与认知智能两个层次。其中，感知智能主要包括针对特定模式的分类、聚类、识别等任务形式；认知智能则加入了与外部环境的反馈交互过程，并在交互过程中进行学习，实现对特定任务的推理、决策与规划，如图 7-3 所示。

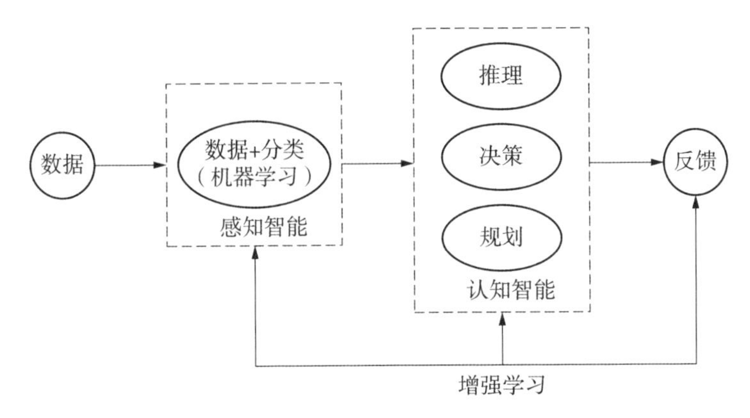

图 7-3 感知智能与认知智能机理图

参照人工智能技术的发展历程，将精确制导技术与人工智能技术有机结合，使导引头具备感知智能、认知智能等不同层次智能系统的特点与能力，是反辐射无人机智能化发展的重要内容之一。针对精确制导目标检测、识别、抗干扰等核心问题，智能导引头涉及以下关键技术。

a. 多源异构信息一体化智能处理技术。

不同体制的导引头所获取的外部信息具有不同的形式与特性，其中存在一维信号，如雷达高分辨距离像（HRRP）等，也存在二维信号，如合成孔径雷达（SAR）图像、可见光与红外等光电图像。导引头主要借助上述多种不同源、不同结构的信号完成对目标的准确检测与分类识别。在经典信号与信息处理模式下，要完成目标检测、识别等任务需要针对不同信号专门设计不同的信号处理流程与方法，成本高、开发效率低，并且不同信号间的信息融合效率也比较低。

深度学习技术[48]借助复杂网络结构模型，具备对各类复杂任务的高性能表达学习能力，对目标检测、识别问题可实现从数据到结果的端到端学习和映射，在统计意义上对噪声更具鲁棒性，并且在大规模数据的支撑下，可开展复杂、多任务联合学习[49]，通过挖掘任务间的相关性，提高数据利用率及系统性能。在深度学习过程中，通过网络结构的拓扑变化，采用卷积神经网络（CNN）[50]、循环神经网络(RNN)[51]等深度学习模型能够为上述多源异构信号提供统一的处理框架,同时可实现对不同目标检测、识别任务多源数据的联合学习。多源异构信息统一处理可提高对目标的检测、识别性能,简化信息处理系统设计,同时能够为多模复合导引头、多机协同攻击等场景下的信号处理提供快捷、高性能解决方案。

b. 感兴趣目标智能分类与识别技术。

对导引头目标识别而言,不同的战术目的对应不同的目标识别问题。精确制导目标识别问题按照待识别目标种类可分为地面目标识别、海面目标识别、空中目标识别等;按照识别处理层级可分为干扰诱饵辨识(感兴趣目标与人为干扰/诱饵等辨识),目标身份与属性识别(敌我、军民目标识别等),目标类型与型号识别(舰船等级、飞机类型等),目标关键部位选择等。

对上述复杂多样的精确制导目标识别任务,传统的基于规则的自动目标识别系统主要是将专家对问题的理解与解决方法转化为机器能够执行的规则集合。这种智能系统存在的问题主要是其实现过程过分依赖人类专家的经验知识与客观表达能力,比较适合相对简单的分类识别问题。但随着问题复杂度增加,系统实现难度呈指数级上升,在准确率、实现效率、可扩展性等方面存在瓶颈,难以满足武器装备发展需求[52]。机器学习技术以仿真、试验等累积的"大数据"为基础,能够在高维特征空间中对分类识别问题进行精细化建模与学习,较基于规则的方法可显著提升识别性能,同时借助高性能计算可获得更高的学习效率,可实现快速的、迭代的模型升级与性能改进。

c. 微弱特征目标智能检测技术。

基于图像、雷达信号的目标检测是精确制导的经典问题之一。无源雷达、低截获概率雷达等微弱特征目标,由于其自身出处位置远或者发射信号功率小,甚至不发射信号,因此在红外、雷达等探测信号中表现不明显。检测过程易受噪声、背景杂波等因素影响,对目标检测提出新的挑战。经典恒虚警概率等检测方法在背景自适应、检测效率、检测性能等方面存在局限性,改进难度较大。

基于深度学习的目标检测方法可以通过多层网络模型从信号中快速发现疑似目标区域,并借助目标鉴别模型准确滤除虚假目标,对目标的位移、旋转、尺度等变化具有很好的鲁棒性,具有高噪声稳定性、高检测概率、高检测效率等优点,将成为微弱特征目标检测的一个重要技术发展方向。

d. 干扰对抗策略智能学习技术。

从策略角度讲,精确制导干扰对抗过程可看作一个"非对称信息博弈"问题。

反辐射无人机需要依据感知到的敌方干扰变化状态，动态做出最优的抗干扰决策与动作，以规避或者降低敌方上一时刻所施加干扰对自身当前精确制导信息感知与处理过程的影响。干扰类型、体制众多，在干扰释放过程中常会依据场景的变化选择不同的干扰样式、方式或配置，甚至采用多种干扰的复杂组合，对反辐射无人机精确制导过程产生严重影响。在机上频谱、能量、计算等资源有限的条件下，导引头很难实现同等复杂度和强度的干扰对抗措施，因此更加关注干扰对抗过程的灵活性与智能化。

传统的干扰对抗策略主要是借助专家系统或采用多种抗干扰措施之间的有规律或随机轮换，很难灵活地适应实战环境下瞬息万变的战场态势，也不能快速、有效地应对新的干扰样式。借助强化学习技术可实现反辐射无人机从导引头信息感知到干扰对抗最优“动作”决策的智能学习与训练，从本质上实现干扰对抗全流程的智能化。

此外，如何使反辐射无人机导引头在“有限”训练数据的支撑下实现增量的、外推式的学习与迭代性能提升，是未来智能反辐射无人机与智能导引头的必备能力与特征。

导引头强化学习抗干扰学习过程如图 7-4 所示。

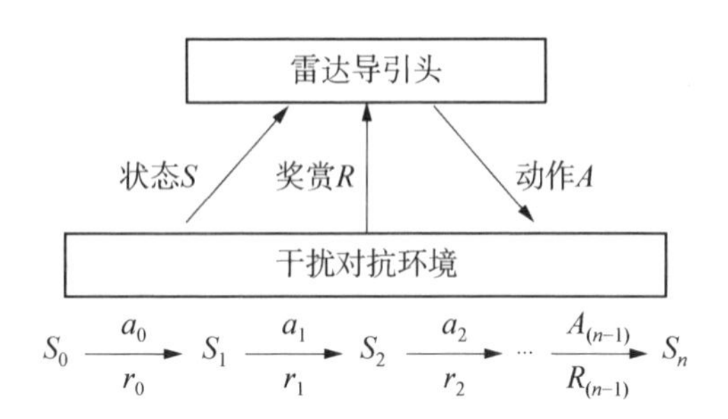

图 7-4 导引头强化学习抗干扰学习过程

(2) 智能杀伤技术。

反辐射无人机对目标的智能杀伤需要利用导引头和(或)引信对目标类型、环境及其特性的智能敏感，以及引信、战斗部起爆和安全执行机构解除保险过程的智能控制来实现。智能杀伤技术主要包括智能引信技术、智能战斗部技术和安全执行机构的智能化技术。其中智能引信技术最为关键[47]，采用智能引信技术可自适应地对付不同目标，适应超低空地物或海面背景的影响和对抗人为干扰。可应用的智能杀伤技术如表 7-6 所示。

表 7-6 可应用的智能杀伤技术

智能杀伤技术	基础技术	发展情况
智能引信技术	(1) 目标类型及要害部位的智能识别技术 (2) 引信信号的智能处理技术 (3) 引信的智能抗干扰技术 (4) 战斗部起爆方式的智能控制技术 (5) 引信最佳启动点的智能控制技术	(1) 软件无线电引信 (2) 小波变化、数字信号处理(DSP)技术和人工神经网络用于引信信号的智能处理 (3) 红外成像引信技术用于目标类型及要害部位的智能识别 (4) 与制导系统一体化引信 (5) 硬目标智能引信
智能战斗部技术	(1) 智能爆炸成型弹头技术 (2) 爆炸逻辑网络技术 (3) 动能杀伤技术	(1) 可变形智能材料用于智能爆炸成型弹头的研制 (2) 爆炸逻辑网络起爆系统 (3) 动能杀伤器(KKV)
安全执行机构的智能化技术	(1) 环境信息的智能选择技术 (2) 环境信息的智能感知技术	(1) 基于微机电系统(MEMS)的各类微型传感器用于环境信息的智能感知 (2) MEMS 技术用于制造安全执行机构

(3) 智能决策技术。

发展智能决策技术,实现反辐射无人机真正意义上的“发射后不管”。一是自主决策技术:无人机在飞行过程中针对复杂的、不确定的作战条件,根据决策数据库的决策信息,对无人机的战术意图和行为进行实时决策,使无人机从探测、跟踪、寻的、拦截到最后摧毁目标的整个作战和制导过程实现完全自主。二是智能任务规划技术,在给定的约束条件下制订攻击计划,为无人机找出一条从发射区到攻击目标的令人满意的飞行航迹。随着目标信息不断变化,智能反辐射无人机能随之调整打击任务,对航迹进行必要的局部修改或重新规划。

(4) 智能突防技术。

智能突防技术包括反识别智能突防技术和反拦截智能突防技术两类。反识别智能突防技术包括智能隐身技术、诱饵技术等。智能隐身技术是在智能材料(如纳米材料)技术以及自适应电子技术的基础上发展起来的新型技术。所采用的隐身材料同时具有感知功能(传感器功能)、信息处理功能(处理器功能)、对信号做出最佳响应的功能(作动器功能),具有自动适应环境变化的优点。诱饵技术包括电磁诱饵技术、红外诱饵技术、抗复合制导诱饵技术等。反拦截智能突防技术主要包括飞行机动技术、超低空突防技术等。

（5）多传感器信息融合技术。

反辐射无人机从自身或异地的多传感器获取不同信息，按不同层次进行信息融合。多传感器信息融合有三个层次，按照层次高低分别为决策层融合、数据层融合和特征层融合[7]。

智能反辐射无人机的发展方向是运用决策层融合，即通过不同类型的传感器观测同一目标，每个传感器在本地完成基本的处理，包括预处理、特征抽取、识别或判决，以建立对观察目标的初步结论，然后通过关联处理进行决策层融合判决，最终获得联合推断结果。多传感器信息融合通过双模/多模复合、分布式融合、时空融合等融合手段，扩展监视探测的时空覆盖范围，消除或降低非目标物体的欺骗和干扰，改进系统工作的可靠性，最大限度地提取目标信息，有效地识别真假目标。

（6）高速数据链技术。

数据链是使反辐射无人机具备目标选择与重瞄、目标毁伤效果评估、多机协同作战等多种作战能力的关键性基础技术，是提高反辐射无人机作战效能的倍增器。作为网络中心战的一个环节，数据链将反辐射无人机动态链接到整个作战网络中，整个战场变成由信息栅网、传感器网和交战网组成的互联互通、无缝连接、动态开放的综合网络。反辐射无人机通过网络可实时获得目标信息，了解上级指挥员的意图和指令，高度自主地实施作战协同。数据链可以帮助反辐射无人机完成通信、指控和精确制导三个方面的功能。反辐射无人机间通信功能可保障多弹协同作战的顺利实施。战场指挥控制功能使反辐射无人机实现平台中心战向网络中心战的转变。

根据《美国无人机2010—2035年发展路线图》，美国现役无人机的通信模式仍然以单机间、单机与地面指挥中心间的通信方式为主，机间数据链还较少使用，其中“联合无人战斗机系统”（J-UCAS）使用了Link-16通信协议，它是美军在有人机上广泛使用的数据链系统，但是Link-16主要用于战场态势的分发，存在速率低、时延大等不足，如果用于集群作战，则在实时性方面无法满足要求。而“全球鹰”使用的是多平台通用数据链MP-CDL，其采用时分TDMA结构，具有“网络广播”和“点对点”两种工作模式，主要用于指挥与控制、情报和侦察。但是，MP-CDL数据链的主要功用依然是战场态势传输，其固定的TDMA结构导致接入时延过高，无法有效支持武器协同和联合攻击任务。因此，采用宽带网络数据链和协同组网控制技术是无人机作战系统发展的必然趋势[53]。无人机数据链类型及用途如表7-7所示[54]。

表 7-7 无人机数据链类型及用途

类型	功能用途	典型代表
测控数据链	在无人机飞行过程中，地面控制站通过其对无人机进行飞行状态控制和任务设备的遥控遥测、定位跟踪	低频段简单系统
指挥控制数据链	指挥控制平台通过其对无人机进行指挥控制，掌控其作战态势等	Link-11、Link-16
ATC 数据链	用于与民航飞机有空域冲突的无人机，通过其实现交通控制和管理，防止发生碰撞	1090ES、VDL
侦察监视数据链	数据传输与控制一体化的宽带高速数据链，通过其对无人机探测信息进行实时传输与转发	美军通用数据链
作战协同数据链	通过其进行跨平台协同作战信息交互，实现协同作战、防御等	战术瞄准网络(TTNT)、机间数据链(IFDL)和多用途先进数据链(MADL)

为了实现武器协同和联合攻击任务，降低信息传输时延，美国空军正在考虑采用更先进的机载协同数据链系统来替代传统的数据链系统，以用于无人机的集群作战组网，主要包括战术瞄准网络技术(TTNT)、机间数据链(IFDL)和多用途先进数据链(MADL)等。

TTNT 是一种为高速空中作战平台研制的传感器协同全向专用数据链。它克服了传统数据链组网慢、不能动态组网、数据率较低等缺点，能够使处于目标有效区域内的飞机平台或地面平台，根据战术任务和目标出现的位置、时间、威胁度动态地组成一个快速打击任务网络，通过协同作战，实现对时敏目标的瞄准定位、打击和作战评估。相较于联合战术信息分配系统(JTIDS)，TTNT 具有更高的数据传输率和组网灵活性，其单用户传输速率最高可达 2.25 Mb/s，端到端传输时延小于 5 ms，支持自组织动态组网，网络成员数大于 200 个。目前，TTNT 技术已基本成熟，无人机很可能成为其配装对象之一。

机间数据链(IFDL)是诺斯罗普·格鲁曼公司专为 F-22A 开发的机载协同数据链系统。IFDL 能发射稳定的小旁瓣电磁波，并可对针状窄波束进行精确定向控制，从而可准确地锁定发送信息的友方战斗机，实现精确的点对点数据传输，保证了 F-22A 编队之间的数据传输和语音通信不被敌方截获或者干扰，实现 F-22 飞机间瞄准信息、燃料状态和武器存量等实时数据的交换，具有良好的低截获/低检测(LP1/LPD)性能。

IFDL 最多可支持由 16 架 F-22 组成的大编队进行超视距空战。16 架机分成 4 个 4 架机菱形小编队,每个小编队的 4 架飞机可通过 IFDL 的内部通信模式进行信息交换和语音通信。每个小编队各有 1 架长机,4 个小编队的长机之间可通过 IFDL 的编队间通信模式进行信息交换。然而,IFDL 数据链存在三方面的局限性:①数据链带宽不足,容量较小,随着传感器技术的飞速发展,它将难以满足图像、视频等大数据量信息传输的要求;②只能实现 F-22 之间的一对一数据交换,不能同时进行多架次的 F-22 之间的一对一或多对多的数据交换,因此,IFDL 还不能算是一种严格意义上的网络交互通信系统;③不支持 F-22 和其他作战平台的数据交互。

MADL 是专为 F-35 设计和装备的一种低截获/低检测数据链,它利用极窄的波束和极低的发射功率完成战机间的信息交互,并提供更灵活的作战方式。MADL 采用定向通信技术,自动为编队中的成员提供态势感知,共享油料、武器以及敌机位置等信息。然而由于其采用定向工作方式,因此并不利于实现大量节点间的信息传输。

不难预料,在未来的无人机上配置宽带网络数据链甚至武器协同数据链,将是未来无人机集群组网作战的必然形式。然而,未来美军无人机系统将采用何种形式和结构的数据链系统,是 ITNT、IFDL,还是对 MP-CDL 的改进,将随着无人机系统集群作战使用的进一步发展,最终落为现实。

(7) 集群攻击智能协同技术。

面对具备较强的体系化综合防御、攻击能力的敌方,为提高反辐射无人机的突防和生存能力以及对目标的有效摧毁能力,需发展集群攻击智能协同技术。多机协同攻击可以克服单机导引头探测体制的局限与性能瓶颈,通过在不同距离、不同角度下对目标的多条件联合探测,实现比其中独立个体更优的目标识别、抗干扰能力[55]。

集群攻击智能协同技术借鉴自然界的自组织机制,使具备有限自主能力的多个智能节点在没有集中指挥控制的情况下,通过相互信息交互产生整体效应,实现较高程度的自主协作,从而能在尽量少的人员干预下完成预期的任务目标。集群攻击智能协同技术能使集群内的智能无人个体避免相互冲突,确保智能集群的行为安全,并针对不同任务或请求,选派最佳智能无人个体完成指定任务。因此,发展智能集群需要重点解决的关键问题包括典型作战任务个体行为规划、个体自主与协同控制、集群感知与态势共享和智能集群的自组网通信等[56]。

a. 典型作战任务个体行为规划。

反辐射无人机集群作战需要进行集群任务分配与行为规划。首先针对不同任务目标,完成多机多目标的任务分配,指派最适合的无人机完成。针对预知的威胁,制订高效、合理的集群突防策略。通过分析集群任务过程及任务特点,建立突防与攻击的行为规划数学模型,研究相应的规划算法,从而生成高效、合理的任务计划,使得无人机集群执行不同任务的生存概率和作战效能达到最佳。在对抗、不确定以及时间敏感的环境中,随时可能出现突发情况,包括突发任务、突发威胁、平台可能出现损毁等,需要实时评估集群的任务能力,进行任务重分配和行为重规划,使无人机集群能够快速响应外界环境的变化,提高战术使用灵活性。

因而,在复杂战场环境下,智能集群执行作战任务时,其个体应该具有行为规划能力。也就是说,根据不断变化的自身性能、任务目标、限制条件以及所处的战场环境,智能无人个体要能够及时地做出新的行为规划或对原来的规划进行重规划。同时,在涉及多编队作战时,行为规划和执行是一个协同处理的过程,智能无人个体不仅要具有自主规划的能力,而且要能推断自身做出的决策将对其他个体产生的影响。典型作战任务的个体行为规划需要解决智能无人个体的信息融合,告警管理,态势评估,目标分配,自动任务规划(包括航线、传感器、武器载荷以及通信规划),快速动态任务重规划,自主行为决策等技术。

b. 个体自主与协同控制。

面对日趋复杂的现代战场环境,战术任务具有多重性与复杂性,智能无人个体难以完成指定的作战任务。首先,由于载重限额和隐身性能等战技指标要求,智能无人个体一般难以同时具有较强的目标探测、目标跟踪及目标攻击能力,许多战术任务通常需要智能集群协同完成;其次,智能无人个体通常用于执行高危险性任务,毁伤概率较高,为了增加任务成功的概率,智能集群作战必须进行冗余配置,并实现相互支援、相互补充与能力互补,从而即使有部分智能个体被毁或者任务失败,其余的智能个体仍有很大的概率协同完成任务;最后,利用不同用途智能无人个体的优势可以组成一个有机战斗系统,提升作战能力。

编队控制是智能集群执行任务的安全基础和最基本形式。编队控制是指智能集群在执行任务过程中,如何形成并保持一定的几何构型,以适应平台性能、战场环境、战术任务等要求的控制技术,主要解决两个问题:一是编队构成/重构,包括行动前编队生成问题,遇到障碍时编队的拆分、重建等问题,增加或减少智能无人机器的编队重构问题等;二是编队保持,包括行动中的编队保持问题,在不同几何形态间的编队切换问题,在保持几何形态不变的条件下编队收缩、扩张、旋转控制问题等。

因此，这对智能集群而言提出了新形势下的新要求：一方面要加强智能无人个体的自主性，使其能做出规划与预测，遵循感知、评价、决策的认知决策过程。在具备条件时实施攻击，在不具备条件时进行规避，以达到最大的作战效能。另一方面要实现群体协同控制，在智能集群内，友机间协同作战，保证多目标决策的最优化。不仅能对来自友军和敌军的信息进行融合，自行提取有效信息，评估态势，分析决策，自主攻防，而且能进行机群内快速数据交换，使智能集群成为一个战斗系统，相互配合，互相协调，以最小的损失实现效用最大化。

无人机系统自主决策控制等级如表7-8所示，将人机交互、协同观测、协同分析、协同决策以及协同行动能力纳入自主性能度量中，以便更完备地描述无人机系统自主能力。无人机的自主能力不断发展，将逐步从简单的遥控、程控方式向人机智能融合的交互控制，甚至全自主控制方式发展，无人机将具备集群协同执行任务的能力[57]。

表7-8 无人机系统自主决策控制等级

等级	任务能力	感知/认知	分析/判断	规划/决策	协同/交互	执行能力
0	远程遥控	飞控感知	遥测数据	独立决策	手动控制	远程遥控
1	预选规划任务	飞控和导航感知	飞行自检	分布式战术群组规划	程序控制	大空域间隔飞行
2	离线重规划任务	健康/状态感知；基本战场感知	实时健康诊断	多平台协同航迹规划	程序控制	独自完成外部指派战术计划
3	实时自适应任务	健康/状态感知；基本战场感知	战术计划指派；状态与任务能力评估；资源管理与冲突消解	机载航迹重规划；交战规则选定	监督控制	独自完成外部指派战术计划
4	多机协调任务	局部数据融合	战术群组计划指派；故障诊断与预测；群组资源管理	机载航迹重规划；交战规则选定	实时多平台协调/避碰；监督控制	群组完成外部指派的战术计划（小空域间隔）
5	多机协同任务	平台间相似数据融合；有限范围跟踪；目标状态感知	战术群组目标分配	多平台协同航迹规划	实时多平台协同；单体级交互	群组在最小的监督协助下完成战术目标

（续表）

等级	任务能力	感知/认知	分析/判断	规划/决策	协同/交互	执行能力
6	战场认知	作战单元间数据融合；协同跟踪；自动目标识别；战术意图推理	战略群组目标分配；从经验中学习	分布式战术群组规划	分布式协同；系统级交互	群组在最小的监督协助下完成战略目标
7	完全自主	认知所有战场元素；识别战场意图	按需协调	独立决策	自组织	群组在没有监督协助下完成战略目标

c. 集群感知与态势共享。

集群感知与态势共享是智能集群编队控制与决策的依据。基于智能个体所载传感器，实现集群战场态势感知，能够获得更广的观察范围、更高的定位精度以及更优的鲁棒性。基于个体间链路实现态势信息共享，形成统一通用作战视图，为集群编队作战奠定基础。相关技术主要包括协同编队控制、协同目标探测、协同目标状态融合估计、协同态势理解与共享等。

集群感知与规避是提高智能集群主动安全能力和生存能力的必要条件。智能无人个体本身要具备机间局部环境感知能力，能够对周围集群内的智能个体进行状态估计与跟踪，从而实现对集群内其他智能个体轨迹的跟踪与避碰，保持集群编队构型，实现协同行动。同时，集群对前方遇到的障碍要能够做出有效的反应，进行编队队形变换，通过障碍物后进行队形重构。

洛克希德·马丁公司开发了无人机通用态势感知模块，包含多个层级：第一级融合来自机载传感器、有机传感器、外部数据源（如 C4ISR 网络）等的数据，明确战场上的友方和敌方，消除友机数据冲突；第二级形成融合后的跟踪视图，评估友方、敌方传感器覆盖范围、通视性、潜在威胁等；第三级完成战场态势预估，判断可能的威胁意图、机动和未来位置；第四级判断态势感知模块产生的信息是否满足任务需求，并采取行动以感知所需要的信息。

d. 智能集群的自组网通信。

由于协同任务的开展有赖于智能个体之间不间断的导航、载荷数据交互，个体间通信是智能集群可靠地执行任务的基础。与传统的个体相比，智能集群对通信系统的自主性、灵活性、可靠性要求更高，面向无人智能系统的通信网络体系已难以满足智能集群技术的发展要求，一种灵活、自主、稳健、高效的新型通信网络体系结构呼之欲出。

智能集群自组网通信的概念可表述为多个独立的智能单元以无线(射频或光)通信方式构建的具有自发现、自配置和自运行功能的信息共享系统。所谓智能单元,是指具有信息的交互、存储和运算处理能力的个体元素。智能集群自组网通信的特征主要体现在以下三个方面:自发现——智能集群自组网通信节点具有自主检测网络标志信号的能力;自配置——多个孤立网络节点之间能够自主建立通信连接,自主形成网络拓扑;自运行——智能集群自组网通信能够提供稳定、高效的数据通信服务,并能自主适应各种网络运行状态的随机变化,如通信连接关系的变化、路由信息的变更、网络节点的损毁、节点动态加入和退出等。

7.3　本章小结

本章首先介绍了对抗条件下雷达的发展趋势,介绍了相控阵雷达、合成孔径及逆合成孔径雷达、低截获概率雷达、脉冲多普勒雷达、双(多)基地雷达、MIMO雷达、稀布阵综合孔径雷达、超视距雷达等新体制雷达的未来发展;然后着眼于未来信息化战争对雷达的新需求,介绍了下一代雷达发展的方向,介绍了太赫兹雷达、微波光子雷达、量子雷达、机会阵雷达、频控阵雷达、软件定义雷达、认知雷达等具有代表性的新概念雷达;最后,基于雷达的未来发展以及今后作战的特点,对反辐射无人机的后续发展进行了预测和展望,提出未来反辐射无人机将在持续改善和提升平台传统能力、应对新型体制雷达以及集群化、智能化等方面创新发展。

参考文献

[1] 张明友,汪学刚. 雷达系统[M]. 5版. 北京:电子工业出版社,2018.
[2] 柯边. 从雷达“四抗”看电子战概念的发展[J]. 航天电子对抗,2001(2):49.
[3] Milin J-L, Moore S, Bürger W, et al. AMSAR - A European success story in AESA radar[C]//2009 International Radar Conference “Surveillance for a Safer World”, Bordeaux:2009.
[4] Farina A, Holbourn P, Kinghorn T, et al. AESA radar—pan-domain multi-function capabilities for future systems[C]//2013 IEEE International Symposium on Phased Array Systems and Technology, Waltham:2013.
[5] 贾宏进,彭芃,蒋莹莹. 国外舰载相控阵雷达的发展及未来趋势[J]. 雷达与对抗,2015,35(1):1-6.

[6] 陈艺天，李斌兵. 合成孔径雷达的主要发展方向和军事应用[J]. 科技信息，2011(33)：73-74.

[7] 保铮，邢孟道，王彤. 雷达成像技术[M]. 北京：电子工业出版社，2005.

[8] 王强，黄建冲，姜秋喜. 合成孔径雷达的主要发展方向[J]. 现代防御技术，2007，35(2)：81-83，88.

[9] 刘曦霞，朱泽君，胡辉. 对抗雷达反辐射导弹技术综述[J]. 科技信息，2010(22)：503-504.

[10] 吕亚昆，吴彦鸿. 低截获概率雷达自适应干扰及关键技术[J]. 电子信息对抗技术，2017，32(5)：46-51.

[11] 张康. 合成宽带脉冲多普勒雷达系统设计与实现[D]. 北京：北京理工大学，2016.

[12] 杜子亮. 双(多)基地雷达系统应用分析[J]. 雷达与对抗，2016，36(4)：5-7，40.

[13] Fisher E, Haimovich A M, Blum R S, et al. Spatial diversity in radar—models and detection performance[J]. IEEE Transactions on Signal Processing, 2006,54(3):823-838.

[14] Haimovich A M, Blum R S, Cimini L J. MIMO radar with widely separated antennas[J]. IEEE Signal Processing Magazine, 2008,25(1):116-129.

[15] Lehmann N H, Fishler E, Haimovich A M, et al. Evaluation of transmit diversity in MIMO-radar direction finding[J]. IEEE Transactions on Signal Processing, 2007,55(5):2215-2225.

[16] Haimowich A M, Fishler E, Blum R S, et al. Statistical MIMO radar[C]//12th Annual Adaptive Sensor Array Processing, Philadelphia:2004.

[17] Li J, Stoica P. MIMO radar with colocated antennas[J]. IEEE Signal Processing Magazine, 2007,24(5):106-114.

[18] Davis M S, Showman G A, Lanterman A D. Coherent MIMO radar: the phased array and orthogonal waveforms[J]. IEEE Aerospace and Electonic System Magazine, 2014,29(8):76-91.

[19] 王珏. 机载 MIMO 雷达空时自适应处理模型与算法研究[D]. 郑州：解放军信息工程大学，2017.

[20] 张庆文. 综合脉冲与孔径雷达系统性能分析与研究[D]. 西安：西安电子科技大学，1994.

[21] Skolnik M I. Radar handbook[M]. 3rd ed. New York:McGraw-Hill, 2008.

[22] 吴瑕，陈建文，鲍拯，等. 新体制天波超视距雷达的发展与研究[J]. 宇航学报，2013，34(5)：671-678.

[23] 王建明. 面向下一代战争的雷达系统与技术[J]. 现代雷达，2017，39(12)：1-11.

[24] 雷红文，王虎，杨旭，等. 太赫兹技术空间应用进展分析与展望[J]. 空间电子技术，2017，14(2)：1-7，12.

[25] 安国雨. 太赫兹技术应用与发展研究[J]. 环境技术，2018(2)：25-28.

[26] 党亚娟，李耐和. 雷达新技术发展动向[J]. 国防科技工业，2018(2)：44-46.

[27] 曹昌祺. 辐射和光场的量子统计理论[M]. 北京：科学出版社，2006.

[28] 王宏强，刘康，程永强，等. 量子雷达及其研究进展[J]. 电子学报，2017，45(2)：492-500.

[29] 金林. 量子雷达研究进展[J]. 现代雷达，2017，39(3)：1-7.

[30] Bartee J A. Genetic algorithms as a tool for phased array radar design[D]. Monterey: Naval Postgraduate School, 2002.
[31] 陈一新,查林,张金元. 机会阵雷达系统架构与关键技术分析[J]. 雷达科学与技术,2014(4):358-362.
[32] 陈曾平,张月,鲍庆龙. 数字阵列雷达及其关键技术进展[J]. 国防科技大学学报,2010,32(6):1-7.
[33] Antonik P, Wicks W C, Griffiths H D, et al. Frequency diverse array radars[C]//2006 IEEE Conference on Radar, Verona:2006.
[34] 熊杰. 频控阵发射波束形成及其应用方法研究[D]. 成都:电子科技大学,2018.
[35] 王文钦,陈慧,郑植,等. 频控阵雷达技术及其应用研究进展[J]. 雷达学报,2018,7(2):153-166.
[36] 王晓海. 认知雷达系统技术发展综述[J]. 数字通信世界,2018(B04):40-43.
[37] 金林. 智能化认知雷达综述[J]. 现代雷达,2013,35(11):6-11.
[38] 周城宏. 刚体运动目标的雷达回波信号模型研究[D]. 北京:北京跟踪与通信技术研究所,2015.
[39] 袁赛柏,金胜,朱天林. 认知雷达技术与发展[J]. 现代雷达,2016,38(1):1-4,64.
[40] 高晓冬,王枫,范晋祥. 精确制导系统面临的挑战与对策[J]. 战术导弹技术,2017(6):62-69,75.
[41] 党爱国,王坤,王延密,等. 无人机集群作战概念发展对未来战场攻防影响[J]. 战术导弹技术,2019(1):37-41,86.
[42] Tactical Techonology Office. Collaborative operations in denied environment (CODE)[R]. Denfense Advanced Research Projects Agency, 2015.
[43] System of systems integration technology and experimentation (SoSITE)[R]. Denfense Advanced Research Projects Agency, 2015.
[44] Chung T H. Offensive swarm-enabled tactics (OFFSET)[R]. Denfense Advanced Research Projects Agency, 2021.
[45] 申超,武坤琳,宋怡然. 无人机蜂群作战发展重点动态[J]. 飞航导弹,2016(11):28-33.
[46] 文苏丽,苏鑫鑫. 远程反舰导弹——美国亚超并举的远程反水面作战新方向[J]. 战术导弹技术,飞航导弹,2011(7):64-71.
[47] 关世义. 导弹智能化技术初探[J]. 战术导弹技术,2004(4):1-7.
[48] Cun L Y, Bengio Y, Hinton G. Deep learning[J]. Nature, 2015,521(7553):436-444.
[49] Caruana R. Multitask learning[J]. Machine Learning, 1997,28(1):41-75.
[50] Cun L Y, Boser B, Denker J S, et al. Handwritten digit recognition with a back-propagation network [C]//Touretzky D S. Proceedings of the 2nd International Conference on Neural Information Processing Systems Advances in Neural Information Processing Systems. Cambridge:MIT Press, 1990:396-404.
[51] Hochreiter S, Schmidhuber J. Long short-term memory[J]. Neural Computation, 1997,9(8):1735-1780.
[52] 周志华. 机器学习[M]. 北京:清华大学出版社,2016.
[53] 杨海东,于宏坤,赵鹏. 无人机数据链的未来发展和组网通信关键技术[C]//北京:2014

(第五届)中国无人机大会论文集,2014,669-703.
[54] 夏永平,陈自力,林旭斌.无人机数据链发展现状及关键技术研究[J].飞航导弹,2016(11):50-53.
[55] 汪民乐,房茂燕.巡航导弹的智能自主作战[J].战术导弹技术,2013(3):18-22.
[56] 宋瑞,杨雪榕,潘升东.智能集群关键技术及军事应用研究[C]//中国指挥与控制学会.第五届中国指挥控制大会论文集.北京:电子工业出版社,2017:254-258.
[57] 马培蓓,纪军,单岳春.UAV集群自主协同决策控制的研究现状与分析[J].飞航导弹,2017(3):47-52.

索　引